JN427163

개 정 판

과학적인 삶을 위한

생활화학

김 창 진 편저

대구대학교출판부

국립중앙도서관 출판시도서목록(CIP)

(과학적인 삶을 위한) 생활화학 / 편저자: 김창진. -- 개정판. --
경산 : 대구대학교출판부, 2007
p. ; cm

ISBN 978-89-7794-405-3-93570

430-KDC4
540-DDC21 CIP2007000535

머 리 말

화학은 자연과학의 한 분야로, 과학적인 방법으로 물질을 탐구하는 순수 기초과학 학문이다. 자연세계에 있는 그대로를 연구하는 천문학, 생물학, 지질학, 물리학과는 달이 응용화학은 자연에 존재하는 물질의 변화를 연구하고 새로운 물질을 합성하는 학문이다. 따라서 자연과학이라기보다는 합성과학 (Synthetic Science)으로서 어떠한 물질을 생활에 필수적인 화학제품으로 만들어 주므로 학문에서 머무르지 않고 산업으로 발전하여 민간생활의 질을 높이고 나아가 국가 발전에 큰 기여를 한다.

위에서 언급한 순수 기초화학은 물질을 합성하여 구조를 밝히고 **변화**시켜 그 **성질**을 조사하는 학문인데 그러면 물질이란 무엇인가

원자와 원소를 문자에 비유할 때 문자가 단어를 형성하는 것과 마찬가지로 원자는 분자를 형성한다. 문자들의 어떤 규칙적인 배열만이 의미 있는 단어를 형성할 수 있듯이 원자들도 어떤 규칙적인 배열만이 의미 있는 성질을 갖는 분자를 형성하여 오래 존속하는 물질로 존재하는데 물리적 조건에 따라 기체, 액체, 고체 상태로 존재한다.

물질의 한 예로 순수한 물은 물분자(H-O-H)의 **구조**를 연구한 결과 원자들간의 결합각은 109°30‘, 원자간 거리는 0.96Å이며 물의 **성질**중 하나로써 물은 1기압 하에서 어는점과 끓는점은 0℃와 100℃이고 각 온도에서 융해열과 증발열은 각각 80cal/g과 539cal/g를 갖는다.

또한 물을 전기 분해한다든가 금속 나트륨과 반응시키면 수소와 산소기체가 발생하거나 수산화나트륨과 수소가 발생하는 **변화**를 일으킨다는 연구를 하는 학문이 순수 기초화학이다.

이 책에서는 물질에 관한 화학적 지식이 어떻게 인간생활의 질(質)에 영향을 미치고 이로움을 주고 있는가를 화학 관련 여러 분야에 걸처 다양하게 다루고자 한다. 이 책을 읽기 위해서 별도의 화학적 지식이 필요하지 않으나 고등학교 수준의 화학지식을 갖고 본다면 화학과 사회생활의 전반적인 관계를 단순한 관심 이상으로 이해할 수 있으리라 생각한다.

저자가 최근 몇 년간 교양선택과목으로 “생활속의 화학” 강의를 위하여

사용한 교재들의 분량과 내용들이 한 학기에 강의하기에는 너무 많고 서술적 이여서 화학관련 전공의 자연계 신입생들이 읽기에는 지루한 느낌을 주는 것 같았다.

그리하여 본 교재는 화학관련 이공계 학생들을 수강 대상으로 하는 교양선택 교과목으로 주 2시간 한 학기 16주 강의용으로 적합하도록 화학관련 각 응용분야에서 다루는 기초화학 지식을 간단 명료하게 서술하도록 노력하였다. 그리하여 계열별 학부 1학년 학생이 2학기말 2학년 때부터 수강할 우리대학의 화학관련 전공 즉 화학공학,식품공학,영양학,농화학,생명공학,환경공학등의 전공선택을 위한 각 전공에서의 화학응용을 소개함으로써 신입생학생의 취향과 소질에 적합한 전공을 선택하게 하고 화학의 응용범위가 넓다는 것을 인식시켜 졸업 후에도 취업할 수 있는 관련산업이 다양하고 많다는 것을 느낄 수 있도록 한다. 그러기 위하여 이 책에서 다루는 주제는 적어도 학생들과 일반인이 관심 있어하는 분야 중에서 아래와 같은 화학관련 분야를 선택하였다. 제1장에서는 단위와 명명법, 제2장 위해 독성물질, 제3장 농업화학, 제4장 수질환경, 제5장 대기환경, 제6장 염료와 세제, 제7장 화장품의 작용, 제8장 의약품의 약리 작용, 제9장 식료품 화학, 제10장 연료와 화학에너지, 제11장 빛의 화학, 제12장 사진 화학, 제13장 신소재 화학 등으로 생활 속에서 흔히 볼 수 있고 사용하는 무수히 많은 물질이 화학 분자물질로 되어있다는 것을 미처 알지 못했을 것이므로 흔히 일상생활에서 많이 볼 수 있고 불리워지는 화합물에 대한 간단한 성질과 특성 등에 대하여 기술하고 이와 같은 화학지식이 상식으로 되어 좀 더 질 높은 삶의 생활이 되도록 하고자 하는 것이 본서의 목적이라 하겠다.

2006년 12월

내리고을 연구실에서

차 례

제4장 수질환경화학 • 49

제5장 대기환경화학 • 65

제6장 염료와 세제 • 79

제7장 화장품의 작용 • 95

제8장 의약품의 약리작용 • 111

제9장 식료품 화학 • 119

제10장 연료와 화학에너지 • 143

제11장 빛의 화학 • 161

제12장 사진 화학 • 177

제13장 신소재 화학 • 191

제 1 장

단위와 명명법

1-1 용액의 농도표시법

소량의 소금을 물에 녹여 잘 혼합하면 투명한 소금물이 된다.

이와 같이 두 종 이상의 물질 즉 양이 많은 용매에 상대적으로 용매보다 양이 적은 용질을 녹여 혼합한 액체를 용액이라 한다.

용액의 농도란 이들 용매와 용질의 상대적 혼합비로서 녹는 용질의 양을 기준으로 주로 농도를 표시하는데 주로 아래와 같이 나타낸다.

a) 중량퍼센트농도 : 가장 일반적인 표시법으로 (용질의 질량÷용액의 질량)×100% **wt%**로 나타내고 용질의 양이 미량일 때는 %를 10,000배하여 100만분의1(백만분율농도)농도를 **1ppm**(part permillion) : 용액 1000㎏중에 1g의 용질이 녹아있는 용액(=1μg용질/1g용액)이라 하며, ppm보다 1000배 더 묽은 10억분율 농도를 **1ppb**(part per billion) : 용액 1000㎏중에 1㎎의 용질이 녹아있는 용액이라 한다.

b) 부피몰농도(Molarity : **M**)

부피몰농도는 용액 1ℓ중에 녹아있는 용질의 몰수(M)를 말하며 만약 시료가 액체 용질의 경우 시료액체의 밀도와 중량% 농도를 사용하여 액체용질을 무게로 계산해야한다. 한 예로서 시중 과학사에서 시판되고 있는 액체 염산은 37 wt% 농도로 그 밀도 d=1.18g/ml 인데 이 액체용질로 3M 염산 500ml를 만드는 방법을 살펴보면 먼저 시판하고있는 액체염산 용액 1L=1000ml의 몰농도(M)를 구하면 염산 1000ml의 무게=1000mlX1.18g/ml=1180g 용액중 순수한 용질염산의 무게=1180g X0.37=436.6g HCl 이 HCl의 몰수

=436.6g/36.5g/1M=11.96M=12M 염산 V ml를 묽혀 만든다. 즉 Vml X 12.0M=500mlX3.0M에서 V=125ml 취하여 500ml 메스플라스크에 넣고 물을 가하여 500ml되게 한다.

c) 무게몰농도(Molality : **m**) ; molar농도

무게몰농도는 용매 1㎏중에 녹아있는 용질의 몰수(m)로 나타낸 농도로 용액의 어는점 강하나 끓는점 상승이 이 농도에 비례함을 나타낼 때 이 농도가 사용한다. 순수용매와 용액의 끓는점 차 $\Delta Tb = Kb \cdot m$

만약 용매인 물 50g에 용질인 소금 NaCl(g분자량=58.5g/mol) 5.85g을 녹였다면 이 소금물 용액의 몰랄농도 m을 계산해보면 이 용액은 용매 1000g에 소금을 5.85g X 1000g/50g=117.0g을 녹인 용액의 농도와 같으므로 이 소금물 용액의 몰랄농도 m=117.g/58.5g/mol=2.0 molar농도(2.0 m)이다.

d) 규정농도(Normality : **N**)

용액 1ℓ중에 녹아있는 용질의 그램당량(화학당량에 g을 붙인 양)수이다. 예를 들면 1M농도의 염산은 1N이나 황산은 2N농도가 1M과 같다. 즉 H_2SO_4의 분자량 98g을 용매에 묽혀 1ℓ부피의 용액으로 혼합 했을때 2규정 농도 즉 1M 농도가 된다. 인산(H_3PO_4)의 경우는 3규정농도(3N)가 1M이다. 즉 산 또는 염기의 당량 N은 산 또는 염기에 의하여 공급되거나 중화되는 수용액에서의 H^+와OH^-의 몰수(a)로서 정의되므로 몰수M과의 관계는 N=aM이다.

예로서 만약 0.5M 인산(H_3PO_4)용액 100ml를 중화시키는데 필요한 1M 수산화바륨 ($Ba(OH)_2$) 몇 ml가 필요한가? 인산의 a=3H^+이므로 규정농도는 =3X0.5M =1.5N이고, 수산화바륨은 a=2OH^-이므로 그 규정농도는 =2X1M=2.0N이다. 그러므로 중화-적정식 NxV=N′xV′식을 이용하면 1.5N x 100ml=2.0N x Vml에서 V=75ml이므로 결국 1M농도의 수산화바륨 75ml가 필요하다.

1-2 단위와 물리량

화학에서 사용되는 단위로는 국제적 협약으로 만들어진 국제단위계는 SI 라는 약어로 나타내며 SI는 불어로 Le Systeme International d' Unites에서 온 약어로 1960년 제 11차 국제 도량형 총회(CGPM)에서 채택되어 결정된 것이다.

기본단위는 SI단위의 가장 기본이 되는 표 1-1에 7개의 단위로서 독립적인 차원을 갖도록 정의되어 있으며 그들의 명칭 및 기호는 다음과 같으며 그 정의를 살펴본다.

<표 1-1> SI 기본 단위

물리량	명칭	기호
길이(length)	미터(meter)	m
질량(mass)	킬로그램(kilogram)	kg
시간(time)	초(second)	s
전류(current)	암페어(ampere)	A
열역학적 온도(temp.)	켈빈(kelvin)	K
물질의 양(quantity)	몰(mole)	mol
광도(luminous intensity)	칸델라(candela)	cd

현재는 이들 중 질량의 단위인 킬로그램(kg)만 인공적으로 만든 국제원기에 의하여 정의되어 있으며 나머지 6개는 모두 물리적인 실험에 의하여 정의되었다.

이 정의들은 과학과 기술의 발달에 따라 바뀌어 왔고, CGPM에 의해서 결정되는데 각 기본단위의 현재의 정의를 살펴보면 다음과 같다.

1) 길이의 단위(m)

"미터는 진공에서 빛이 1/299, 792. 458초 동안 진행한 경로의 길이다"(1983년 제 17 차 CGPM). 이에 따라서 빛의 속력은 정확히 299,

792.458㎧이며, 길이의 단위가 독립적으로 정의되었을 때처럼 오차를 포함하지 않는 상수이다.

2) 질량의 단위(kg)

"킬로그램(kg)은 질량의 단위이며, 국제 킬로그램원기(原器)의 질량과 같다"(1901년 제 3 차 CGPM).

여기서 질량의 단위라고 강조한 것은 그간 흔히 중량(무게)의 뜻과 혼동되어서 사용되어 왔기 때문에 이를 중지시키고 질량을 뜻함을 명백히 하기 위한 것이다.

3) 시간의 단위(s)

"초는 세슘 133원자(^{133}Cs)의 바닥상태에 있는 두 초미세 준위간의 전이에 수반하여 방출하는 빛의 9,192,631.770 주기의 지속시간이다"(1967년 제 13 차 CGPM).

4) 전류의 단위(A)

"암페어(ampere)는 무한히 길고 무시할 수 있을 만큼 작은 원형 단면적을 가진 두 개의 평형한 직선 도체가 진공 중에서 1미터 간격으로 유지될 때, 두 도체 사이의 매 미터당 2×10^{-7}뉴턴(N)의 힘을 생기게 하는 일정한 전류이다"(1948년 제 9 차 CGPM).

5) 열역학적 온도의 정의(K)

"켈빈(Kelvin)은 열역학적 온도의 1/273.16이다"(1976년 제 13 차 CGPM). 이에 부가하여 다음 식으로 정의된 섭씨(기호t, 단위 ℃)로 사용한다. $t=T-T_0$ 여기서, T_0=273.15K로 정의되었음.

6) 몰 질량의 단위(mol)

① 몰은 ^{12}C의 0.012킬로그램에 있는 원자의 개수와 같은 수의 구성요소

를 포함한 어떤 계의 몰 질량이다.

② 몰을 사용할 때에는 구성요소를 반드시 명시해야 하며 이 구성요소는 원자, 분자, 이온, 전자 기타 입자-또는 이 입자들의 특정한 집합체가 될 수 있다(1971년 제 14 차 CGPM). 몰의 정의에서 ^{12}C는 바닥상태에서 놓여 있으며, 속박되어 있지 않는 원자를 가리킨다. 또한 이 정의는 몰의 단위를 가진 양의 특성을 부여하는 점에 주의하여야 한다.

7) 광도의 단위(cd)

"칸델라(candela)는 주파수 540×10^{12}헤르츠인 단색 광을 방출하는 광원의 복사도가 어떤 주어진 방향으로 매 스테라디안당 1/683와트일 때 이 방향에 대한 광도이다(1979년 제 16 차 CGPM).

<표 1-2> 기본 상수 값

물리량	기호	값
진공에서 빛의 속도	c	2.99792 X 10^{8} ms^{-1}
Avogadro 수	N_A	6.022045 X 10^{23} mol^{-1}
Faraday 상수	F	9.648546 X 10^{4} C mol^{-1}
Planck 상수	h	6.62618 X 10^{-34} Js
물의 어는점	T	273.15 K
기체 상수	R	8.31441 JK^{-1} mol^{-1}
Boltzmann 상수	k	1.38066 X 10^{-23} J/K^{-1}
양성자의 전하량	e	1.60219 X 10^{-19} C
전자 질량	m_e	9.10953 X 10^{-31} Kg
양성자 질량	m_p	1.67265 X 10^{-27} Kg
중성자 질량	m_n	1.67495 X 10^{-27} Kg
Bohr 마그네톤	μ_B	9.2732 X 10^{-24} m^2A
진공의 투자율	μ_o	4π X 10^{-7} $Js^2C^{-2}m^{-1}$
진공의 유전율	ε_o	8.854185 X 10^{-12} $J^{-1}C^2m^{-1}$
표준 중력가속도	g	9.80665 ms^{-2}

<표 1-3> 특별한 이름을 가진 SI 유도 단위

물리량	단위명	기호	식
진동수(freeuency)	헤르츠(hertz)	Hz	s^{-1}(sec.$^{-1}$)
힘(force)	뉴우톤(newton)	N	$kgms^{-2}$
압력(pressure)	파스칼(pascal)	Pa	N/m^2
일(work),에너지	주울(joule)	J	Nm
일률(power)	와트(watt)	W	J/s
전하량(electricity)	쿨롱(coulomb)	C	As
전위,전압,기전력(poteritial)	볼트(volt)	V	W/A
전기용량(electric capacity)	파러드(farad)	F	C/V
전기저항(resistance)	오옴(ohm)	Ω	V/A
전기전도도(conductance)	시멘스(siemens)	S	A/V

물리량	식	SI단위 표시
동적 점성도(dynamic viscosity)	Pa · s	$m^{-1}kgs^{-1}$
표면장력(surfacetension)	N/m	kgs^{-2}
열선속 밀도(thermal density)	W/m^2	kgs^{-3}
열용량(thermal capacity)	J/K	$m^2kgs^{-2}K^{-1}$
열전도도(thermal conductance)	W/(m · K)	$mkgs^{-3}K^{-1}$
전기장세기(field intensity)	V/m	$mkgs^{-3}A^{-1}$
전하밀도(charge density)	C/m^3	$m^{-3}sA$
유전율(inductivity)	F/m	$m^{-3}kg^{-1}s^4A^2$

<표 1-4> SI 접두어

인 자	접두어	기호	인 자	접두어	기호
10^{12}	테라	T	10^{-1}	데시	d
10^9	기가	G	10^{-2}	센티	c
10^6	메가	M	10^{-3}	밀리	m
10^3	킬로	k	10^{-6}	미크로	μ
10^2	헥토	h	10^{-9}	나노	n
10^1	데카	da	10^{-12}	피코	p

1-3 유기화합물과 그 명명

유기화합물은 원래 동식물이 갖는 생명력에 의하여 생겨난 것으로 생각되었다. 이에 반하여 광물질로부터 얻어진 물질을 무기화합물이라 불렀다. 하지만 그 이후에 무기화합물로부터 유기화합물이 만들어진다고 생각이 바뀌었다.

현재 유기화합물이란 일산화탄소와 이산화탄소와 같이 간단한 화합물을 제외하고 탄소를 주성분으로 하고 수소나 산소원자를 함유하는 화합물을 말한다. 유기화합물의 특징을 간단히 살펴보기로 하면

i) 알코올과 에테르 등의 유기용매에는 잘 녹으나 물에는 용해하지 않는 것이 많다.

ii) 녹는점과 끓는점이 낮고 휘발성 대부분 유기화합물은 공기 중에서 연소하여 이산화탄소와 물로 된다.

iii) 반응속도가 늦다. 그 중요한 이유는 무기화합물 분자는 작은 이온으로 되는 것이 많으나 유기화합물은 공유결합하여 분자가 크기 때문이다.

유기화합물의 분류 : 유기화합물은 탄소의 배열방법의 차이에 의하여 다음과 같이 분류한다. 유기화합물에는

- 열린사슬화합물(지방족사슬화합물) : 포화탄화수소(알칸화합물) 및 불포화탄화수소화합물(알켄화합물)
- 고리화합물 :방향족고리화합물,지방족고리화합물,헤테로고리화합물

사슬화합물이란 탄소가 사슬(chain)과 같이 선상으로 배열한 화합물이고 **고리화합물**(Ring)은 탄소가 결합배열하여 고리상을 만든 화합물을 말한다.

이 사슬화합물은 탄소와 결합하는 원자 또는 원자단의 종류에 의하여 각종 탄화수소알코올, 카르본산등으로 나누어진다.

이 **사슬화합물** 중에는 탄소와 수소만이 직선적으로 결합한 단일결합 화합물을 **포화탄화수소** 화합물로 **알칸**(C_nH_{2n+2})이라 부른다. 예로서 메탄(CH_4), 에탄(C_2H_6), 프로판(C_3H_8)등을 말하며 반면 탄소-탄소간의 이중결합을 갖는 **불포화탄화수소** 화합물을 **알켄**화합물(C_nH_{2n})이라 부르며 에틸렌(C_2H_4),프로필렌(C_3H_6)등 이 있으며 탄소-탄소 삼중결합을 하고 있는 아세틸렌(C_2H_2)계 **알킨**(C_nH_n)화합물 등이 있다.

고리화합물 : **방향족고리화합물**은 분자중에 벤젠고리를 갖는 화합물로 벤젠분자는 6개의 탄소원자가 하나건너 2중 결합한 정 6각형의 고리에 6개의 수소원자는 각 탄소원자에 한 개씩 결합하여 동일 평면상에 있다. 이 벤젠고리에 표 1-5에 나타낸 바와같이 여러 가지 작용기가 결합한 다양한 방향족 고리화합물이 있다.

또한 **지방족고리화합물**은 벤젠고리가 없는 대신 탄소-탄소 결합이 모두 단일결합으로 고리를 만들어 탄소 1개에 2개의 수소가 결합한

<표 1-5> 방향족고리화합물, 지방족고리화합물, 헤테로고리화합물

방향족고리화합물		지방족고리화합물	헤테로고리화합물
	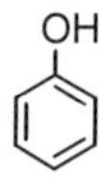	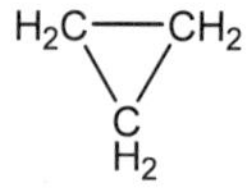	
벤젠	페놀	시크로프로판	퓨란
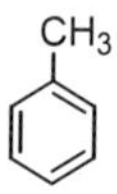	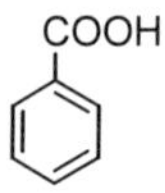	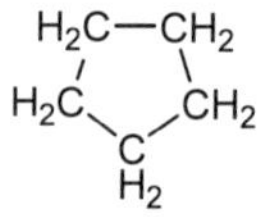	
톨루엔	안식향산	시크로펜탄	피롤
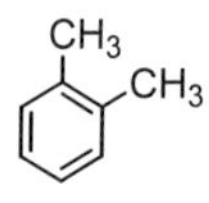	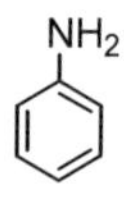	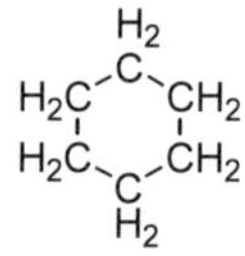	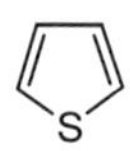
o-키실렌	아닐린	시크로헥산	치오펜
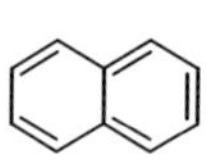	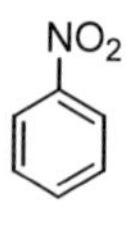	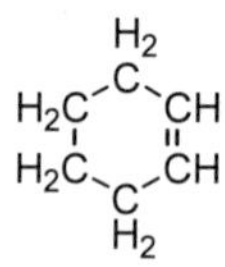	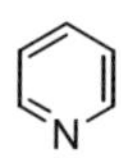
나프탈렌	니트로벤젠	시크로헥센	피리딘

C_nH_{2n}형의 고리화합물이다. 시크로프로판, 시크로헥산등으로 그 화학적 성질은 사슬화합물과 유사하다.

헤테로고리화합물은 탄소원자가 하나건너 2중 결합한 고리중에 탄소외에 산소,질소원자를 함유하는 화합물로 퓨란, 피롤등이 있다.

1-4 작용기가 결합한 화합물

유기화합물의 종류는 너무 많아 화학자들은 그 구조와 반응들에 대한 연구들을 단순화하기 위해 여러 방법들을 고안했는데 그중 한 방법이 작용기에 따라 화합물들을 나누는 것이다. **작용기**(functional group)는 구별이 되는 특징적인 원자단으로서 많은 여러 유기화합물에서 발견되며 항상 같은 방식으로 반응한다. 일반적으로 유기분자의 여러 부분중 **알킬기**($-C_nH_{2n+1}$)는 반응성이 매우 약한 편이며 알킬기에 하나 또는 여러개의 작용기들이 붙을 수 있는 골격이다. 작용기는 유기분자내에서 반응이 잘 일어나는 부분이다. 즉 작용기들은 반응하지않는 구조물인 알킬기에 붙어서 작용한다.

알코올은 포화탄화수소화합물 중 한 개의 수소원자 대신 수산기(-OH)가 결합해 있으므로 일반적으로 R-OH로 나타내는데 여기서 R은 알킬기(C_nH_{2n+1})를 나타낸다. 메틸알코올(CH_3OH),에틸알코올(C_2H_5OH) 이외도 수산기를 2개 이상 갖는 에틸렌글리콜(HOH_2C-CH_2OH),글리세린등의 다가 알코올도 있다.

에테르는 R-O-R로 나타내는 화합물로 대표적인 것은 디에틸에테르($C_2H_5OC_2H_5$),디메틸에테르(CH_3OCH_3),디프로필에테르($C_3H_7OC_3H_7$)등이 있다.

카르본산은 일반적으로 R-COOH로 나타내는 산성 화합물로 카르복시기(-COOH)한개를 갖는 산을 지방산이라 말하며 탄소수가 많은 산은 천연유지를 구성한다.

에스테르는 알코올과 카르본이 결합한 것으로 R-COO-R'로 나타내고 탄소수가 적은 에스테르는 일반적으로 과일향을 갖고 있다. 기산부틸($HCOOC_4H_9$),초산이소프로필($CH_3COOC_3H_7$),낙산에칠($C_3H_7COOC_2H_5$)

그러므로 유기화합물은 그 속에 포함된 작용기에 따라 분류할 수 있다. 흔한 작용기를 표 1-6에 설명해 놓았는데, 여기서 R은 그 자리에 어떤 알킬기도 붙을 수 있음을 의미하며, R은 알킬기 자리에 H가 대신 붙을 수 있음을 의미한다.

<표 1-6> 유기분자의 작용기

작용기	작용기의이름	축약식	예
$>C=C<$	double bond	R−CH=CH−R (alkene)	$CH_2=CH_2$ (ethylene)
$-C\equiv C-$	triple bond	$R-C\equiv C-R$ (alkyne)	$H-C\equiv C-H$ (acethylene)
$-OH$	hydroxyl	ROH (alcohol)	CH_3OH (methyl alcohol)
$-\overset{\mid}{\underset{\mid}{C}}-O-\overset{\mid}{\underset{\mid}{C}}-$	ether	ROR	$H_3C-O-CH_3$ (dimethyl ether)
$>C=O$	carbonyl	RCHO (aldehyde)	$H_3C-C(H)=O$ (acetaldehyde)
		RCOR (ketone)	$H_3C-C(=O)-CH_3$ (acetone)
$-C(=O)OH$	carboxyl	RCOOH (carboxylic acid)	$H_3C-C(=O)OH$ (acetic acid)
$-C(=O)-O-\overset{\mid}{\underset{\mid}{C}}-$	ester	RCOOR	$H_3C-C(=O)OCH_2CH_3$ (ethyl acetate)
$-C(H)(NH_2)-CO_2H$	amino acid	$RCH(NH_2)CO_2H$	$H_3C-C(H)(NH_2)-CO_2H$ (alanine)
$-\underset{\mid}{N}-$	amine	RNH_2 (primary amine)	H_3C-NH_2 (methyl amine)
		R_2NH (secondary amine)	$H_3C-N(H)-CH_3$ (dimethyl amine)
		R_3N (teriary amine)	$H_3C-N(CH_3)-CH_3$ (trimethyl amine)

작용기	작용기의이름	축약식	예
$-C(=O)NH_2$	amide	$RCONH_2$	$H_3C-C(=O)NH_2$ (acetamide)
$-NO_2$	nitro	RNO_2	H_3C-NO_2 (nitromethane)
$-SH$	thiol	RSH	H_3C-SH (methanethiol)
$-S-S-$	disulfide	RSSR	$H_3C-S-S-CH_3$ (dimethyl disufide)
$-X$ ($-F$, $-Cl$, $-Br$, $-I$)	halo- (fluoro-, chloro-, bromo-, iodo-)	RX	H_3CCl (chloromethane)

1-5 이성체 화합물

유기화합물에는 한 분자식에 대하여 두종류 이상의 구조식을 쓸 수 있다. 예를들면 C_2H_6O의 분자식에는 C_2H_5-OH와 CH_3-O-CH_3의 두종의 구조식을 생각할 수 있다. 앞의 구조식은 에탄올, 뒤의 구조식은 디메틸에테르로 그 성질이 아주 다른 화합물이 존재한다. 이와같이 같은 분자식을 가지면서도 그 성질이 다른 화합물을 이성체(isomer)라 한다. 이성체에는 표 1-7에서 나타낸 바와 같이 **구조이성체**와 **입체이성체**가 있다. 구조이성체에는 탄소사슬의 결합방법에 따라 **연쇄이성체**와 원자단이나 이중결합의 위치에 따라 **위치이성체**가 있다.

한편 입체이성체에는 기하이성체와 광학이성체가 있는데 **기하이성체**에는 마레인산과 푸마르산과 같이 원자나 원자단의 입체적 위치가 다른 것을 말하는데 이중결합을 포함하는 면에 대하여 원자단이 서로 같은 방향으로 있는 것을 시스(cis)형 반대 방향으로 있는 것을 트렌스(trans)형이라 한다.

광학이성체란 부제탄소원자(탄소에 결합하고 있는 4개의 원자나 원자단이 모두 다른 탄소)를 갖는 화합물은 편광(아래 그림과 같이 방해석으로 만든 프리즘에 자연광을 통과시켜 일정방향으로 진동하는 광)의 편광면을 다른 방향으로 회전시키는 성질이 나타난다. 젖산에는 편광면을 오른쪽으로 회전시키는 우선성(dextrorotatory)젖산과 좌로 회전시키는 좌선성(levorotatory)젖산이 있으므로 그 광학적 성질이 다른 이성체를 말한다.

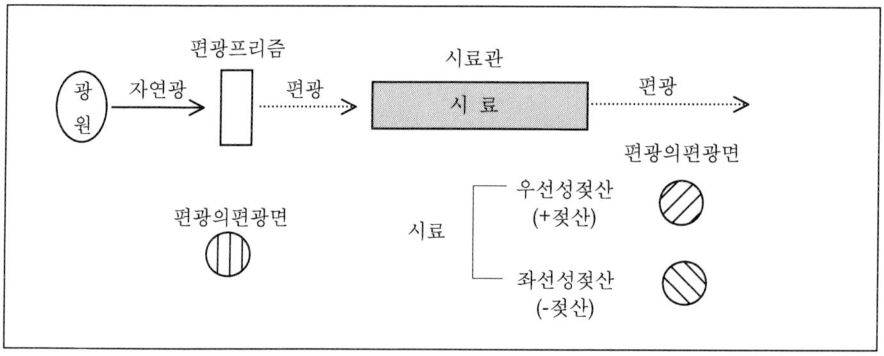

<그림 1-1> 젖산의 선광성 측정도

<표1-7> 이성체의 분류

분 류		분자식	이성체의 예	
구조이성체	연쇄이성체	C_4H_{10}	$H_3C-CH_2-CH_2-CH_3$ (n-부탄)	$H_3C-CH(CH_3)-CH_3$ (2-메틸프로판)
	위치이성체	C_5H_{10}	$H_3C-CH(CH_3)-CH=CH_2$ (3-메틸-1-부텐)	$H_3C-C(CH_3)=CH-CH_3$ (2-메틸-2-부텐)
		C_3H_8O	$H_3C-CH_2-CH_2-OH$ (1-프로파놀)	$H_3C-CH(OH)-CH_3$ (2-프로파놀)
입체이성체	기하이성체	$C_4H_4O_4$	HOOC(H)C=C(H)COOH (마레인산:cis형)	HOOC(H)C=C(H)COOH (푸마르산:trans형)
	광학이성체	$C_3H_6O_3$	COOH / HO-C-H / CH_3 (L(+)-젖산)	COOH / H-C-OH / CH_3 (D(-)-젖산)

제 2 장

위해 독성물

사람들이 화학약품에 대한 위험을 실제로 깨닫게 되는 데는 많은 시간이 소요되는 경우가 있다. 어떤 종류의 납(납설탕)은 그 맛이 설탕처럼 달콤하고 단기간 동안 적은 양을 섭취하였을 때는 그 효과를 나타내지 않는다. 그래서 고대 로마인들은 납재질의 수도관을 사용하거나 와인의 단맛을 내는데 납을 사용하였고 따라서 자신도 모르게 그들의 뇌와 신체를 중독시켜온 것이다. 그 후손들 역시 펠트제품의 모자, 유리세공, 목공, 방사능, 석면 등을 취급하는 공장이나 또 다른 위험이 있는 작업장에 대하여 즉각 그 위험성을 깨닫지 못하였다.

독성물질은 보통 소량섭취에 의해서 인체가 위험스럽게 되는 물질로 규정하는데 이 물질은 인체 내에서 일어나는 복합적인 화학반응 계를 믿을 수 없을 정도로 교란시켜 신체의 불편을 야기 시키거나 때로는 질병, 불구, 심지어는 죽음의 원인이 되기도 한다.

독성의 증세는 극히 적은 양의 독성물질(예를 들면, 시안화나트륨)에 의해서 나타날 수도 있고 독성이 적은 물질을 다량 섭취함으로써 나타날 수도 있다. 뿐만 아니라 우리가 아는 바와 같이 해가 없는 물질을 과다하게 섭취했을 때도(사탕을 너무 많이 먹는 경우) 질병의 원인이 되기도 한다. 다행하게도 인체는 대부분의 경우에 “낯선” 화학물질을 인식하는 능력과 제거하는 능력을 적당히 가지고 있다. 이 장에서는 여러 독성물질의 작용에 대한 화학반응 과정을 알아보는 데에 초점을 맞추어 알아보고자 하였다.

2-1 체내 흡수경로

독성의 화학약품이 체내에 있다고 하는 말은 그것이 어떤 종류의 장벽을 통과해야 한다는 것을 의미한다. 인체도 동물처럼 긴 실에 꿰어 놓은 구슬과 같다고 말할 수 있다. 여기에서 실이란 입으로부터 위나 크고 작은 내장 그리고 결장을 통과하여 항문까지 연결되어 있는 소화관을 의미한다. 소화관(실)은 형태학적(공간적)으로 인체의 외부이고 물질이 소화관을 따라서 입, 위, 내장을 연결하고 있는 막을 통과할 때에만 그 물질은 체내에 있게 되는 것이다. 체내로 들어갈 수 있는 또 다른 방법은 폐를 통해 혈액으로 들어가는 방법, 피부를 통과하여 들어가는 방법이 있다.

물질이 일단 막을 통과하여 체내로 들어가게 되면 대부분의 물질은 혈류로 들어가게 된다. 화학공장 같은 **간**에서는 효소가 낯선 물질을 대변이나 오줌과 같은 배설될 수 있는 형태로 변화시켜 주는 신진대사 작용이 일어난다. 이러한 변환은 낯선 물질을 화학적으로 덜 유해하도록 하는 것이지만 때로는 역효과가 일어나기도 한다. 간에서 생성된 신진대사 산물은 원래의 것보다 더욱 강한 독성을 나타낼 수도 있다. 동물들마다 각기 다른 효소를 가지고 있으므로 한 종에게 위험한 물질이 다른 종에게는 그렇지 않을 수도 있다 예로서 악명 높은 다이옥신은 햄스터보다 아프리카기니 암퇘지에게 5,000배나 더 유독하다.

신장은 피를 걸러서 필요 없는 것을 제거하고 그 결과 생기는 오줌을 방광에 저장하도록 하는데 이 과정에서 신장과 방광은 손상된다. 수은의 또 다른 배출구는 호흡기와 폐, 땀구멍, 손톱, 그리고 머리카락이다. 화학약품이 미치는 영향은 급성적인 독성으로 즉시 나타날 수도 있고 만성적인 독성으로 오랜 기간을 두고 시작될 수도 있다.

그 영향은 소위 독성의 표적이라 말할 수 있는 기관에 따라 독특하게 나타난다. 암의 발생과 기형의 원인이 되는 화학약품은 독성의 특별한 형태이다.

2-2 독의 종류

독(poison)이란 유해하지 않게 그것을 다룰 수 있는 신체의 능력을 초과하는 양적인 의미에서의 물질을 말한다. 독에 대한 민감성은 사람에 따라 다를지라도 일반적으로 대부분의 경우 어떤 사람에게도 해를 주지 않는 양의 이하일 것이라고 추측한다. 쓰라린 편도선에는 보통 시안화물과 같은 자연적인 독을 인용한다. 이러한 문제를 다루는 데 있어서는 많은 논란이 있다. 그러나 여기에서는 그것을 단순하게 다루어 보자. 다음과 같이 독은 두 가지로 나누어진다.

(a) 축적되는 독 : 축적되는 독(cumulative poison)은 쉽게 흡수되고 서서히 분비되므로 체내에 서서히 쌓이게 되어 검출이 가능하다.

(b) 축적되지 않는 독: 축적되지 않는 독(non-cumulative poison)은 즉시 흡수되고 또한 즉시 분비되지만 그 독이 미치는 영향은 누적 된다. 가장 좋은 예 중 하나가 알코올이다. 중앙신경계 손상과 간 경화증, 신장질환을 일으키는 알코올중독의 경우, 알코올의 의존에서 완전히 벗어날 수는 있으나 이미 알코올에 의해 손상된 신체는 돌이킬 수 없다.

2-3 독의 효과

다음으로는 독의 효과에 대해서 급성적(acute)인 독성(toxicity)과 만성적(chronic)인 독성으로 나누어 설명을 하고자 한다.

급성적독성은 독에 접촉한 후에 독성이 즉시 나타나는 것을 급성적인 효과라 한다. 이 효과는 그 물질이 얼마나 독성이 강한지, 그리고 그것이 어디에 적용이 되는지에 따라 달라진다. 황산 한 방울은 피부에 닿는 것보다 눈에 들어가는 것이 더욱 위험하다. 그리고 나트륨 성분보다는 비소성분이 더욱 유독하다. 우리는 급성적인 독이 거동하는 방법을 일반적으로 이해하고 있기 때문에 급성적인 독에 대한 반응은 양의 문제로 생각하도록 한다. 그러므로 어떤 물질에 대하여 어느 정도의 양 이하로는 독성이 없다고 말할 수 있다.

LD_{50}의 개념은 1950년대 초에 완전히 받아들려 졌던 것으로 실험대상 동물의 50%를 죽일수 있는 50% 한계치사량(Limitid Dead 50%)으로 그 단위는 생물종 즉 동물의 체중 1kg당 독극물 mg으로 표현 하므로서 신체질량 차이에 따른 편차를 제거할 수 있다. 들쥐와 사람을 비교할 때, 두 종들간에 많은 성질차이가 있을 수 있지만 적어도 질량 차이는 보정될 수 있다. 예를 들면 다 자란 들쥐는 평균적으로 수컷보다 암컷이 더욱 예민하고 또한 어리고 병든 쥐들이 더욱 예민하다. 그러나 화학약품에 노출된 사람들은 성인이거나 남자이거나 모두 그 영향을 받게 된다.

LD_{50}이 작은 물질일수록 더욱 유독하다는 것을 주시하여야 한다. mg/kg 단위는 $\mu g/g$ 단위와 동일하다.

독성에 대한 근사적인 표현은 다음과 같다.

<표 2-1> LD_{50}과 성인의 치사량 비교

LD_{50}<1mg/kg	시안화칼륨	한방울	극도로 독성이 강함
1mg/kg<LD_{50}<50mg/kg	몰 핀	1티스픈	매우 독성이 강함
50mg/kg<LD_{50}<500mg/kg	아스피린	2티스픈	독성이 보통임
500mg/kg<LD_{50}<5000mg/kg	메틸알콜	200g정도	약간 독성이 있음

생리학적인 다양한 인자들 속에서 보통 한 종(specie) 사이에서 한 그룹을 구성하는 개개 적인 구성원들은 민감한 정도가 다양하다.

만일 독물질의 양을 변수로 하여 대수비율(logarithmic scale) 좌표(로그-정상 분포)로 나타낸다면 그림 2-1과 같은 근사적인 정상(종모양)분포를 보이게 된다. 농도의 대수(증가)에 대한 개개 적인 반응수(평균값)를 도표로 나타내면 그림 2-2와 같고 모양은 아래와 같은 S자 모양의 곡선으로 나타난다.

독물질의 양이 대수적으로 증가함에 따라 더욱 많은 동물들이 죽고 50% 사망률에 이를 때까지 계속 증가하다가 이 지점에서 다시 사망자수의 증가가 100%에 도달할 때까지 완만하게 떨어진다.

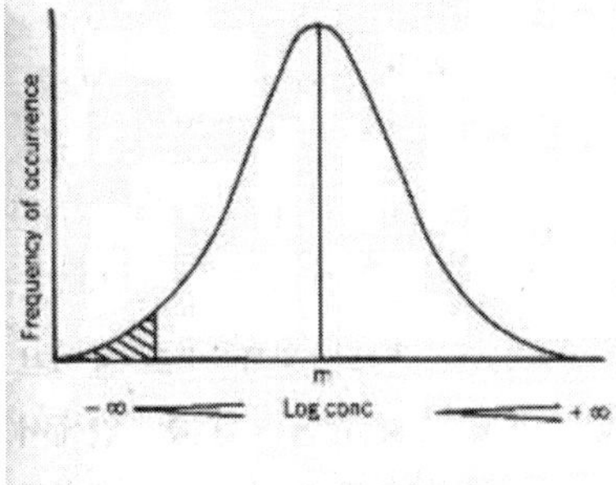

그림 2-1 로그-정상 분포

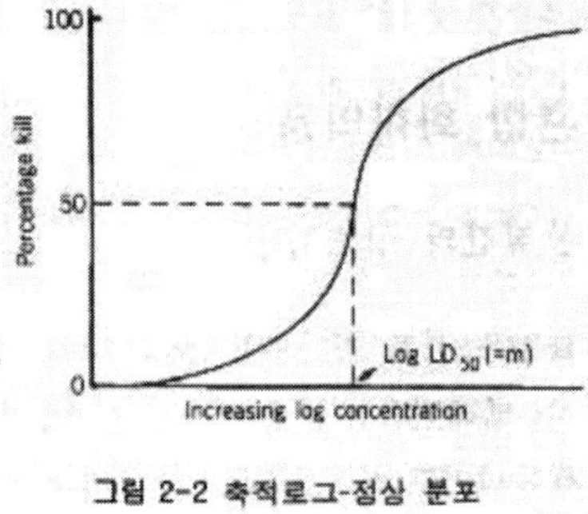

그림 2-2 축적로그-정상 분포

그래프에서 50% 사망률을 갖는 LD_{50}의 양(로그)은 가장 감도가 높은 점으로 선택된다. 그러나 비용이나 인도주의적인 차원을 고려할 때에 LD_{50}와 같은 다른 점들이 선택되기도 한다. S자형 곡선은 단지 정상곡선 아래에 축적되는 면적을 나타내는 그래프이다. 농도크기는 대수로 나타냈고 비선형이 아니므로 높은 농도들이 완만하게 나타내어진 것이다.

만성적 독성은 독성의 급성적 효과로부터 장기적인 만성적 효과들로 시각을 돌려보고자 한다. 만성적인 효과는 치명적이지 않은 물질의 적은 양에 반복적으로 오랜 기간 이상 노출되어 누적되었을 경우에 그 해가 나타나는 결과이다. 고전적인 예로는 아스베스토증(asbestosis)을 들 수가 있다. 많은 물질들이 자극제로 작용할 수 있다. 이러한 물질들은 절대적으로 물질의 양에 의존하지는 않는다. 그 예로는 피부염과 천식의 원인이 되는 테레빈유가 있다. 공장 노동자들의 약 50%는 에폭시수지에 의하여 피부염을 앓는다. 폴리우레탄의 수작업에 필요한 성분 중 하나로 사용되는 디이소시아노 톨루엔(toluene diisocyanate)은 매우 잠재적인 자극제이다. 알레르기는 면역계로부터 나타나는 불필요한 반응으로 알레르기가 발생하는 데에는 많은 시간이 걸린다. 일단 어떤 화학약품에 대하여 알레르기가 발생하면 그 사람은 자동적으로 다른 화학약품들에 대해서도 매우 예민해질 수 있고(cross-sensitisation) 적은 양에도 점점 더 민감해질 수 있다.

2-4 부식성 독성물

조직을 파괴하여 녹여내는 독성물질을 부식성 독성물질이라 한다. 예를 들면, 강산과 강알칼리는 부식성 독성물질에 해당되는데, 이들은 조직을 파괴한다. 황산(자동차의 축전지에 이용)과 염산은 대단히 위험한 부식성 독성물질이다. 막힌 하수구를 뚫는데 이용하는 수산화나트륨 역시 부식성 독성물질이다. 진한 황산 30g을 마시면 죽게 되고 아주 적은 양을 마신다 하더라도 아주 큰 치명상을 입게 되고 심한 통증을 초래하게 된다.

황산과 같은 농축된 **강산**은 일차적으로 세포조직을 탈수시킨다. 탈수된 세포는 단백질구조인 펩티드 결합에서 산 촉매 가수분해반응이 일어나 두 아미노산으로 분해되어 세포가 죽게 된다.

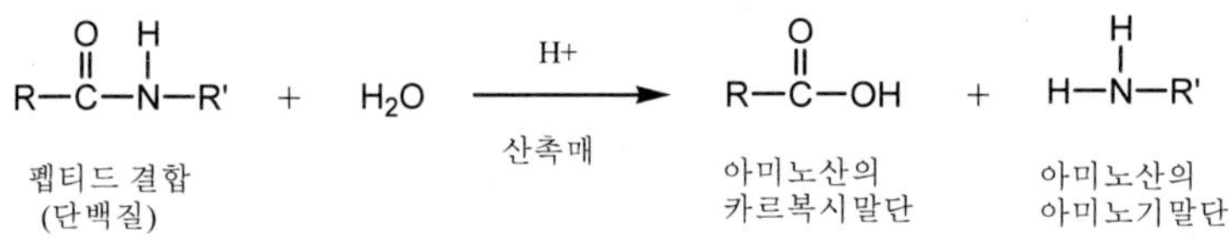

또한 수산화나트륨도 아주 **강한 알칼리성** 물질로서 강한 산과 같이 수산화이온도 펩티드 결합을 분해하는 촉매역할을 하여 조직을 부식시킨다.

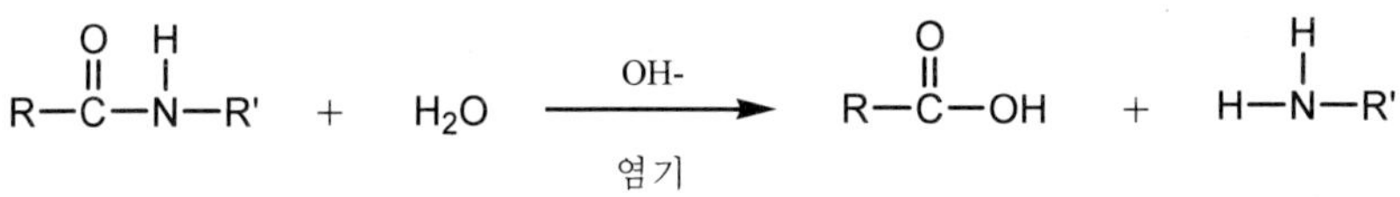

산과 염기는 부식성 독성물질일 뿐만 아니라, 화학반응에서 산과 염기가 모두 소모될 때까지 계속 부식작용을 하게된다.

이 과정의 초기 단계에는 단백질이 큰 조각으로 있게 되며 반응이 계속되어 더 많은 결합이 깨어지게 되면 점점 더 작은 조각으로 되어 궁극적으로 아주 작은 조직으로 분해된다.

어떤 독성물질은 신체 내에서 화학반응이 일어남으로써 부식성 독성물질을 생성하기도 한다. 그러한 독성물질의 일종인 포스겐은 제 1 차 세계대전 당시 독가스로 이용되었다. **포스겐**을 들어 마시게 되면 폐에서 가수분해반응이 일어나 염산을 생성하는데 이 염산은 얇은 막에서 탈수작용을 하여 폐에 물이 차는 폐수종의 원인이 된다. 따라서 산소가 혈액에 효과적으로 흡수되지 못하고 폐의 세포막에 손상을 입히게 되고 질식사의 원인이 된다.

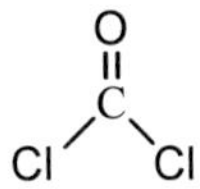 + H_2O ⟶ 2 HCl + CO_2

포스겐

오존, 이산화질소, 요오드 등과 같은 **산화성 물질**은 산화제의 특성을 가지고 있어 효소의 작용기를 산화시키므로 효소를 파괴시킨다.

이들 산화제는 효소에 존재하는 －SH와 －S－S－ 작용기와 같은 특수한 작용기를 산화시켜 비활성 작용기로 변화되는 것으로 알려져 있는데 산화제는 효소의 화학결합을 파괴하여 결국 효소를 비활성화 시키는 것으로 믿고 있다.

2-5 대사성 독성물

대사성 독성물질은 조직을 파괴하는 부식성 독성물질보다 더욱 미묘하게 작용한다. 사실상 대사성 독성물질의 작용은 너무 늦어져 위험할 때까지 대사성 독성물질의 진행과정을 느끼지 못하는 경우가 있다. 대사성 독성물질은 기능을 정지시키거나 기능의 효율을 저하시키는 등의 생체화학반응 과정을 방해함으로써 질병이나 죽음의 원인이 된다.

일산화탄소 : 세포조직 내에서 일산화탄소가 산소운반을 방해하는 작용은 대사독성의 과정으로 잘 알려진 것 중의 하나이다. 1895년 초기에는 일산화탄소가 신체세포의 산소를 빼앗는 것으로(질식작용) 알려졌으나, 훨씬 뒤에 일산화탄소는 산소와 마찬가지로 헤모글로빈과 결합하여 착물을 형성하는 것으로 알려졌다.

O_2 + 헤모글로빈 ⟶ 옥시헤모글로빈

CO + 헤모글로빈 ⟶ 카르보헤모글로빈

실험에 의하면 일산화탄소가 헤모글로빈과 반응하여 얻어지는 화합물인 카르보헤모글로빈은 헤모글로빈이 산소와 반응하여 얻어지는 화합물인 옥시헤모글로빈보다 140배 안정한 것으로 알려져 있다.

헤모글로빈이 효과적으로 일산화탄소와 결합하므로써 운반된 산소의 양이 적어지고 결국 생명활동을 할 수 없게 된다. 유기물이 불완전 연소하는 과정에서 항상 일산화탄소를 방출한다. 자동차 배기가스, 연기, 담뱃불, 혹은 담배, 활성탄, 버어너 등이 일산화탄소의 생성원이 된다. 여러 형태의 쓰레기 소각로에서 막대한 양의 일산화탄소를 대기중으로 방출시키고 있다. 일산화탄소의 지구대기의 최적치는 0.1ppm 정도이나 도시 대기중의 일산화탄소의 농도는 더 높다. 복잡한 교통수단에 의해 보통 100ppm 또는 그 이상의 농도가 확산되어 대도시에 대한 대기의 일산화탄소의 농도는 약 7ppm 정도인 것이 보통이다.

8시간 동안 30ppm 의 농도가 지속되면 두통의 원인이 된다. 대기중에 0.1%(1000ppm)의 일산화탄소를 포함하게 될 때 4시간 호흡을 하게 되면 보통 성인의 경우 대략 60% 정도의 헤모글로빈이 카르보헤모글로빈으로 변환되어(표), 죽음을 초래하게 된다

일산화탄소와 산소는 모두 헤모글로빈과 반응하므로 그 역반응도 쉽게 일어날 수 있고 그 농도는 상대적인 결합의 세기는 물론 그 반응의 방향에 영향을 준다. 0.1%의 CO를 포함하고 있는 공기중의 산소분자의 수는

<표 2-2> 대기중의 CO의 농도 대 카르보헤모글로빈의 퍼센트

대기중의 CO의 농도	0.01% (100ppm)	0.02% (200ppm)	0.10% (1,000ppm)	1.0% (10,000ppm)
카르보헤모글로빈 분자의 퍼센트	17	20	60	90

CO 분자수 보다 200배 정도 더 많이 존재한다. 산소의 농도가 증가하게 되면 CO와 헤모글로빈과의 결합을 방해하게 되므로 반응의 평형은 오른쪽으로 이동한다. 일산화탄소에 중독된 환자를 신선한 공기가 있는 곳으로 옮기거나 더 좋은 방법으로 순수한 산소를 공급해 주면 산소의 농도가 커지게 되어 카르보 헤모글로빈(HbCO)이 점차적으로 분해되고 옥시헤모글로빈을 생성한다.

$$HbCO + O_2 \longrightarrow HbO_2 + CO$$

산소의 농도가 증가되므로 평형은 오른쪽으로 이동한다.

비록 일산화탄소가 신체에 축적되는 독성물질이 아니라 하더라도, 생명유지에 필요한 세포(예. 뇌세포)에 수분이상 산소의 공급을 차단시키면 영구적인 치명상을 입히게 된다. 일산화탄소의 **허용한계량**은 각 개인에 따라 차이가 있지만, 빈혈증세를 가진 사람 혹은 헤모글로빈의 저장량이 적은 사람(예. 어린이)은 일산화탄소에 더욱 민감하다. 일산화탄소는 누구에게나 백해무익한 것이고 상습흡연자들은 일산화탄소에 의해서 만성적인 고통을 받는다. 일산화탄소는 무색무취인 기체이므로 모르는 사이에 작용하는 독성물질 기체이다.

시안화물 : 시안화음이온(CN^-)은 전기도금에 이용되는 시안화나트륨과 같은 시안화염에 존재하는 독성물질이다. 시안화물은 비교적 강한 염기이므로 여러 가지의 강산 및 약산과 쉽게 반응하여 아래 반응과 같이 휘발성의 시안화수소(HCN)을 생성한다.

$$\underset{\text{아세트산}}{CH_3COOH} + \underset{\text{시안화나트륨}}{Na^+CN^-} \rightleftharpoons \underset{\text{시안화수소}}{HCN} + \underset{\text{아세트산나트륨}}{CH_3COO^-Na^+}$$

시안화수소 HCN은 비교적 낮은 온도(26℃)에서 끓기 때문에 상온보다 약간 높은 온도에서 기체로 변화된다. 시안화수소는 대부분의 생명체에 독성이 있으므로 저장용기 및 배 화물창고의 살충용 증기로 이용 되기도하고 아주 작은 구멍을 통하여 곤충의 알에 침투하기도 한다. 시안화이온의 천연원은 벚나무, 서양자두, 배, 사과와 살구등의 열매의 씨에 함유되어 있다. 시안화수소는 이러한 열매의 씨에 포함되어 있는 **아미그달린**과 같은 화합물의 가수분해에 의해서 생성된다.

아미그달린에 존재하는 시안화물은 독성이 없지만 사과 또는 배의 씨가 가수분해되어 생성된 충분한 양의 HCN은 상당한 위험의 원인이 될 것으로 추측된다. 그러나 아직 사과씨를 많이 섭취함으로써 인간에게 독성작용을 일으켰다는 보고는 거의 없다. 아미그달린은 씨에만 국한한 것이 아니고 복숭아잎 100g당 66mg의 높은 농도로 존재하고 있는 것으로 알려져 있다.

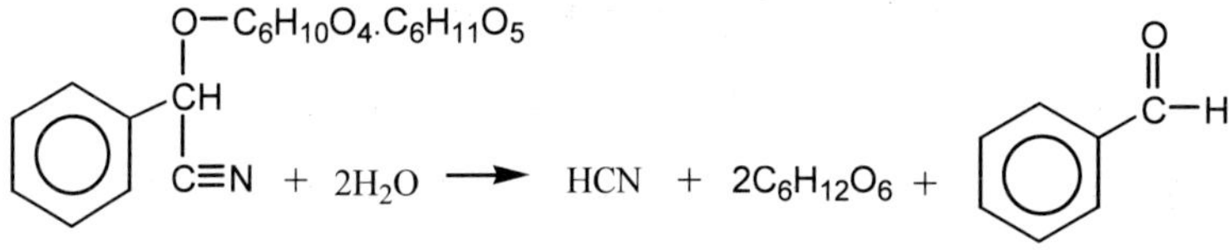

아미그달린 시안화수소 글루코스 벤즈알데히드

시안화 이온은 아주 빠르게 작용하는 독성물질의 하나이다. 치사량을 섭취하게 되면 수분내에 그 효과가 나타난다. 시안화 이온의 독성작용은 일산화탄소와 같이 질식작용을 하지만 시안화물의 독성작용 과정은 다르다(그림2-3). 세포가 산소를 얻는 것을 방해하는 것이 아니고 시안화물은 시토크롬과 같은 산화효소가 산화되는 것을 방해한다. 산화제에는 보통 철 또는 구리와 같은 금속이 포함되어 있다. 글루코스와 같은 물질의 촉매 산화과정은 다음과 같다.

$$\text{대사물질}(H_2) + 1/2\ O_2 \xrightarrow{\text{산화제}} \text{산화된 대사물질} + H_2O + \text{에너지}$$

(ADP) (ATP)

시토크롬산화제의 철 원자는 Fe^{2+}가 Fe^{3+}로 산화될 때 전자를 O_2에 제공하여 O_2가 환원된다. 철은 그 과정에서 다른 단계로부터 전자를 다시 얻게 된다. 그러나 시안화 음이온은 시토크롬산화제의 금속이온과 안정한 시안화 착물을 형성하여 그 산화효소가 산소를 환원시켜 대사물질(ADP)가 산화되어 ATP로 되는 것을 불가능하게 한다.

$$\text{시토크롬 산화제(Fe)} + CN^- \longrightarrow \text{시토크롬 산화제(Fe)} \cdots CN^-$$

(착물)

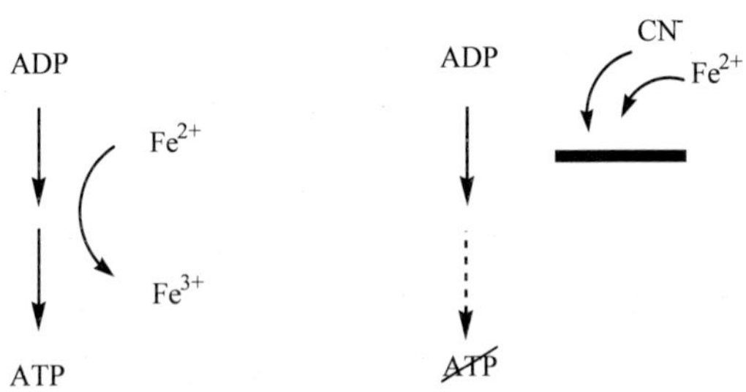

<그림 2-3> 시안화이온의 독성메카니즘 : 시안화이온은 효소 시토크롬 C의 철화합물에 강하게 결합하여 ADP---->ATP 반응을 차단한다.

착물형태의 철 이온의 전자들은 고정되어 있으므로 본질적으로 산화-환원과정에 참여할 수 없다. 세포가 많은 산소를 공급받는다 하더라도 생명을 유지하는데 이용되는 산소에 의해 메카니즘이 중단된다. 그러므로 세포는 죽게되는데 이러한 현상이 생명체 중심에서 빨리 진전되어 세포는 더 빨리 죽게 된다.

신체는 시안화 이온의 작용을 서서히 멈추게 하는 과정을 가지고 있다. 시안화물-산화효소반응은 가역적인데 대부분의 세포에서 발견되는 로다나제(rhodanase)와 같은 효소는 시안화 이온들이 비교적 해가 없는 티오시안화(SCN-)이온으로 변환시키는 작용을 한다.

$$CN^- + S_2O_2^{2-} \xrightarrow{\text{로다나제}} SCN^- + SO_3^{2-}$$

이 과정에서 주어진 시간에서 신체에 이용 가능한 티오황산의 양이 한정되어 있으므로 우리가 생각하는 것처럼 시안화물-독성작용에 의한 희생을 효과적으로 막아주지는 못한다.

플루오로아세트산 : 자연계에서의 어떤 식물은 방어 메카니즘으로써 플루오로아세트산(FH_2CCOOH)을 합성한다. 남아프리카지방의 특산물인 gilbaar식물에는 치사량에 해당되는 플루오로아세트산을 포함하고 있다. 이 식물의 잎을 먹은 가축들은 보통 앓거나 죽게 된다.

이 산의 나트륨염인 플루오로아세트산나트륨은 쥐약(집쥐의 독극물)의 성분이다. 이 화합물은 무색 무취이기 때문에 특히 위험하여 대개의 경우 이 화합물의 판매를 법에 의해서 엄격히 제한하고 있다. 플루오로아세트산이 크레브스 순환에 들어가면 크레브스 순환을 막는 플로오로시트르산을 생성하기 때문에 독성작용이 나타난다. 플루오르시트르산염의 C-F결합은 효소 아코니타제(aconitase)와 강한 결합을하여 시트르산염 화합물을 이소시트르산 화합물로 변화시키는 것을 방해한다. 이러한 예에서 보는 바와 같이 그 독성물질은 정상적인 기질과 유사하게 효소의 활성부위에 효과적으로 작용한다. 만일 독성물질이 효소의 활성부분에 충분한 친화력을 가지고 있다고 하면 그 효소의 정상적인 기능을 방해하게 된다. 플루오로시트르화물에 의한 크레브스 순환의 방해작용은 이러한 친화력의 전혀적인 예가 된다. 플루오로아세트화물이 소량으로 존재한다면 그 작용은 이용 가능한 시트르화물의 농도가 증가됨으로써 단순하게 역반응이 일어날 수 있다.

2-6 중금속

중금속은 아마도 가장 흔한 대사성 독성물질이다. 중금속 독성물질은 납, 수은과 같이 아주 흔한 원소가 포함될 뿐만 아니라 카드뮴, 크롬, 탈륨과 같은 흔치 않는 원소도 이에 해당된다. 이러한 원소들 중에서는 여러 가지 성질상 금속과 비슷한 원소인 비소는 지독한 독성물질로 분류되는데 비소는 금속은 아니지만 살인적인 독성물질로 간주되고 대부분의 음식물에 소량으로 존재한다.

이온 형태의 비소는 더욱 독성이 강하다. 비소와 중금속은 세포질 에너지 생성에서 함유하는 티올(－SH) 방해효소계와 반응함으로써 일차적인 독성의 원인이 된다.

비 소 : 독성 비소화합물의 전형적인 형태는 비산염(AsO_4^{3-})과 아비산염(AsO_3^{3-})과 같은 무기이온 형태로 존재한다. 아비산염 이온이 아래 반응과 같이 티올기와 반응하면 두 개의 티올기에 한 개의 비소가 결합된 착물이 얻어지는데, 이 착물은 두 개의 다른 단백질 분자 또는 두 개의 단백질 분자와 결합한다.

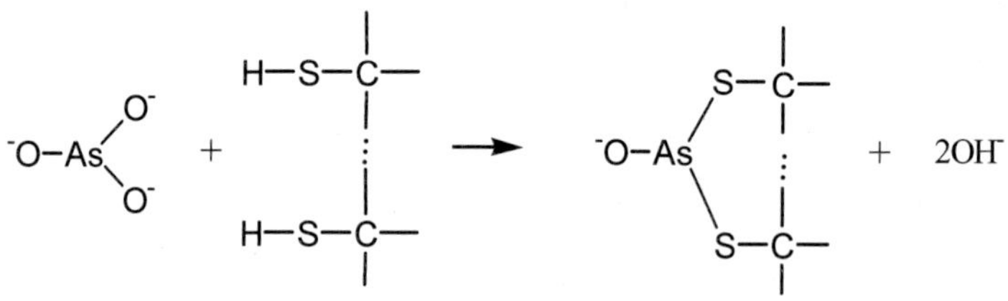

글루타민산, 시스틴과 글리신의 3중 펩티드는 대부분의 조직에 존재하는데, **글루타치온**의 역할은 금속과 티올기가 상호작용하는 것으로 설명한다. 인접분자에 붙어 있는 글루타치온에서 두 개의 티올기의 수소가 떨어지고 2개의 황이 금속(M)과의 결합이 더욱 진전됨에 따라 두 개의 글루타치온 분자가 강한 결합을 하게된다. 그 결과 건강한 붉은 혈액세포를 유지시키는데 필요한 글루타치온은 감소하게된다.

2 글루타치온 + 금속이온(M^{2+}) ⟶ M(글루타치온)$_2$ + 2 H^+

(--C-S-M-S-C-)

글루타치온과 금속(M)과의 반응

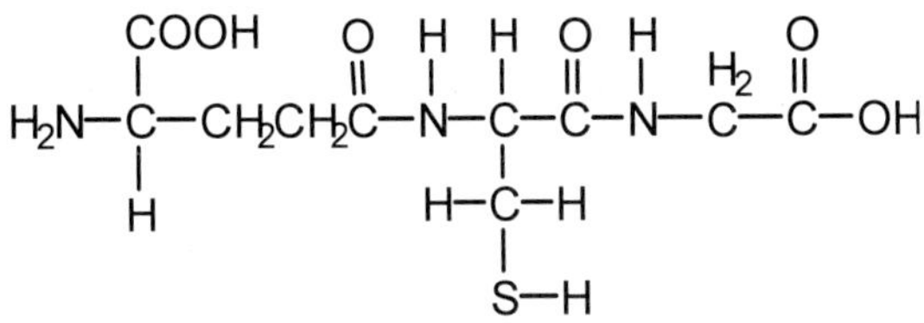

(글루타치온)

BAL은 금속에 킬레이트제로 작용할 수 있는 많은 화합물 중의 한 예로서 병원의 독극물 중독시 병원의 응급실에서 이용하는 표준치료제임은 물론 중금속에 의한 독성물질 중독환자에게 통상적으로 이용된다.

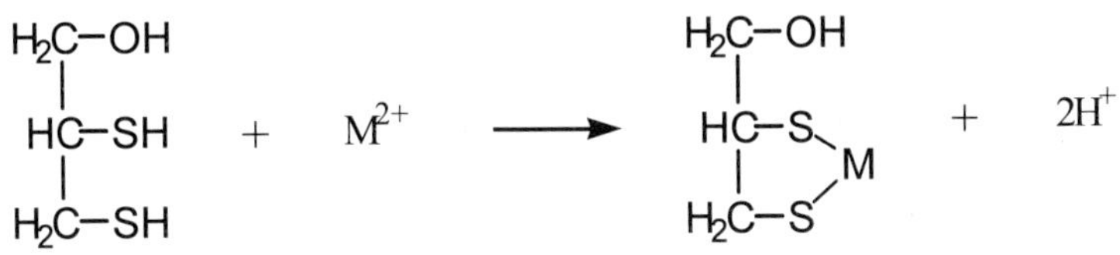

BAL 중금속 이온 킬레이트금속 이온

중금속이온과 BAL킬레이트화 반응

수은중독 : 수은에 중독되었을 때에 설상가상으로 나쁜 것은 수은이 염의 형태로 신체내에 축적된다. 수은이 신체내에 축적된다는 뜻은 원소자체를 빨리 제거시킬 수 없음을 뜻하고 이에 따라 독성효과가 점점 증가하게 되어 만성독성으로 된다. 수은이 다른 금속에 비해서 반응성이 없다고 하더라도 수은은 휘발성이 크므로 쉽게 피부를 통해서 흡수된다. 신체내에 있는 금속 원자들은 Hg_2^{2+} [수은(Ⅰ)이온] 또는 Hg^{2+} [수은(Ⅱ)이온] 으로 산화된다. 이들 두 수은화합물은 모두 독성이 있는 것으로 알려져 있다.

납중독물 : 신체에 축적된 납은 부드러운 세포조직에 잔유할 뿐만 아니라 뼈에도 축적된다. 뼈에 축적된 납은 뼈가 가늘어 지게하는 작용을 하고 또한 세포조직에 있는 납은 수은과 비소와 같이 다른 중금속 중독의 경우와 같은 증세를 나타낸다. 수은이나 비소와 같이 납은 또한 중추신경계통에 영향을 준다.

납염은 항상 독성이 있지만 불용성염이 아니라고 하면 독성은 그 염의 용해도에 직접 관계된다. 최근 대부분의 가솔린의 한 성분으로 알려진 공유결합 납화합물인 사에틸납($Pb(C_2H_5)_4$)은 다른 금속화합물과는 다르게 피부를 통해서 쉽게 흡수된다. 금속납이라 하더라도 피부를 통해서 흡수될 수 있고 납 또는 화합물을 취급함으로써 납중독을 일으키는 경우도 있다. 납중독으로 인한 비극적인 일 중의 하나는 과거 30년 동안 미국에서는 내장 페인트로 쓰인 납성분 페인트를 통하여 납중독을 일으킬 수 있었다는 사실이며, 어린이들이 아직도 옛날의 그림물감을 사용하므로서 납중독이 야기될 수 있다는 사실이다.

독성물질 연구자들은 인간의 몸으로부터 효과적으로 **납을 제거**하는 아래 그림과같은 EDTA(에틸렌디아민 테트라 아세트산)이라고 불리는 킬레이트제를 발견하였다.

EDTA의 칼슘염 또는 나트륨염은 납중독의 치료에 이용된다. EDTA 용액은 칼슘보다 납과 더 강한 착물을 형성하려고 하는 경향이 있다. 그러므로 칼슘은 용해되어 빠져나오고 납은 납킬레이트 착물로서 결합하여 오줌으로 배설된다.

$$[CaEDTA]^{2-} + Pb^{2+} \longrightarrow [PbEDTA]^{2-} + Ca^{2+}$$

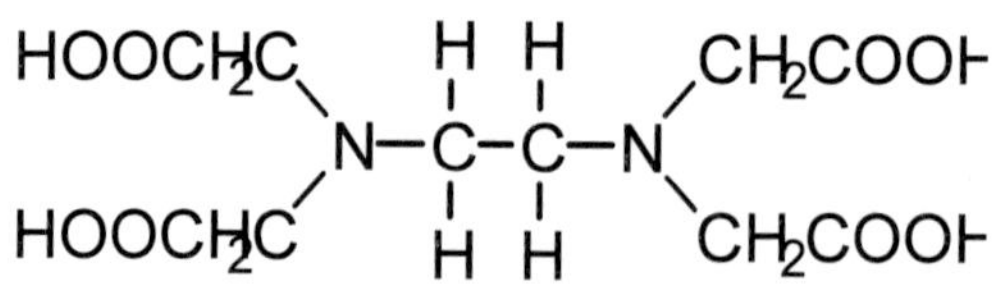

EDTA

2-7 신경계 독성물

신경계의 독성물질은 두 신경세포의 연결(synapze) 부위에 작용한다. 충격이 어떤 신경의 끝 부분에 도달할 때 작은 양의 아세틸콜린이 방출된다. 이러한 증세는 인접신경 혹은 기관에 전달된다. 아세틸콜린은 신경세포막의 침투력을 변화시키므로써 신경을 활성화시키는 것으로 생각된다. 세포막의 침투력이 증가되는 이유는 분명하지 않지만, 지방—단백질 착물의 분리능력 혹은 지방의 표면막에의 침투력과 관계될 것이라는 설도 있다. 그러한 효과는 아세틸콜린 10^{-6}몰과 같은 아주 적은 농도로도 나타나는데 아세틸콜린이 세포에 침투되면 이온의 형태로 변화되어 세포막을 아주 자유롭게 통과될 수 있다.

수용체가 더 많은 전기적인 충격을 받게 되면, 콜린에스트레화 효소에 의해서 아세틸콜린이 분해되어 아세트산과 콜린으로 변화된다.

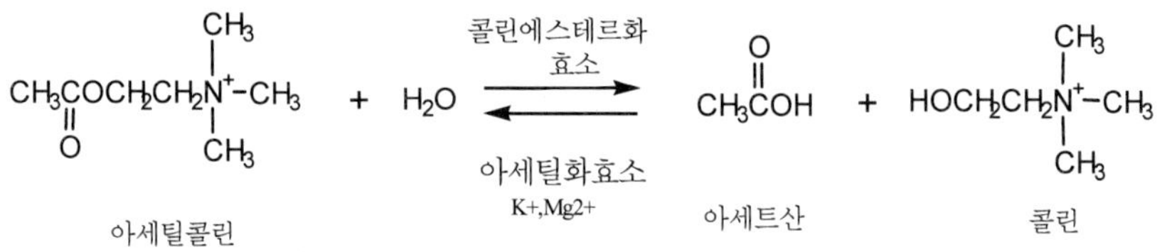

칼륨과 마그네슘 이온 존재 하에서 아세틸화효소와 같은 다른 효소의 작용에 의해서 신경의 시작부위에서부터 말단 사이의 아세트산과 콜린으로부터 새로운 아세틸콜린이 만들어진다. 새로 만들어진 아세틸콜린은 충격을 전달하는 수단으로 이용된다.

DFP(diisopropylflorophosphate)와 같은 신경가스인 **항콜린에스테르화 물질**이 콜린에스테르화 효소를 붙잡아 비활성화시켜 아세틸콜린이 이 효소에 결합될 수 없도록하여 정상적인 초산과 콜린으로의 가수분해 반응을 방해함으로써 새로운 아세틸콜린의 재생성을 방해한다.

아트로핀과 쿠라레와 같은 신경계의 독성물질은 신경말단 기관의 수용체 부분을 점유하게 된다. 정상적인 충격—전달 아세틸콜린에 아트로핀 혹은 쿠라레가 수용체에 점유되게되면 자극이 기관에 전달되지 않는다. 아세틸콜린이 과다하게 되면 심장박동수의 감소 혈압감소와 과다한 타액분비의

		LD_{50}, mg/kg	
사린(Sarin)	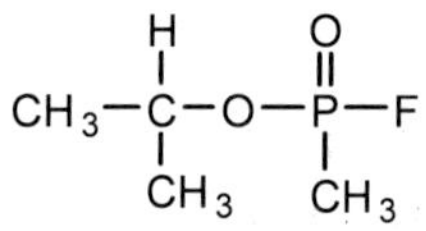	0.55	제2차대전시 사용된신경가스
타분(Tabun)	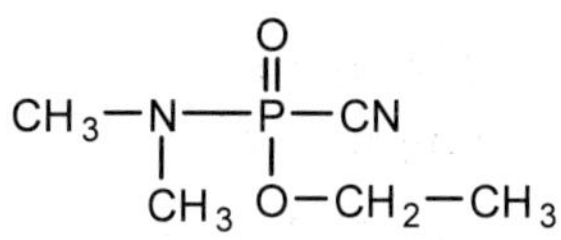	3.7	제2차대전시 사용된신경가스
파라옥손	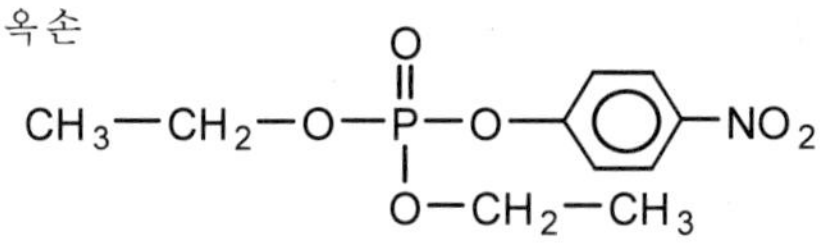	1.8	살충제
파라티온	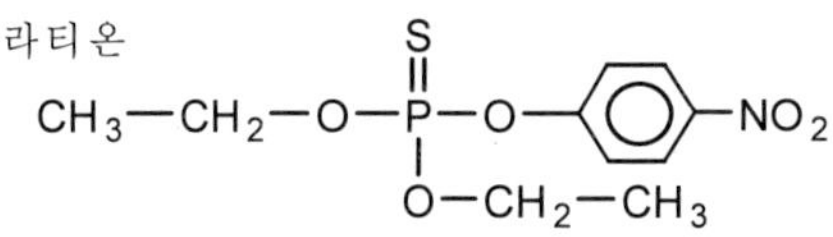	20	살충제

<그림 2-4> 몇가지 항콜린에스테르화 물질

원인이 될 수 있고 반면에 아트로핀과 쿠라레는 심한 입마름증세와 갈증 현상을 야기시키고 심장박동이 빨라지고 혈압이 상승하게 된다. 정상적인 아세틸콜린의 활성이 없다고 하면 충분한양의 아트로핀이 존재하여 역반응이 일어나게 되면 수용체를 차단하게 된다. 이러한 종류의 신경계 독성 물질은 유용한 의약품으로도 이용될 수 있다. 예를 들면 **아트로핀**은 눈의 내부를 손쉽게 조사하기 위해서 눈을 팽창시키는데 이용된다. 황산아트로핀과 다른 아트로핀염을 피부에 처리하면 피부의 신경말단의 감각을 비활성화시켜 통증을 감소시킨다. 아트로핀은 도한 독성에 대한 해독제로도 이용된다.

니코틴은 쿠라레 및 아트로핀과 유사한 작용을 하는 물질로서 수용체를 차단하는 잘 알려진 천연유기물질로서 그 강력한 독성작용은 중추신경계의 기능을 약화시키는 것으로 70kg에 해당하는 사람에 대한 치사량은 대략0.3g 이하가 된다. 담배에서 추출되는 니코틴의 독성은 담배를 흡연하는 습관을 가진 사람에게 독성작용이 나타난다고 하는 사실을 주목해야 한다.
니코틴 구조 :

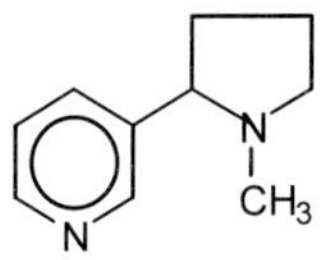

몰핀은 천연양귀비 혹은 합성되는 가장 효과적인 진통제로 알려져 있다. 몰핀은 외과수술 골절, 화상 등등에서 오는 급성통증을 짧은 기간동안 진통시키는데 널리 이용됨은 물론 암과 같은 질병의 마지막 단계에서 고통을 덜어 주는 데에도 이용된다.

▪ 돌연변이 원인물질

돌연변이는 화학약품이 유전인자와 염색체를 변화시켜서 후손을 비정상으로 되게 하는 현상을 말한다. 이와 같은 화학물질은 부모의 모습을 자손에게 전달하는 유전인자의 성분(때로는 염색체)인 DNA와 RNA의 구조를 변화시키는 돌연변이의 원인이 된다. 정상적인 인간의 세포에는 23쌍의 염색체를 가지고 있다.
실험실에서 많은 화학물질이 동물에 대한 돌연변이 원인 때문에 규제대상하에 있지만 어떤 화합물이 인간의 생식세포에 돌연변이의 원인이 되는가에 대해서는 아직 밝혀져 있지 않다.

아질산(HNO_2)의 돌연변이 효과에 대한 화학적 근거가 밝혀졌다. 즉 반복적인 연구에 의하면 아질산은 박테리아 비루스 곰팡균과 다른 유기체에서 돌연변이 발생요인이 있는 것으로 밝혀졌다. 1953년 미국 콜롬비아대학의 자멘호프 박사는 DNA에 아질산을 처리하는 실험을 수행한 결과 아질산은 DNA염기인 아데닌 구아닌 시토신 등과 특이성반응을 하여 DNA 염기화합물의 염기인 아데닌의 아민기가 제거되는 현상을 밝혀냈다. 제거된 작용기는 산소원자로 대치되어 하이포크산틴이 된다. 이처럼 염기가 변화되면 다음 이차적인 변화에서 적절하지 못한 핵산 염기쌍을 형성할 가능성이 있다. 예를 들면 아데닌(A)의 전형적인 염기쌍은 티민(T)이 된다.

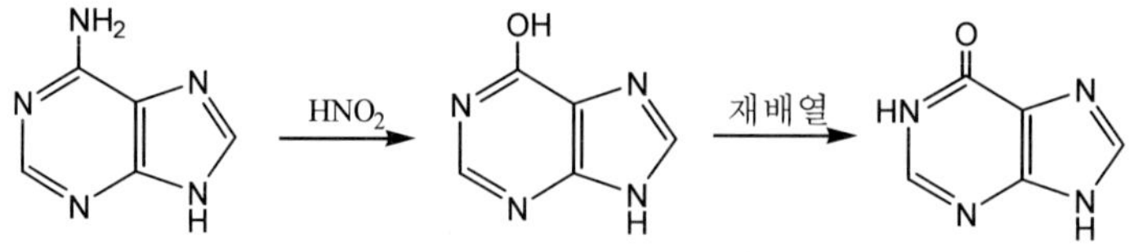

아데닌 하이포크산덴

DNA 염기와 아질산과의 반응

▪ 기형 발생물질

인류의 생식에서 화학물질의 효과는 독성물질의 다양성 때문에 두려워하고 있는데 이들 화학약품에 의해서 야기되는 신생아의 장애에 관한 연구는 기형학(teratology)의 학문분야가 된다.

접두어 terat의 어원은 프랑스어의 "괴물"의 뜻에서 유래하였다. 기형 발생물질은 방사능물질 바이러스성 시약 화학물질 등의 세 가지 유형으로 분류되어 알려지고 있다. 신생아의 장애현상은 모든 신생아의 2~3%정도로 나타난다. 이러한 신생아 장애아 중에 약 25%는 유전적 원인이 되고 때로는 돌연변이의 원인이 되는 물질을 접촉함으로써 이런 현상이 가능하고 5~10%는 기형 발생물질에 의한 결과가 된다.

<표 2-3> 기형 발생물질

물 질	대상	태아(3개월이상)에 미치는 영향
수은	인간	미나마타 병(일본)
DES(디에틸스틸베스트랄)	인간	자궁이상
카페인	집쥐	골격장애, 성장장애
PCBs(폴리염소화비닐류)	인간	성장장애, 사산

발암물질 : 발암물질은 암의 원인이 되는 화학물질이다. 암은 적어도 세 가지 점에서 유기체 자체에 비정상적인 성장조건이 나타나는 증세이다. 암 조직에서의 암세포 성장속도는 정상적인 조직의 성장속도와는 다른데 이 세포는 정상적인 세포보다 빨리 분열되거나 또는 느리게 분열되며 끝없이 다른 세포조직에 번진다.

1993년에야 α-벤조피렌($C_{20}H_{12}$, 5개의 방향족 탄화수소고리가 결합)이 석탄가루에서 분리된다는 사실이 밝혀졌고 신체의 대사과정에서 한 개 혹은 그 이상의 발암물질을 만들어낸다고 하는 사실이 알려졌다. 초기화합물이 직접적인 암의 원인이 아닐지라도 어떤 다른 화합물이 암의 원인이 될 수 있는 작용을 하기도 한다.

예를 들면 방향족 아민유도체에 존재하는 =NH작용기가 =NOH 작용기로 변한되면 발암을 유발하는 아민이 활성중간체를 만들게 된다.

만약 R을 두개 혹은 세개의 고리를 가진 방향족 화합물계라고 하면 다음과 같은 경로의 반응이 일어날 수 있다.

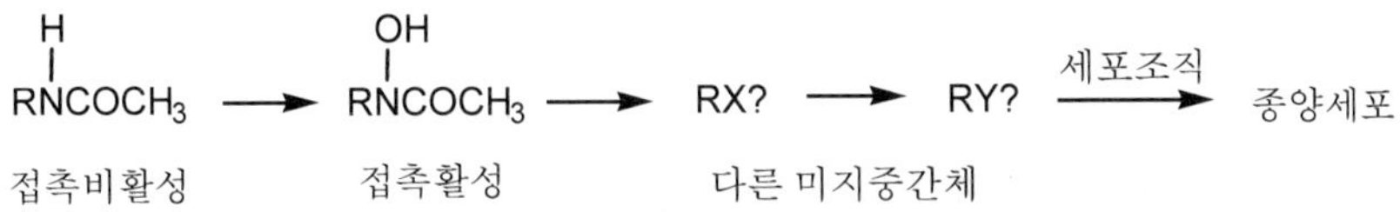

환각제 : 환각제는 지각 사고와 감정을 일시적으로 변화시키는 물질이다. 이러한 물질로써 아즈텍족과 마야문명은 페요테선인장을 사용하여 메스칼린(3,4,5-트리메톡시 페네틸아민)과 리세르그산디에틸아미드(LSD) 테트라히드로카바비놀(마리화나의 활성성분)이 이에 속하고 이런 류의 화합물을 확장시키면 50개 이상의 다른 화합물이 있다.

(LSD)

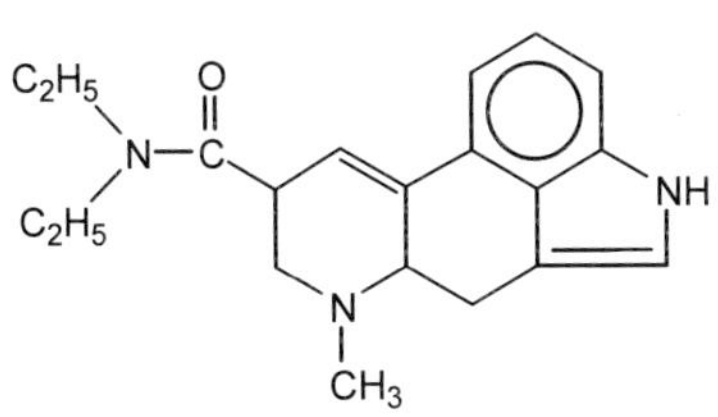

메스칼린

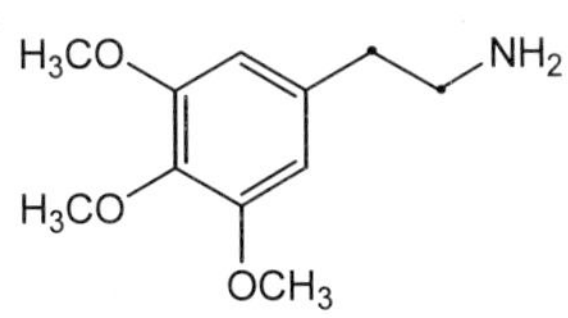

인돌아민류인 LSD는 25μg 이하의 양으로도 깊은 감정반응을 하여 사람을 흥분시키게 작용하는 위치가 뇌에 존재하고 있음이 밝혀졌고 그 화합물은 뇌의 신경 연결부를 통해서 충격을 전달하는 작용을 하는 곳으로 생각되는 부위에서 발견된다고 하는 흥미 있는 두 가지 결과가 알려졌다.

세로토닌과 노르핀네피린은 앞에서 이미 논의한바 있는 아세틸콜린과 같은 방법으로 작용하는 것으로 생각되었고 이 화합물은 신경연결부를 통해서 신경의 한 끝에서 다른 한 끝으로 정보를 전달하는 작용을 한다. 후에 울리(D. wooley)는 LSD가 세로토닌의 작용을 막는다고 하는 사실을 발견하였다. 이것은 LSD의 환각상태를 설명하는 흥미있는 이론을 도출하게 하였다.

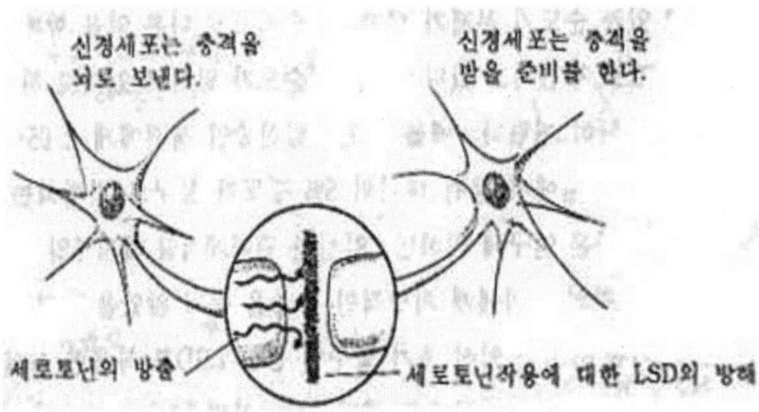

그림 2-5 LSD는 세로토닌이 한 뇌신경세포에서 다른 신경세포로의 이동을 방해한다.

메틸알콜(메탄올 혹은 목정)은 높은 독성물질이고 다른 간단한 알코올과는 같지 않고 사실상 인간에게 독성이 축적된다.

이 메틸알콜은 시신경 계통에 특이한 독성효과를 가지고 있고 많은 양을 마셨을 때에는 시력이 상실하게 되는 원인이 되기도 한다.

알콜을 마시면 수소 한분자가 떨어져 산화가 일어나 포름알데히드 중간 생성물이 1/2분자의 산소와 반응하여 포름산이 되어 오줌으로 배설된다.

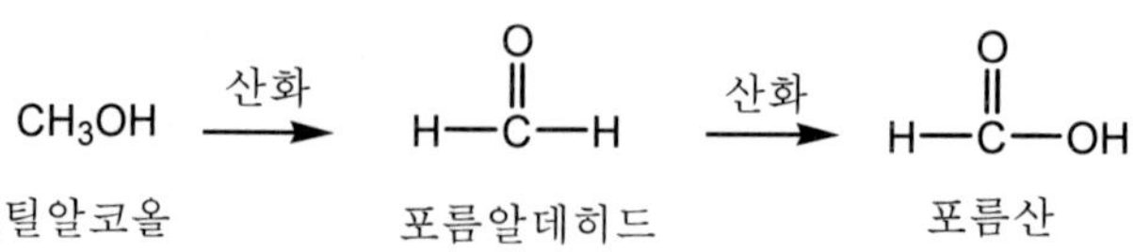

제 3 장

비료와 농약화학

인간의 활동도 지구 토양의 조성 및 물리적인 성질을 변화시킨다. 토양층을 층위(horizons)라고 하며 **상층토**(upsoil)는 대부분 살아 있는 미생물과 죽은 것으로부터 만들어진 부식토로 이루어져 있다.

보통 5% 이상의 유기물질이 함유되어 있는 상층토는 장소에 따라 약1미터 이내인 경우도 있지만 보통 10센티미터 정도의 두께를 가지고 있다. 약 1미터 정도의 두께를 갖고 있는 **하층토**(subsoil)는 유기물질 의 염과 상층토로부터 씻겨 나온 진흙입자 뿐만 아니라 모체 암석으로 이루어진 무기물질을 포함하고 있다. 비교적 큰 뿌리조직은 하층토를 뚫고 들어간다. 하층토 아래에는 풍화된 모체암이 있고 그 아래에는 기반암이 있다.

3-1 토양의 조성과 변화

토양의 화학조성은 지각의 조성 모체암석의 조성 및 토양이 형성될 때의 물리화학적인 활성을 추정할 수 있게 해준다. 산소는 공기중에서 두 번째로 많은 원소이지만 실리콘은 토양의 중심이 되는 원소이다. 모래는 이산화규소이고 진흙과 토양의 대부분은 살리실산염으로 이루어져 있다. 암석도 여러 가지 종류의 살리실산염으로 이루어져 있다. 소량으로 존재하는 미량 원소는 토양에 따라 상당히 다르며 대단히 많은 원소가 토양에 포함되어 있다. **검은색 토양**에는 보통 많은 유기물질이 들어 있으며 주로 식물에 필요한 원소들을 포함하고 있다.

여기서 주목해야할 점은 같은 양의 유기물질이라도 온대지방에서는 토양이 검게 되고 적도지방에서는 갈색으로 된다. **붉은색 토양**은 철이 많고 **흰색에 가까운 토양**은 토양 속에서 너무 많은 물이 빠져나가 심하게 용탈(leaching)되어 용해된 금속의 영양이 흘러나가 질이 좋지 않을 수도 있다. 배수가 잘 되지 않은 토양은 균일한 화학조성을 갖고 있지 않고 회색 갈색 노란색 등을 나타낼 수도 있다.

건강한 상층토에는 생명체가 살고 있기 때문에 산소가 충분히 공급되어야 한다. 식물의 성장을 돕고 곤충 벌레 및 미생물의 숙주로 작용하는 전형적인 토양에는 많은 구멍이 있다. 그와 같은 토양의 25% 정도는 공기가 차지하고 있다. 토양이 공기를 잡아 둘 수 있는 능력은 토양의 입자 크기와 입자가 얼마나 촘촘하게 밀착되어서 덩어리를 이루고 있느냐에 달려 있다. 토양의 입도 분리라고 하며 이것은 점토로부터 세사 실트 모래 자갈 왕자갈로 감에 따라 달라진다. 점토의 작은 입자들은 매우 촘촘하게 채워지므로 근본적으로 공기를 수용할 수 없고 따라서 생명체를 유지하지 못한다. 전형적인 토양의 지평은 몇 개로 분리되어 구성되어 있다. 예로써 **옥토**는 여러 가지 비율의 점토 모래 및 유기물질로 이루어져 있는 부드러운 토양으로 다량의 공기를 포함하고 있다. 토양 입자의 다공성은 토양입자의 자연적인 형태에도 좌우되며 모체암석의 결정구조와 부서질 때의 물리적인 작용에 따라 달라진다. 토양입자를 자세히 살펴보면 이것이 판 덩어리 또는 과립의 형태를 갖고 있음을 알 수 있다.

토양의 조성변화를 살펴보면 공기조성은 위쪽에 있는 공기의 상태에 따라 달라진다. 해수표면과 같은 높이에 있는 보통의 건조한 공기는 약 21%의 산소와 0.03%의 이산화탄소로 이루어져 있는데 토양속의 산소함량은 약 15% 이하로 떨어지는 것은 유기물질이 표면에서 부분적으로 산소를 소모하여 산화되므로 산소함량은 감소하나 이산화탄소의 양은 유기물의 탄소산화에 의하여 5% 이상으로 증가한다. 이와 같이 토양중에서 이산화탄소의 농도가 증가하면 아래 반응식과 같이 지하수는 산성으로 변하여 산 수용액의 신맛 때문에 산성화된 토양을 **산성 토양**이라고 한다.

$$CO_2 + H_2O \longrightarrow H^+ + HCO_3^-$$

또한 칼슘 마그네슘 철 및 알루미늄을 함유하고 있는 토양은 물에 의한 용탈(leaching)이 일어나기 전에는 약한 염기성이었으나 철과 알루미늄보다 칼슘과 마그네슘이 과량으로 제거되면 남아있는 철과 알미늄 3가 이온이 물과 반응하여 산으로서 작용하기 때문에 토양은 산성이 된다. 이 이온들은 다음 반응과 같이 물로부터 나온 수산이온과 결합하여 수산화물 양이온을 생성하기 때문에 과량의 수소이온이 생성되어 토양은 산성화된다.

$$Fe^{3+} + H_2O \longrightarrow FeOH^{2+} + H^+$$

$$Al^{3+} + H_2O \longrightarrow AlOH^{2+} + H^+$$

토양의 염기화 : 소석회($Ca(OH)_2$), 석회석($CaCO_3$)등과 같은 흰색가루를 토양에 뿌리면 물에 녹아 탄산이온이 수소이온과 결합하여 수소이온 농도를 감소시켜 탄산수소 음이온이 생성되므로 약한 염기성으로 변하게 할 수 있다. 이 약한 염기성 토양을 감토(sweet soil)라고 한다.

$$CaCO_3 \rightarrow Ca^{2+} + CO_3^{2-} \qquad Ca(OH)_2 \rightarrow Ca^{2+} + 2\ OH^-$$

$$H^+ + CO_3^{2-} \longrightarrow HCO_3^- \qquad 2\ H^+ + 2\ OH^- \rightarrow 2\ H_2O$$

3-2 식물이 필요한 영양소

적어도 18종 이상의 원소가 보통의 녹색식물의 성장에 필요하다. 이들 중의 C,H,O 셋은 무기질 영양소가 아니며 공기와 물로부터 공급된다. 무기질 영양소는 물에 녹은 형태로 식물의 뿌리조직을 통해서 흡수된다. 15 종류의 무기질 영양소는 건강한 식물성장에 필요한 양에 따라 1차, 2차 및 미량 영양소로 분류된다. 또 다른 원소도 극소량 필요하지만 이들의 화학적인 작용은 거의 알려져 있지 않다. 탄소, 산소, 및 수소는 공기와 물로부터 쉽게 얻을 수 있는데 탄소는 이산화탄소의 형태로 식물에 흡수되고 수소는 물 산소는 물 또는 원소로서 흡수된다. 녹색식물은 낮에 광합성을 통해서 잎이나 녹색조직으로부터 과량의 산소를 방출한다.

<표 3-1> 식물영양소의 근원

원 소	근 원 화 합 물
무기질영양소	비금속 영양소
C	CO_2, 이산화탄소
H	H_2O(물)
O	H_2O(물)

원 소	근 원 화 합 물
	1차 영양소
N	NH_3(암모니아),NH_4NO_3(질산암묘늄),H_2NCONH_2(요소)
P	$Ca(H_2PO_4)_2$(인산이수소칼슘)
K	KCl(염화칼륨)
	2차 영양소
Ca	$Ca(OH)_2$, 수산화칼슘(소석회);$CaCO_3$, 탄산칼슘(석회석) $CaSO_4$, 황산칼슘
Mg	$MgCO_3$, 탄산마그네슘, $MgSO_4$, 황산마그네슘(사리염)
S	황원소, 황산의 금속염

1차 영양소 : 1차 영양소에는 질소 인 및 칼륨이 있다. 대부분의 식물은 질소기류 하에 있지만 이것을 질소의 공급원으로 사용할 능력이 없다. **질소고정**은 대기 속의 질소를 물에 녹여 식물 뿌리를 통해서 흡수되어 동화될 수 있는 질소화합물로 변화시키는 과정이다. 대부분의 식물은 질산염(MNO_3^-)이 풍부한 토양에서 NO_3 음이온을 흡수하여 생장하지만, 산화물이 부족한 늪지에서 생장하는 식물은 암모늄이온(NH_4^+)과 같은 질소가 환원된 형태로 이용된다.

다른 원자와 화합할 때 잃을 수 있는 전자수에 따라 원소는 몇가지 산화상태를 가질 수 있다. 질산이온은 질소가 가장 많이 산화된 형이고 암모늄이온은 가장 많이 환원된 형이다.

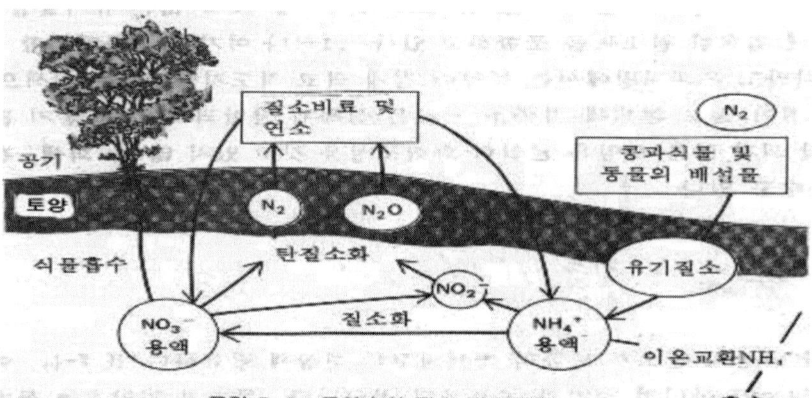

그림 3-1 토양속의 질소 변환과정

자연은 다량의 질소를 두가지 방법으로 고정시킨다. **빛과 열에 의한 질소고정**과 같은 높은 온도 상태에서 아래 반응과같이 산화된다.

$$N_2 + O_2 \rightarrow 2\ NO$$

산화질소는 공기속에서 쉽게 산화되어 이산화질소가 되고 빗물에 녹아 질산(HNO_3) 및 아질산(HNO_2)이 된다.

$$2\ NO + O_2 \rightarrow 2\ NO_2$$

$$H_2O + 2\ NO_2 \rightarrow HNO_3 + HNO_2$$

질산은 비 구름 또는 지표면의 습기에 쉽게 녹을 수 있으므로 토양의 질산이온 농도는 증가된다.

콩 또는 클로버와 같은 **콩과식물**의 **질소고정**은 콩과식물이 뿌리의 혹에 기생하는 박테리아와 공생하고 있다. Rhizobium과 같은 뿌리혹박테리아는 자신의 생명을 유지하거나 숙주가 필요로 하는 양보다 훨씬 많은 질소를 황산암모늄 형태로 고정시킬 수 있다. 콩과 식물의 질소고정으로부터 한 생장주기에 m^2당 약 11g 이상의 질소가 토양에 가해질 수 있다. 실제로 충분한 콩과식물이 생장하고 있다면 이와 같은 토양에는 질소비료를 공급할 필요가 없다. **질소의 다른 공급원**으로는 동식물의 죽은 유기체 및 동물의 배설물과 같은 것이 있다. 콩과식물이 없어도 이들은 질소의 적당한 공급원이 될 수 있다.

질소와 마찬가지로 에너지 사용과정에서 필수적인 **인(P)**도 식물이 이용하기 위해서는 미네랄 또는 무기물질의 형태를 갖추어야 한다. 질소와는 달리 인은 토양의 미네랄로부터 전량 공급될 수 있는 천연 함유물이다. 질산이온(NO_3^-)은 상당히 큰 이온으로서 한 개의 -1가의 음전하만을 갖고있는 반면에 인산(H_3PO_4)는 수소이온을 1개 또는 2개 내어 놓고 가장 이용도가 큰 $H_2PO_4^-$와 HPO_4^{2-}을 형성하며 보통 pH의 토양에서는 이러한 형태로 존재한다. -3가의 인산이온(PO_4^{-3})은 큰 음전하 때문에 토양구조 속에서 양으로 하전된 자리 가까이에 있어 질산염 만큼 쉽게 용탈되지 않는다.

칼륨(K)은 당 전분 및 셀룰로오스의 상호변환을 효소가 조절할 때 주요한 역할을 한다. 칼륨은 지각을 구성하고 있는 원소들 중에서 일곱 번째로 많은 원소이지만 칼륨을 함유하지 않은 당분과 질산염 비료를 규칙적으로 사용한 토양에는 식물 줄기의 번성에 필요한 이 칼륨 원소가 고갈될 수도 있다. 어떤 버섯류 들은 토양의 나무재에 많이 결합된 칼륨을 물에 녹을 수 있는 형태로 분리시키는 화합물을 생산하며 수용성 칼륨은 식물의 뿌리를 통해서 과량으로 흡수되거나 지하수에 의해서 용탈된다.

2차 영양소 : **칼슘(Ca)**은 진흙과 미네랄에 다량 포함되어 있는데다 토양의 pH를 알칼리성 쪽으로 조절하기 위해 석회를 사용할 때 충분한 양의 칼슘이 공급되기 때문에 식물의 영양소로서 별도로 공급할 필요가 없다. 칼슘은 중성 및 알칼리성 용매에는 잘 녹지 않기 때문에 식물이 과량으로 흡수할 위험도 없다. 칼슘은 세포분화와 세포벽에 필요하며 착이온과 결정형 뿐만 아니라 소량의 Ca^{2+} 의 형태로 사용되어 토양에 강하게 결합되어 있기 때문에 쉽게 용탈되거나 식물에 의해 이용될 수 없으나 비가 많이 내리는 지역의 모래와 산성땅에 결핍되기 쉽고 무기 또는 유기 황산염으로 쉽게 이용될 수 있다.

마그네슘(Mg)은 클로로필을 생산해 내는데 필요하며 광합성에 필수적이다. 칼슘과 같은 조건에서 결핍되며 칼륨의 과량 주입은 마그네슘의 결핍을 유발할 수도 있다. 산성의 사질토에 마그네슘이 강하게 착물을 형성하여 충분한 양의 원소가 용액의 형태로 유리되지 않는 토양에서 마그네슘의 결핍현상이 나타난다. 황산 마그네슘 또는 마그네슘과 칼슘을 가할 때 돌러마이트를 석회질화 하면 효과적으로 마그네슘이 공급될 수 있다.

황(S)은 아미노산인 시스테인과 메티오닌에 필수적이며 단백질 생산에 필수적이다. 양배추나 양파의 풍미와 냄새 성분이며 아스파라거스를 먹은 후에 나는 소변냄새도 황화합물 때문이다.

황의 결핍현상은 모래 및 배수가 잘 안되는 토양에서 일어나고 미국 남서부에서 이런 현상이 자주 발견된다. 그러나 황산염을 첨가하면 식물이 민감하게 반응한다는 사실이 보고 되었다. 황산암모늄 질산질황산 암모늄 티오황산 암모늄 황산 칼륨 황산 칼륨마그네슘 및 보통의 과인산염을 포함하는 몇가지 황화물이 효과적이다. 모래땅에서 쉽게 결핍될 수 있으며 황산염으로부터 쉽게 이용될 수 있다.

철(Fe)은 녹색식물의 색소인 클로로필 안에 포함되는 촉매의 필수성분이다. 토양에 철이 부족하거나 석회질의 양이 많아지면 철의 이용도가 낮아진다. 이때 보통 잎은 밝은 색을 띠거나 노란색으로 변하게 된다. 토양의 산도를 조절하기 위해 인산염과 석회질을 가하면 종종 이런 일이 일어나게 된다. 이때 인산이온과 석회질의 수산이온이 철과 결합하므로 식물은 이것을 이용하지 못한다.

극미량의 **붕소(B)**가 반드시 있어야 하지만 일정 농도 이상으로 존재할 때는 대부분의 식물에 나쁜 영향을 미친다.

3-3 화학비료의 제조

■ 질소비료

비료제품은 질소 와 수소를 직접 반응시켜 암모니아를 생산하는 하아버 공정으로 암모니아는 고정된 질소를 포함하고 있다.

$$N_2 + 3H_2 \rightarrow 2NH_3 \text{ (암모니아)}$$

$$NH_3 + H_2O \rightarrow NH_4OH \text{ (액체암모니아)}$$

암모니아 생산을 위한 순수한 질소는 공기를 분별 증류하여 얻고 수소는 어려운 방법으로 생산되며 현재까지는 프로판($CH_3CH_2CH_3$)과 같은 석유산물을 촉매 존재 하에서 수증기로 처리하는 방법으로 얻어지고 있다.

$$CH_3CH_2CH_3 + 6\,H_2O \xrightarrow[\text{증기}]{\text{촉매}} 3\,CO_2 + 10\,H_2$$

또한 수소는 물의 전기분해를 통해서도 얻어질 수 있다.

$$2\,H_2O \xrightarrow[KOH]{\text{전기}} 2\,H_2 + O_2$$

암모니아 비료의 가격이 석유가격과 유사하게 비싼 이유는 바로 이 때문이다. 몇 가지 다른 방법으로도 이들을 생산할 수 있지만 다량의 에너지가 필요하다. 따라서 에너지 비용이 올라감에 따라 비료의 가격이 올라가기 때문에 곡물의 가격도 점차 인상될 것이다. 암모니아는 물과의 친화력이 매우 크기 때문에 무수 암모니아인 액체형(NH_4OH)으로 토양에 직접 가해질 수 있다. 그러나 만약 암모니아가 보통 온도에서 압축탱크로부터 지표면 상의 공기 속으로 분사되면 즉시 휘발하여 공기를 유독하게 하므로 상당히 위험하다. 중량비로 약 30%의질소를 포함하고 있는 암모니아수를 토양에 가할 수도 있다. 그러나 이때도 휘발하여 암모니아가 손실되므로 특수한 장비와 훈련이 필요하다.

암모니아에서 고체질소비료로의 변환 질소는 암모니아의 형태로 쉽게 성장에 이용될 수 있다. 즉 암모니아 분자는 보통의 토양조건 하에서 물로부터 수소이온을 얻어서 암모늄 이온을 생성한다.

$$NH_3 + H^+ \longrightarrow NH_4^+$$

산소가 풍부한 토양은 산소가 산화제로 작용하고 질산화라고 하는 과정을 통해서 식물이 흡수하여 이용하는 질산이온(NO_3^-)으로 산화된다.

고체 질소비료는 암모니아로부터 쉽게 제조될 수 있다. 하아버 공정으로 얻어지는 암모니아는 산화되어 질산으로 전환된다. 즉 암모니아가 백금(Pt) 촉매 하에서 산화되면 일산화질소 (NO)가 된다.

$$4\,NH_3 + 5\,O_2 \xrightarrow{Pt} 4\,NO + 6\,H_2O$$

여기서 부터는 앞에서 설명한 빛에 의한 질소의 자연 고정과 유사하게 반응한다.

즉 일산화질소는 공기 속의 산소에 의해 쉽게 이산화질소 NO_2로 전환된다.

$$2\,NO + O_2 \longrightarrow 2\,NO_2$$

이것이 물과 반응하면 질산(HNO_3)과 아질산(HNO_2)이 된다.

$$H_2O + 2NO_2 \rightarrow HNO_3 + HNO_2$$

$$NH_3 + HNO_3 \rightarrow \text{고체 } NH_4NO_3$$

여분의 암모니아가 질산과 반응하면 질산암모늄(NH_4NO_3)이 얻어진다. 질산암모늄 고체는 35%의 질소를 포함하고 있으며 고체 상태로 쉽게 취급될 수 있다. 질산암모늄은 산화제이며 다량의 환원제와 혼합하면 폭발하므로 주의해야 한다. 그러나 순수한 상태로 취급될 대는 별 문제가 생기지 않는다. 공기로부터 산소공급이 차단되면 토양은 빠르게 환원제로 변한다.

질산염(NH_4NO_3)이 질소로 환원되어 대기 속으로 빠져 나가면 탈 질산화가 일어난다. 가용성 질산염으로 시비된 토양이 3일내지 5일 동안 홍수로 범람되면 탈 질산화 때문에 15%내지 30%의 질소를 잃는 것으로 추정되고 있다.

요소(Urea)는 가축의 먹이로 널리 사용되기 때문에 가장 중요한 화학약품 중의 하나이다. 요소의 제조는 암모니아와 이산화탄소를 200℃정도의 온도와 높은 압력 하에서 반응하여 카르밤산 암모늄의 중간체가 생성된 후 환원되어 물과 요소가 생성된다.

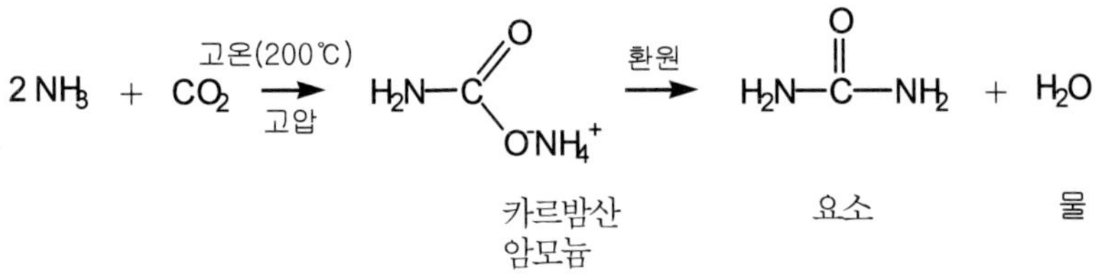

요소 합성반응에는 뷰렛이 부생성물로 얻어진다. 뷰렛은 종자의 발아를 지연시키기 때문에 비료용 요소에서 제거해야 한다.

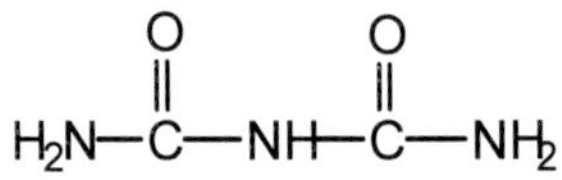

뷰렛

물 요소 및 질산염의 반죽을 액체질소라고 부르기도 하며 자주 이런 형태로 곡물에 가해진다. 그와 같은 용액은 30% 정도의 질소를 포함하고 있으며 쉽게 저장 및 사용될 수 있다.

식물 주위의 지표면에 시비된 요소는 비 또는 관개를 통해서 토양 속으로 스며들지 않으면 상당한 양의 질소를 잃게 된다. 요소가 가수분해될 때 암모니아가 형성되며 습기를 함유하고 있는 토양입자에 의해 둘러싸이지 않으면 공기 속으로 유실된다. 이러한 질소유실은 경우에 따라 시비된 질소량의 절반에 달할 수도 있다.

인산염 암석과 포타쉬는 채광하여 분말로 만든 다음 직접 토양에 가할 수 있으며 바람직한 혼합특성을 갖도록 특수하게 처리할 수도 있다. 예로써 인은 인산염 암석광($Ca_3(PO_4)_2$)의 형태로 전 세계에 산재해 있다.

그러나 인산염 암석 자체로는 용해도가 낮기 때문에 식물성장에 그대로 이용될 수 없다. 그러므로 이것을 황산으로 처리하면 용해도가 큰 과인산염으로 전환되어 훨씬 이용율이 높게 된다.

$$Ca_3(PO_4)_2 + 2H_2SO_4 \longrightarrow Ca(H_2PO_4)_2 + 2CaSO_4$$

인산염암석 황산 과인산염

새로운 대규모 광산이 발견되지 않으면 인산염 암석의 공급이 수요를 따라가지 못할 것이라는 사실이 최근 들어 분명해졌다.

막대한 양의 칼륨은 K_2CO_3 형태로 전 세계에 걸쳐서 산재되어 있다. 용해될 수 있는 칼륨의 형태는 HCl을 가하여 합성한 KCl이다. KCl 화합물에는 식물성장에 유해한 염화나트륨이 섞여 있으므로 두 화합물을 분리하기 위해 재결정과 같은 방법으로 광석을 처리하여야 한다.

3-4 살충농약

농약은 농업의 생산성을 높이는 소독용 살충용 약품이다. 살균 제초등을 목적으로 한 약품도 포함한다. 식물의 병원균을 죽여 농작물의 수확량을 증대시키는 살균살충제의 대표적인 것이 보르도액이다.

식물은 모든 먹이의 궁극적인 공급원이다. 자연적인 식물의 적에는 비루스 박테리아 곰팡이 조류 및 유사한 생명체 3만 종의 잡초, 3000종의 선충 및 약 만종의 식물을 갉아먹는 곤충이 망라된다.

매년 세계곡물의 2/3가 해충으로 인해 손실되고 있으며 특히 저개발 국가에서는 이와 같은 손실이 약 40% 이상에 달하고 있다. 매년 곡물의 피해액은 200억 달러에 달한다.

농약의 사용목적에 따라 살충제 제초제 살균제 등으로 농약을 분류한다. 그 외에도 식물호르몬 생물농약 등도 있다.

살충제는 2차대전 전 까지 만해도 사용되었던 살충제는 몇가지 비소계 석유 니코틴 제충국 로테논 황 시안화수소 빙정석등이 고작이었다. 곤충을 죽이는 살충제는 의도된 용도에 의해 분류된다 예를 들면 곰팡이제거제 제초제 쥐약(살서제)과 진드기제거제(진드기 거미 등)이다. 이 목록은 별 의미가 없으나 일부분은 중복되기도 한다. 주된 분류는 화학적 형태인 작용기의 작용이나 특이성 양상에 따라 세분화되고 이 세분화된 것들은 상호 겹치기도 한다.

염소계 살충제 : 1939년 이래 벼룩 이 학질모기에 의하여 전염되는 페스트 발진티부스 말라리아를 방제하기 위하여 스위스 연구소에서 살충 특성을 발견한 **DDT**(dichlorodiphenyl trichloroethane)는 에탄과 염소기체를 반응시켜 다음 반응과 같이 합성한다

$H_3C—CH_3$ + 3/2 Cl_2 → $Cl_3C—CH_3$ + 3/2 H_2 →+ 2 ΦCl → $Cl_3CCH(\Phi Cl)_2$

에탄가스 염소기체 Φ는 벤젠고리 (DDT) + H_2

DDT는 황산니코틴과 같이 해충이 약제에 접촉하여 중독사하는 접촉살충제이다. 피부 LD_{50} 은 2.5g/kg으로 무색 무취이며 미생물에 의해 쉽게 분해되지 않고 화학적으로 안정하기 때문에 자연수에 축적되는 단점이 있으나 저가의 원 물질에서 한 한단계의 반응을 거쳐 만들어지므로 가격이 저렴하다. Aldrin, Dieldrin, Heptachlor epoxide 등은 모두 DDT와 같이 지속성 유기염소계 살충제로 hexachlorocyclic pentadiene 을 지닌 Diels-Alder 반응에 의하여 형성된다.

헵타클로르와 구조가 유사하나 미생물에 의해 분해될 수 있는 구조를 가진 Chlordane 은 흰 개미 퇴치용으로 어느정도 비지속적인 유기오염물질이라 할 수 있다.

비축적 인계 살충제 : 효력 지속성 특성 및 기능면에서 아주 광범위하고 다양한 화합물로 된 것으로 유기 인산염의 일반식은 $(RO)_2XP=S$로 여기서 RO는 짧은 고리 펜옥시기나 알킬알콕시 알킬티오 아미드기 등이며 X는 할로겐 염소와 같이 화합물 전체 반응 전후에 인(P)으로부터 쉽게 떨어져 나갈 수 있는 잔여기로 물질의 지속성을 감소시킬 목적으로 결합시킨다. 대표적인 물질로 **말라티온**(malathion)과 **파라티온**(parathion)은 LD_{50} 이 3-6mg/kg로 매우 독성이 있는 에틸에스테르 형태로 사용되며 생산비용이 적게 든다.

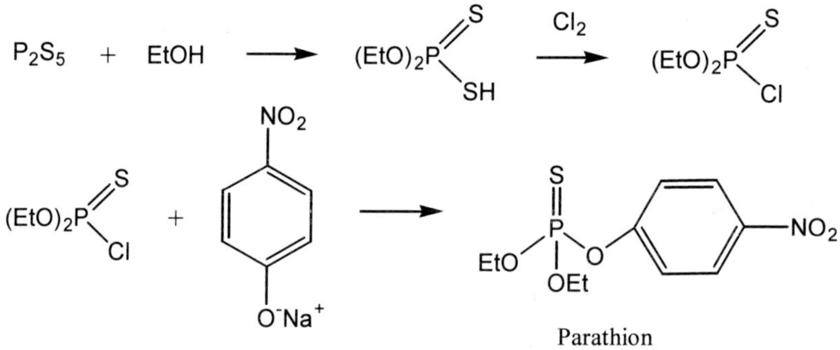

Parathion

또한 카바메이트(Carbamate) 화합물의 일반식(ROOCNHR') 중 카바릴(carbaryl: Sevin)도 파라티온과 같이 토양중의 물에서 아래 반응과같이 탄산가스 아민 알코올로 쉽게 분해하여 축적되지 않는다.

유기인계 : 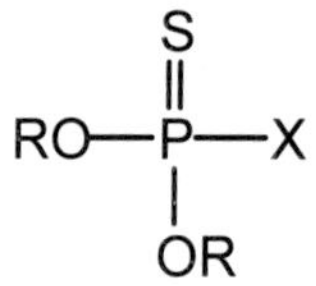 $+ O_2$ & $H_2O \rightarrow PO_4^- + ROH$

인산염 알코올

카바메이트 : 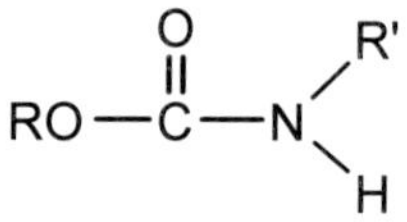 $+ H_2O \rightarrow CO_2 + NH_2R' + ROH$

탄산가스 알킬아민 알코올

기타살충제 : **로테노이드**(Derrs Dust 라는 상품명)과 **피레트린**(pyrethrins)은 마늘유가 모기유충과 집파리의 방제에 효과가 있듯이 천연침투살충제로 식물에서 추출되어 다른 식물체내에 침투하여 식물즙을 빨아 흡수하는 해충을 죽이는 살충제이다. **클로로피크린**은 유독가스에 의하여 해충을제거하는 훈연제이다. **페리프라논B** 은 해충을 유인하는 목적으로 이용되는 약제이다. **디부틸브탈산**은 해충을 기피시키는 작용을 갖는 방충제이다. **아메르호후테린**과 **오르니톨** 및 **테파**는 해충이 가진 생식력을 빼앗는 화학불임제이다. 그 외에 **티우람과 쿠로라닐**은 종자와 토양을 소독 살균하는 약제가 있다.

3-5 제초제

제초제는 인간이 원하지 않는 식물을 제거할 때 사용하는 화학물질이다. 이들은 활엽수나 풀과 같은 특정 식물만을 죽이는 선택성을 갖는 제초제도 있을 수 있고, 모든 식물을 무차별하게 죽일 수 있는 비선택성 제초제도 있다. 어떤 제초제는 과립의 형태로 사용되고 곡물을 재배하기 전에 미리 토양에 뿌려 작용 시킬 수도 있지만 보통은 경작의 여러 단계에서 액체로 분사하는 이 액체 분사법은 잡초 발생 후에 사용된다. 이와 같은 방법은 제초화합물의 종류 잡초와 토양형태 및 경작되는 곡물의 종류에 따라서 다르게 사용된다.

비선택성 제초제로 질소의 공급원으로 사용되는 칼슘 시안아미드가 잡초의 성장을 지연시킨다는 사실이 관찰되었고 아비산염 비산염 황산염 황산 염소산염 및 붕산염들이 제초제로서의 가능성이 밝혀졌다. 실용화되어 있는 대표적인 제품은 40%의 염소산나트륨 ($NaClO_3$)와 50%의 메타붕산염 ($NaBO_2$) 및 10%의 불활성 충진제를 포함하고 있다.

이들 제초제는 비선택성을 갖고 있으므로 원하는 식물을 보호하는데 상당한 주의가 필요하다.

1953년에 니트로페놀이 최초의 **선택성 유기제초제**로 사용되었으며 비슷한 시기에 오옥신 또는 호르몬형 제초제도 사용되기 시작하였다. 오늘날 가장 널리 사용되는 제초제는 **2,4-D**라는 상품명을 가지고 있는 2,4-dichloro Phenoxyacetic Acid이다.

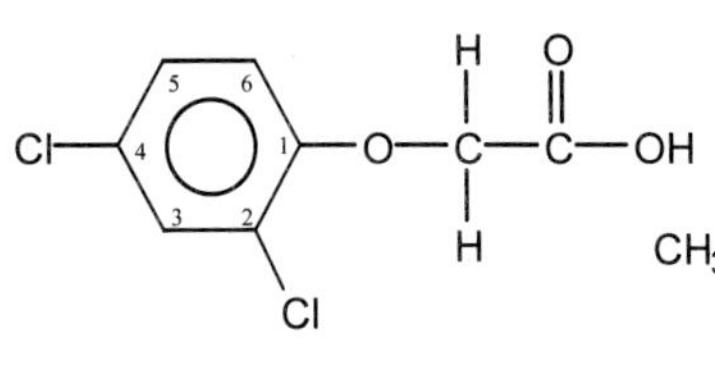

2,4 -디클로로페녹시아세트산
(2,4-D)

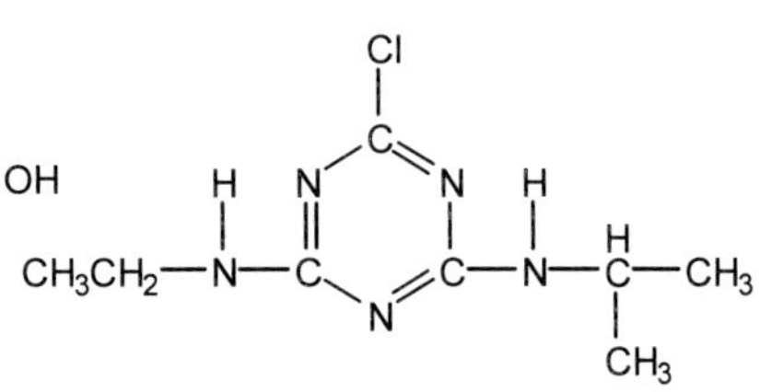

아트라진
2-클로르-4-에틸아미노-6-아이소프로필트리아진

뿐만아니라 곡류와 썩여있는 잡초를 제거하는데 사용하는 2,4-D의 벤젠고리 2번 자리의 한개 염소원자 대신 메틸기($-CH_3$)가 치환된 2-methyl

-4-chloro Phenoxyacetic Acid(**MCPA**)도 있다.

역시 2,4-D의 벤젠고리의 5번 위치에 염소원자 하나가 더 있는 2,4,5-trichloro-Phenoxyacetic Acid(상품명;**2,4,5-T**)도 매우 효과적인 것으로 알려져 있다.

1,3,5-트리아진이 제초제로서의 효용을 갖고 있으며 가장 유명한 것으로는 이 유도체인 **아트라진**이 있는데 옥수수와 몇 가지 곡물은 아트라진을 해독할 수 있는 능력이 있지만 이 성분이 다른 화합물로 빠르게 전환되지 않는 한 어떤 식물에도 유해하다. 잡초는 아트라진을 해독할 수 있는 능력이 없으므로 잡초만 죽는다.

파라킷은 접촉식 제초제로서 이것이 식물에 직접 접촉되면 빠른 속도로 동상이 유발되어 죽게 된다. 이 제초제는 불규칙하게 성장하는 아편과 대마농장에 항공기로 살포될 수 있기 때문에 상당히 주목을 받고 있다. 아트라진과 마찬가지로 파라킷도 고리계로 이루어진 방향족 화합물로서 질소원자를 가지고 있다.

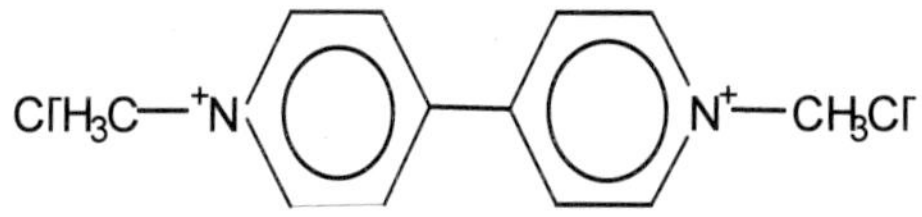

PARAQUAT
1,1'-디메틸-4,4'-이피리디움이 염화물

3-6 기타농약

쥐약 : 가장널리 사용되는 쥐약으로는 **쿠말린**과 **와파린**으로서 항응고제이므로 치사량에 이르려면 반복해서 복용해야하기 때문에 어린이와 애완동물에 대해서는 비교적 안전하다. 하지만 쥐가 반복해서 먹으면 혈액응고제인 프로토롬빈의 형성을 저지하고 모세혈관의 손상을 일으키므로 동물이 섭취하면 내출혈로 죽게된다.

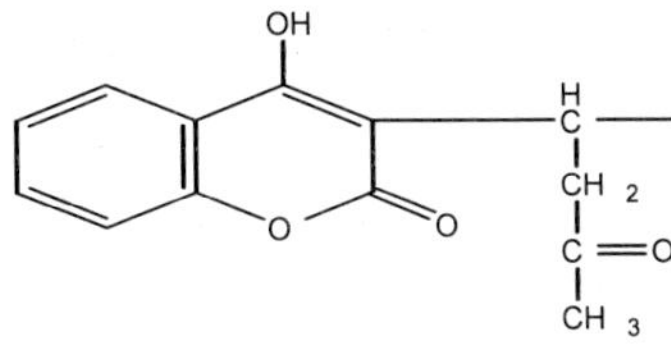

와 파 린

살금제 : 오르니톨과 같은 스테로이드 화합물인 불임제는 젖먹이 조류에게는 거의 피해를 주지 않고 비둘기에 먹게 함으로서 조류의 피해를 효과적으로 줄일 수 있다.

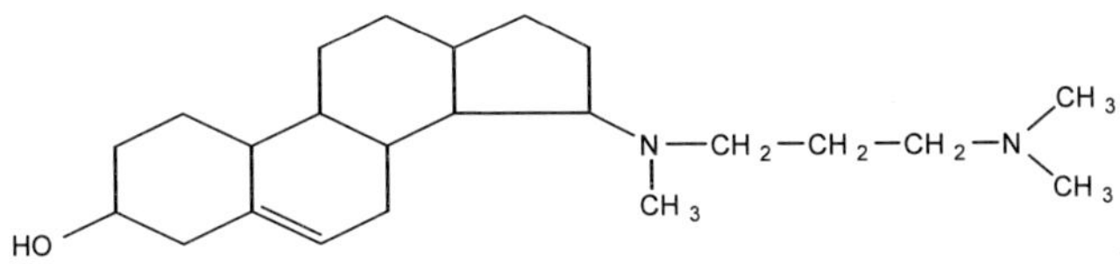

오르니톨

살 선충제 : 지렁이와같은 긴 벌레를 선충 이라하는데 이런 류의 벌레가 뿌리에 감염되면 뿌리조직이 손상 될 뿐아니라 곰팡이와 같은 다른 유기체가 번식하게된다. 이들에 대한 효과적인 처리는 **1,3-디클로로프로펜**이나 **1,2-디브로모에탄** 가스형태로 훈증한다.

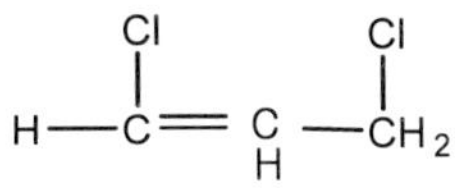

1,3-디클로로프로펜

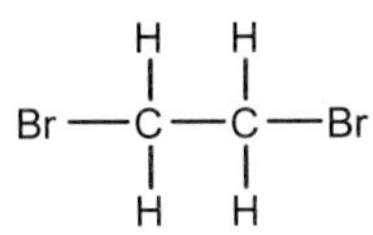

1,2-디브로모에탄

3-7 성장 조절제

식물의 성장과 분화의 여러 단계를 어느 정도 변화시키고 조절할 수 있는 홀몬 화합물들로 1932년 **에틸렌과 아세틸렌**이 파인애플의 개화를 촉진시킨다는 사실이 밝혀졌다. 2년 후 **오옥신류**로 소개된 일련의 화합물들이 어린싹 세포의 성장을 촉진시킨다는 사실이 알려진 후에 사과 배의 껍질을 얇게 하고 콩, 사탕수수와 감자의 생산량을 증가시키고 뿌리를 보호하며 개화를 촉진시키는 데 사용되고 있다. 가장 주목할 만한 식물성장 조절제는 **초산인돌**과 **지베렐린류**로 알려진 일련의 화합물로 지베렐린산 및 그 유도체는 포도송이의 성장, 딸기 크기의 증가, 포도송이의 부식방지, 레몬의 색상유기 및 황화 지연, 네이블 오렌지의 물자국 감소, 비루스에 의한 체리의 황화 억제, 한냉기에 수확되는 두껍고 큰 줄기의 셀러리 생산 등에 사용된다.

이들 성장제 외에도 미국원예학회에 따르면 오옥신, 시토키닌, 에틸렌 발생제, 지베르린, 성장지연제 및 저해제와 같은 여섯가지 유형의 식물성장 조절제가 있다. 농약 2,4-D 역시 **오옥신**이며 오랜된 과일나무의 조기수확을 방지하고 살충제를 사용한 후 잎과 과일이 떨어지는 것을 막아 주며 과일의 성숙을 지연시켜 과일의 크기를 크게 한다.

시토키닌류는 질소염기의 아데닌 유도체이며 세포분화를 유발하고 이것은 또 녹색채로 꽃 및 버섯류의 저장기간을 연장시킬 수 있다.

벤조산은 저해제로서 효과가 있으며 씨의 발아를 지연시키는데 사용된다.

제 4 장

수질환경화학

음료수 목욕용수 세탁용수 및 수영용수 등의 사용량이 날로 증가하고 현재 전 국민의 대다수가 상수도나 간이수도에 의존하고 있다.

그 외에도 소화용수 각종 세정용수 수영장 분수 및 조경용수까지도 상수도에 의존하고 있고 산업용수를 제외하더라도 그 사용량은 날로 늘어가고 있다. 상수도에 요구되고 있는 세 가지 요건은 질적 청결 양적 풍부 및 염가이다. 사실 이러한 요건을 만족시키는 것은 쉬운 일이 아니다. 양의 문제만 하더라도 극히 제한되어 있을 뿐 아니라 질을 청결하게 유지해 가는 것도 중요한 일로 되어 있다.

물이 문화적 생활을 영위하는 데 중요한 것임은 말할 필요가 없지만 더 나아가 청결한 물로부터 받는 혜택은 헤아릴 수 없이 큰 것이다. 이러한 생각은 고대 그리이스 시대에까지 거슬러 올라간다. "만물중에 최상의 것은 물이다." 는 말이 이미 그때 있었으며 영국의 디킨스(1812~1870)는 "청결함은 경신(敬神)에 버금가는 미덕이다."(Cleanliness is next to godliness) 즉 이 속담은 청결이라고 하는 것은 아주 값이 비싼 것이라고 하는 뜻으로 현대인에게 매우 실감나는 말이다.

대량생산과 소비를 유도하는 근대 산업 사회에서는 수자원의 대량공급과 폐수의 대량배출이 불가피하고 이것이 바로 수질오염의 원인이 되어 산업용수는 물론 생활용수의 질을 악화시키고 있다. 이와 같이 경제발전과 수질오염 물질의 배출 사이의 불가분의 관계로부터 파생되는 생태계와 환경파괴 요인으로부터 공유재산인 수자원을 보전키 위해서는 무엇보다도 인류의 문명생활에서 물의 중요성과 그 절대적 가치를 충분히 인식해 둘 필요가 있는 것이다.

4-1 물의 특이성질

물은 지구상에서 가장 풍부하게 존재하는 물질이지만 그 성질은 대단히 특이하다. 물은 자연계의 어떤 특정한 온도 압력하에서 물질의 세가지 상태—기체, 액체, 고체—를 모두 가질 수 있는 유일한 물질이다. 물은 지구의 북극과 남극에서는 고체상태인 얼음으로 양극을 제외한 지역의 바다나 강에서는 액체상태로 그리고 대기 중에는 기체상태인 수증기로 존재한다.

물의 어는점(섭씨0도)과 끓는점(섭씨100도)이 그와 유사한 크기의 분자들의 어는점이나 끓는점 보다 상대적으로 높은 어는점과 끓는점을 갖고 있는 이유는 물분자 사이에는 **수소결합**(hydrogen bonding)이라는 독특한 분자간 인력이 존재하기 때문이다. 일반적으로 수소결합은 한 분자내의 산소 또는 질소원자와 다른 분자내의 수소 원자 사이에 생기는 인력인데 그 강도는 보통 분자내의 화학결합 세기의 약 1/10정도 되는 비교적 강한 결합이다. 수소결합은 물 분자들 사이에만 존재하는 것이 아니라 단백질이나 DNA 분자의 입체적인 구조를 결정하는 데에도 중요한 역할을 한다.

물의 **밀도**란 단위 부피당 질량을 의미하므로 대부분의 물질은 가열하면 그 부피가 증가하고 온도를 낮추면 감소한다. 그러므로 온도를 높이면 밀도가 감소한다. 고체 상태인 0℃ 얼음이 물에 뜨는 것은 얼음의 밀도가 물보다 작다는 것을 뜻한다. 100℃와 4℃ 사이에서 물은 다른 물질들과 마찬가지로 온도가 낮아지면 그 밀도가 증가하다가 4℃에서 물의 밀도가 최대가 되었다가와 0℃로 온도가 낮아지면 물의 밀도는 증가하지 않고 오히려 감소한다.

물의 밀도가 4℃에 서 가장 크기 때문에 추운 겨울에도 물의 표면은 얼더라도 가벼운 얼음은 수면위에 떠있고 밑바닥에는 4℃의 물이 존재할 수 있어 생명체가 서식할 수 있다. 더구나 물 표면의 얼음은 마치 지붕의 덮개같이 작용하여 외부의 온도가 0℃보다 훨씬 낮더라도 그 밑바닥의 온도를 항상 4℃로 유지할 수 있게 해준다.

물은 어떤 금속보다도 매우 큰 **열용량**(heat capacity) 1.0 cal/g을 갖는다. 열용량이란 일정한 양의 물질의 온도를 1℃를 높이는데 필요한 열량이다. 따라서 어떤 물질이 큰 열용량을 갖는다는 것은 그 물질이 쉽게 데워지지도 않고 쉽게 식지도 않는다는 것을 의미한다. 물의 특이한 '밀도와 온도의 관계'와 더불어 물의 '큰 열용량'으로 인하여 아주 추운 겨울에도 액체 상태의 물이 강이나 호수의 밑바닥에 남아 있게 된다. 물은 또한 대부분의 액체 중에서 가장 큰 **표면장력**을 갖는다. 표면장력이란 "액체의 표면을 단위 넓이만큼 증가시키는데 필요한 일(에너지)"로 정의되는데 표면장력은 분자간 힘의 세기의 척도가 된다. 물의 큰 표면장력으로 인하여 식물은 뿌리에서 흡수한 영양분을 식물의 줄기 속에 있는 길고 가는 모세관을 통하여 높은 가지의 줄기나 잎까지 쉽게 운반할 수 있게 된다.

물은 다른 물질을 녹이는 성질 즉 **용매작용**에 있어서도 특이하다. 물 분자 속에 있는 산소원자는 전자를 끄는 힘 전기음성도가 강하다. 따라서 물 분자 내에서의 산소—수소 결합은 산소 쪽에 더 많은 전자가 분포되어 매우 큰 극성을 띄게 된다. 막대자석이 서로 밀치거나 끌어 당기는 원리와 마찬가지로 한 물 분자내의 수소원자는 다른 분자내의 산소원자와는 강한 인력이 작용하게 된다. 이것이 이미 언급한 수소결합의 원인이기도 하다. 이렇게 어떤 분자가 그 자체 내에서 양성—음성인 성질을 띠는 경우 그 분자는 극성을 갖고 있다고 말한다.

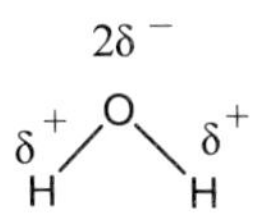

(δ는 극성의 정도를 나타냄)

고체를 액체에 녹이거나 액체와 액체를 서로 섞을 경우 녹거나 섞이는 정도는 액체나 고체가 극성인가 비극성인가가 중요하게 작용한다. "(비)극성인 물질은 (비)극성인 물질과 서로 잘 섞이거나 녹는다"라는 일반적인 규칙이 있다. 따라서 극성인 금속염 소금 설탕 알코올 등은 물에 잘 녹지만 비극성인 기름 벤젠 톨루엔 탄화수소와 플라스틱 등은 물에 전혀 녹지 않고 또 물과 섞이지도 않는다.

4-2 물의 순환과 이용

지구상에는 하천수 담수 지하수 해수등 다양한 형태의 물이 존재하며 그 수질도 각각 다르다. 지구상의 물의 존재량은 물의 순환에 따라서 변하고 있다. 얼마나 많은 물이 순환하고 있는가에 대해서는 강수량이 그 주체가 된다. 지구 전체의 강수량에 대해서는 많은 추정값이 있으며 정확하다고는 할 수 없으나 대략 $4 \times 10^{14}m^3$/년으로서 그 중 약 1/4이 육지에 떨어지고 있다.

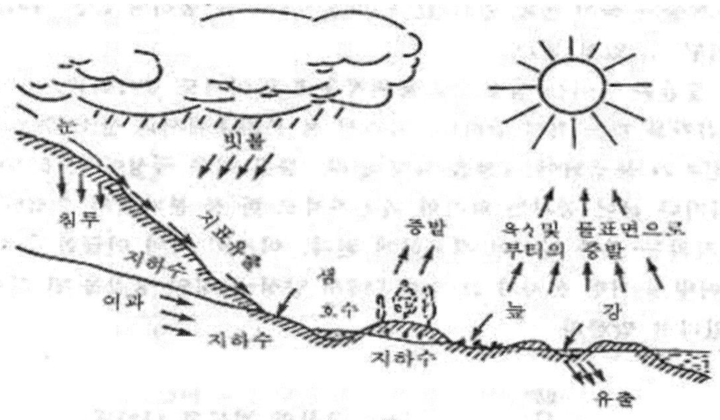

그림 4-1 물의 순환

물의 순환과정에서 수질변화에 영향을 주는 요인으로서는 공기중의 염류나 암석 토양 화산 온천등 지각으로부터의 물질의 공급 또는 수중에 있는 염분의 화학적 또는 생물학적 변화 등을 들 수 있다. 그러나 더욱 중요한 요인은 인위적인 오염이 물을 이용하는데 있어서 가장 중요한 문제의 하나로 되어 있다.

지구상 물의 전체량의 약 97%는 해수이며 이것은 음료수로 이용하지 못하고 겨우 3%만이 **담수**(fresh water)이다. 우리나라의 연간 평균 강우량은(1968~1987년의 평균) 약 1,150mm이며 전세계 평균 730mm(육지)에 비하면 높은 편이나 인구 1인당 강수량은 약 35,00m^3으로 빈약하다. 강수량 1,150억m^3 중에 하천 유출량이 약 630억m^3, 증발침투에 의해 소실되는 것이 약 510억m^3이며 또한 월별 강우분포에 기복이 심한데다 산지에 수목이 부족하고 산악이 국토의 약 70%나 점유하고 있으므로 경사가 크고 유출속도가 빨라서 토양의 수분함유량이 적기 때문에 강수량과 하천 유출량 사이에 격차가 크다. 온대지역에서는 가정용수의 수요상한이 1인당 1일 약 300L로 목욕수와 화장실용이 거의 절반에 달한다. 열대지역에서는 냉방

정원용 등에 대한 수요가 커서 가정용수는 약 500L/인/일 에 달할 것이다. 산업공정은 대단히 많은 물을 소비하므로 산업용수의 수요는 가정용수를 초과하고 있다.

4-3 담수의 성분

담수(淡水)의 주요 원천은 주로 바닷물로부터 증발된 구름으로 빙하수를 제외한 대부분의 지하수(25%)를 말한다. 모든 빗물에는 산소 질소 및 이산화탄소 등이 용해된 상태로 포함되어 있다. 오염된 공기를 통해서 떨어진 비는 황산과 아황산 일산화탄소 질소산화물 먼지 꽃가루와 철 납 같은 수많은 잔류 금속염 등의 여러 가지 불순물을 함유하고 있다. 그러나 비와 눈의 유익한 점을 들면 낮은 대기층에 있는 공해물질을 제거하는 것이다. 깨끗한 공기를 통하여 떨어지는 비 우수는 대기중의 이산화탄소가 물과 반응해서 H^+(aq)와 HCO_3^-(aq)이온들을 만들기 때문에 약 5.6으로 약산성의 pH를 갖는다.

$$CO_2(aq) + H_2O(l) \rightleftharpoons H^+(aq) + HCO_3^-(aq)$$

잠시동안 대지에 접촉되어 고여있던 담수는 여러 가지 음이온과 양이온을 함유하고 있다. **센물**(hard water)은 주로 Ca^{2+} Mg^{2+} 및 Fe^{2+}같은 2가 양이온을 주로 함유하고 있다. 센물이 함유하고 있는 주요 음이온은 탄산수소이온(HCO_3^-)과 황산이온(SO_4^{2-})등이다. 이들 이온들은 지표와 지하에 있는 석회석과 빗물과 CO_2의 상호작용에 의해 지표수에 생길 수 있다.

$$CaCO_3(s) + H_2O(l) + CO_2(aq) \rightleftharpoons Ca^{2+}(aq) + 2HCO_3^-(aq)$$

이 반응은 결과적으로 $CaCO_3$(s)를 용해한다. 지표수에 있는 칼슘이온과 마그네슘 이온은 $CaCO_3$와 $MgCO_3$를 함유하고 있는 광물질인 백운석과 CO_2 사이의 유사한 반응의 결과로 생긴다. 센물에 있는 이들 2가 양이온들은 비누와 세척수에서 거품찌꺼기 같은 침전물을 형성한다. **중성비누**는 긴 탄화수소 사슬을 갖는 유기산인 지방산의 나트륨염으로 전형적인 예는 스테아르산나트륨 $CH_3(CH_2)_{16}COO^-Na^+$이다.

$CH_3(CH_2)_{16}COO^-Na^+$는 탄화수소와 카르복시부분이 결합되어 있다.

카르복시부분

$CH_3CH_2CH_2CH_2CH_2CH_2CH_2CH_2CH_2CH_2CH_2CH_2CH_2CH_2CH_2CH_2CH_2COO^-Na^+$

탄화수소부분

거품찌꺼기를 형성하는 반응은 다음과 같다.

$$Ca^{2+}(aq) \quad + \quad 2\,C_{17}H_{35}COO^-Na \longrightarrow Ca\,(C_{17}H_{35}COO)_2(s) \quad + \quad 2Na$$

스테아르산나트륨 (비누) → 스테아르산칼슘 (찌꺼기)

센물이 포함하고 있는 음이온에 따라서 일시적인 센물과 영구적인 센물로 분류된다. **일시적인 센물**은 $Ca^{2+}(aq)$ 또는 $Mg^{2+}(aq)$와 함께 $HCO_3^-(aq)$ 음이온을 포함하며 가열하면 탄산칼슘 또는 탄산마그네슘 다음 반응에 의해 침전된다.

$$M^{2+}(aq) \quad + \quad 2HCO_3^-(aq) \xrightarrow[\triangle]{} MCO_3(s)\downarrow \; + \quad H_2O\,(l) \quad + \; CO_2\,(g)$$

여기서 M은 두 금속을 나타낸다. 금속탄산염(MCO_3)은 보일러 온수관 차 끓이는 주전자의 **버캐**라고 부르는 흰색 침전 부착물로 발견된다.

이러한 침전물은 수도관을 막히게 할 수도 있고 열부도체로 작용해서 물을 끓이는 비용을 증가시킨다.

영구적인 센물에서 주요 음이온은 황산 음이온(SO_4^-)이 용해되어있어 황산칼슘이나 황산마그네슘은 모두 뜨거운 물에 용해되어 가열 하더라도 침전되지 않음으로 이런 물은 가열에 의해서 단물화 할 수 없다.

일시적 센물은 화학적 방법으로 2가 양이온이 제거된 단물화된 물 또는 영구적센물에 포함된 모든 양이온과 음이온들도 제거되는 탈이온화된 물로 바뀔 수 있다. 영구적 센물의 탈이온 과정에서는 물에 녹지 않는 **이온교환수지**를 사용하게 된다.

예를 들면 소금으로 재생시킨 이온교환 수지에 의하여 $M^{2+}(aq)$를 제거하기 위한 화학적인 과정은 다음 식으로 표현할 수 있다.

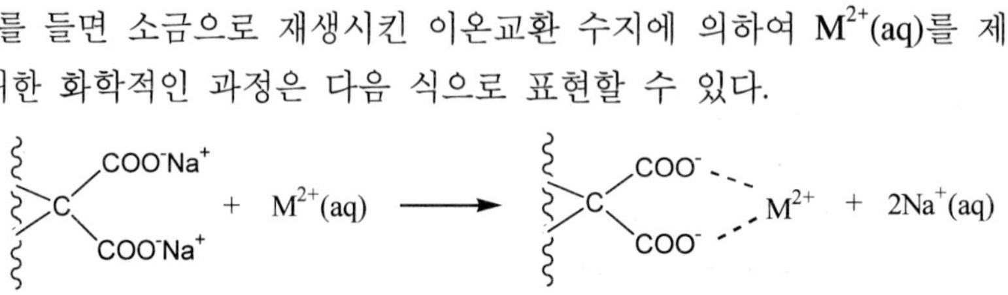

고정된 수지그룹

이러한 **양이온 교환반응**은 가정에 있는 단물화 장치에서 일어나는 화학적 과정이다. 센물에 있는 M^{2+} 이온이 치환 흡착되고 Na^{+1} 이온으로 용해되어 있으면 비누물에서도 거품찌꺼기가 생기지 않게 된다.

M^{2+}이온이 결합된 이온교환수지(-COOM^{+2}OOC-)는 이온교환기를 통해서 농축된 소금물용액을 흘려보내 처리하면 다시 재생되어 활성화될 수 있다. 이 과정은 이온교환반응의 역과정 이다.

물중의 탈 이온화는 다음의 두 가지 이온교환수지에 의해 일어난다.

1. 금속 양이온의 제거(1차 이온교환기에)

$$R\text{-}SO_3H \quad + \quad NaCl \quad \text{----->} \quad R\text{-}SO_3Na \quad + \quad HCl$$

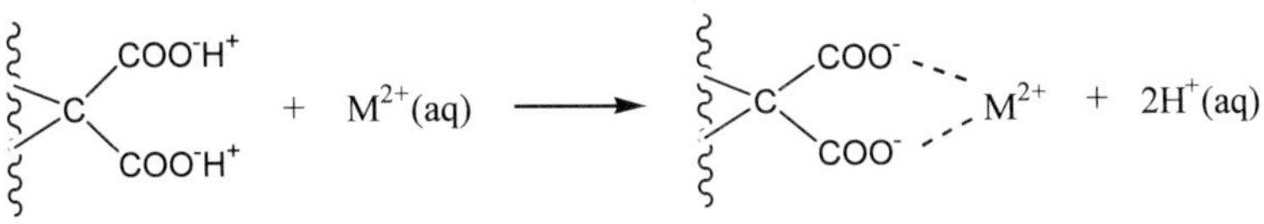

고정된 수지그룹 고정된 수지그룹

2. 음이온의 제거(2차 이온교환기에서)

$$R{=}N\text{-}OH \quad + \quad NaCl \quad \text{------>} \quad R{=}N\text{-}Cl \quad + \quad NaOH$$

음이온 교환기에서 음이온 X^-에 의해서 떨어져 나온 OH^-는 양이온 교환기에서 방출된 H^+와 반응해서 물을 만든다.

$$H^+ (aq) \quad + \quad OH^- (aq) \longrightarrow H_2O (l)$$

이온교환기는 이온이 없는 양질의 물을 생산하는데 사용된다.

4-4 수질의 척도

수질을 관리하기 위해서는 오염물질의 정확한 측정이 필요하나 그러한 측정에는 상당한 어려움이 따른다. 첫째는 오염원이 되는 특수한 물질들이 알려져 있지 않고 있고 둘째는 그러한 오염물질의 농도가 매우 낮기 때문에 정확한 측정을 하기 위해서 고도의 기술이 요구되기 때문이다. 여기에서는 수질오염의 정도를 측정하는 많은 방법 중 수질오염의 대표적인 지표 몇 가지를 설명하고자 한다. 오염물의 측정농도 단위에는 mg/L농도인 10^{-6}g/ml의 ppm(parts per million :백만 분율)과 10^{-9}g/ml의 ppb(parts per billion :10억 분율)의 단위가 사용된다.

탁 도 : 탁도의 표준액에는 카올린을 사용하고 있으나 천연의 탁도는 꼭 이와 같지는 않다. 저수지의 밑바닥이나 홍수시의 적탁등 입도조성의 변화에 의하며 입자가 큰 것이 혼입 미립자의 집합 등 다양하므로 입도조성에 대한 검토가 중요하다. 탁도는 정수방법의 선정 약품처리 시설의 설계 및 처리조작을 위한 기본적 항목이기도 하다.

부유물 : 육안으로 보아 판별되는 크기의 것을 말하며 이와 같은 부유물은 주로 식물의 작은 조각 부정형의 bacteria floc (즉 zoogloea phytogloea) 라고 불리는 것이 있으나 지하수 복류수 등에는 철 박테리아등의 floc(떼) 일 경우도 있다. 이러한 부유물은 여과에 의해서 대부분 제거된다.

색 도 : 자연수는 보통 약간의 색도를 가지고 있기 마련이다. 현탁에 의한 색도는 응집처리로 비교적 완전하게 제거된다. 그러나 흑색의 후민질에 의한 것이 있으며 이것의 제거는 매우 곤란하다. 조류에 의한 초록색내지 갈색, 철분에 의한 빨강, 망간에 의한 흑갈색 등의 색도 등이 나타날 수 있다.

pH(수소이온 농도) : pH는 수소이온의 농도로 산성이나 알칼리성을 표시한다. pH 7.0은 중성, 그 이하는 산성, 7.0 이상은 알칼리성을 표시하는데 보통의 자연수는 pH 6.5~7.5의 범위 내에 있다.

DO(용존산소 : dissolved oxygen)는 용존 산소량으로 물 속에 녹아 있는 산소량을 말한다. 용존산소는 주로 대기중의 산소가 수중으로 용해되어 수중의 용존산소로 되고 극히 일부이기는 하나 수중식물의 광합성에 의해 공급된다. 오염되지 않는 물일수록 용존산소의 농도는 높고 BOD는 낮으며 수온이 낮을수록 용존산소의 포화도는 높아진다.

유기물이 물에 유입되면 일부는 자연적으로 호기성 세균에 의해 분해되지만 유기물이 산화분해 되는데 용존산소가 소비되어 결국 물에 녹아있는 용존산소량이 감소하여 산소결핍상태가 되므로 수중생태계를 파괴하는 원인이 된다. 그러나 유기물이 더 이상 유입되지 않으면 오염물질은 완전히 산화되어 물은 원래데로 회복된다. 흐르고 있는 물의 DO는9 ppm이나 고여있는 담수에 물고기 살 수 있는 DO는 3~5 ppm이다.

COD(화학적 산소요구량 : chemical oxygen demand)는 화학적 산소 요구량으로 물속에 녹아있는 유기물을 일정한 조건하에서 화학적 산화제인 과망간산칼륨이나 중크롬산칼륨으로 산화시키기 위하여 소비되는 이들 산화제의 양을 산소의 양으로 환산한 값을 ppm 단위로 나타낸다. COD는 물속의 총 산화성 물질의 양을 측정하는 것이다.

산화되는 유기오염물은 제지 공장에서 유출되는 셀룰로오즈는 화학적으로 쉽게 산화되지만(COD 높음) 생물학적으로는 아주 늦게 분해된다(BOD 낮음).

COD측정시에는 중크롬산칼륨($K_2Cr_2O_7$)이나 과망간산칼륨($KMnO_4$)을 사용하는데 과망간산칼륨은 유기물의 60% 정도를 산화 분해시키고 중크롬산칼륨은 약 80%를 분해시키므로 COD값을 나타낼 때는 사용한 산화제를 COD_{Cr}또는 COD_{Mn} 등으로 명시하는 것이 원칙이다. COD는 주로 해수나 호수 등의 수질오염의 지표가 되며 이 값이 크면 무기성 오염물질이나 비분해성 유기물질이 많이 포함되어 있어 오염되어 수질이 악화된 것을 의미한다.

BOD(생화학적 산소요구량 : Biochemical oxygene demand)는 생화학적 산소 요구량으로 공기를 좋아하는 호기성 세균인 미생물이 수중의 유기물을 산화 분해시키는데 필요한 산소의 량(ppm단위)으로 오염물질이 안정화되는 과정에서 요구되는 산소량을 말한다. 대부분의 수중생물은 필요한 산소를 물 속의 용존산소에서 취하는데 유기물질의 분해가 일어날 때는 이 산소가 빨리 감소한다. 유기물질이 수중에 유입되면 호기성 세균의 증식이 촉진되어 산소 소비가 증가하게된다. 만약 BOD가 과도하게 높으면 용존산소가 감소하여 혐기성 세균의 산물인 메탄이나 암모니아 및 황화수소 등이 발생되어 악취가 난다.

물의 BOD 측정 : 물을 채수한 즉시 용존산소량을 측정한 후 20℃±0.5의 어두운 곳에서 수중의 유기물질이 호기성미생물에 의하여 생화학적으로 5일간 산화분해되어 안정화됨으로써 감소되는 용존산소량을 측정하여 ppm단위로 표시하므로 BOD_5라고도 쓴다. 어두운 곳에 두는 이유는 빛이 있으면 조류가 수중의 CO_2를 이용하여 광합성에 의해 O_2를 생성할 수 있기 때문이다. 감소되는 산소량이 크다는 것은 폐수중에 분해되는 유기물이 많음을 의미하며 수질이 나쁘다는 것을 뜻한다. 이와같은 물을 하천에 방류하면 용존 산소를 많이 소비하여 어패류에 피해를 준다.

식수의 BOD기준으로 보면 BOD가 1ppm이하(상수원수 1급수)이면 약물처리가 필요없이 여과만으로 먹을 수 있고, 1~3ppm(상수원수 2급수)이면 약간의 약물처리 후 먹어야 하며, 3~6ppm(3급수)이며 많은 약품을 써야 한다.

질소화합물 오염 : 오염된 물속에는 단백질 아미노산 요소 요산과 같은 유기질소화합물과 암모니아(NH_3) 아질산(HNO_2)의 질소화합물이 있다. 유기질소화합물은 유기물$NH_3 \rightarrow NO_2^- \rightarrow NO_3^-$단계로 분해 산화된다. NH_3가 물속에서 검출되었다면 최근에 오염이 되었음을 나타낸다. NO_3^-의 검출은 질소화합물의 최종 분해산물로서 오염된 시기가 오래되었음을 보여주는 것으로 음료수의 기준은 NH_3와 NO_2^- 이온이 동시에 검출되지 않아야 하며 NO_3^- 이온 농도를 10ppm이하로 규정하고 있다.

질산염은 식수를 통해 몸 안으로 들어가면 어떤 세균은 질산염을 아질산염으로 환원시키는데 이것이 혈액 속으로 들어가면 적혈구 속의 헤모글로빈(Hb)과 결합하여 **메트헤모그로빈**을 형성한다. 그 결과 혈액의 산소운반능력이 감소하여 심하면 무산소증을 일으킨다. 이러한 증세는 특히 일부 유아에 더 잘 나타나는데 그것은 아직 유아의 몸에서는 아질산으로 환원시킬 수 있는 세균을 죽일 정도의 충분한 위산이 형성되지 못했기 때이다. 또 아질산염은 식품 속의 아민과 결합하여 발암물질인 니트로소아민을 형성한다.

대장균 : 대장균은 보통 사람의 장내에 기생하는 세균의 일종으로 유당을 분해하여 산과 가스를 생성하는 호기성 균이다. 분뇨오염이 되면 이 균이 검출되어 나타내는데 병원성 세균오염의 지표로 이용된다. 대장균 자체

는 비병원성이지만 소화기계 전염성균보다 저항성이 크므로 살균후 대장균의 유·무는 다른 병원균의 살균 여부를 확인하는 지표가 된다.

4-5 물의 부영양화

동식물의 성장과 물질 대사에는 몇 가지의 화학영양분이 필요하다. 특히 가장 중요한 영양분은 질소와 인으로서 질산염과 인산염으로 존재하는데 자연수에 들어 있는 이들 염의 양은 생물의 균형있는 성장을 유지시키는데 충분하다.

수중식물의 번식에 필요한 호수의 영양분의 양은 유입되는 유기물질(질산 및 인산염)의 미생물에 의한 생화적 분해작용으로 서서히 증가하는데 이것을 **부영양화**(富營養化 :eutrophication)라 한다. 특히 인간의 생활하수와 분뇨 등에 의해 부영양화의 속도가 빨라지는 것을 **문화적 부영양화**라 하며 유기물질에 의한 수질오염은 이를 가리키는 것이다.

하천 강 호수 등의 지표수에는 영양분이 급격히 증가하였는데 그것은 농산물 증산을 위한 화학비료 특히 질소비료와 인산비료의 사용량이 증가하였기 때문이다. 식물은 토양에 살포된 비료를 완전히 흡수할 수 없으므로 사용된 질소비료의 약 40%정도가 물로 씻겨 내려간다. 또한 하수에 들어있는 영양염류도 하수 처리과정에서 완전히 제거되지 않는다. 또한 합성세제가 경성에서 생물분해가 가능한 연성으로 바뀌었지만 이 두가지 세제에는 인산염이 함유되어 있어 우리가 사용함에 따라 하천으로 다량 씻겨 내려간다. 도시와 공장에서 빗물에 씻겨 내려가는 질산염과 인산염의 양도 상당하다. 도시에서 씻겨 내려가는 것은 비료 동물 배설물 먼지 낙엽과 연소 생성물이며 또한 제지공장 세척과정에서 사용되는 세제와 인광석 공장과 같은 공장에서도 많은 영양염류가 씻겨 내려간다.

수계에 유입되는 질산염이나 인산염의 증가로 모든 생물의 성장속도가 촉진되는데 특히 단세포인 녹조와 남조류는 급속히 성장하여 여름에 탁하고 더러워진 표수층에서 조화현상을 일으킨다. **조화현상**이란 수중의 질산염이나 인산염의 함량이 증가하면 조류의 번식이 촉진되어 조류집단의 크기가 커지는 것으로 특히 인산염의 함량이 제한요소로 작용한다. 조화현상의 하나로 연안해역에서의 **적조**(赤潮 : Red tide)**현상**은 해수의 온도가 높고 염분이 낮으며 영양염이 충분할 때 적조생물인 주로 규조류(bacillariaceae) 각종의 편모조류(elagellatae) 섬모충류(citiota) 등의 과잉 증식으로 바다가 붉게되는 현상을 말한다. 이들 생물의 유해가 부패 분해 퇴적하는 과정에서 해중과 해저의 산소를 다 소비해 버리게 되어 무산소 수역을 형성하게 되어 어패류가 질식하게 된다. 또 적조 플랑크톤 중에는 **마비성 패독**을 생산하는 와편모조류(dinoflagellata)가 있어 어패류뿐 아니라 인간도 중독사할 수 있다.

우리나라 주요 저수지의 질소와 인의 함량과 영양상태를 보면 한강의 소양호 영산강하구 안성천과 삽교천은 인산이 0.015ppm 이상으로 부영양상태이며 그 이외의 저수지들도 양분이 비교적 많이 포함되어 있다.

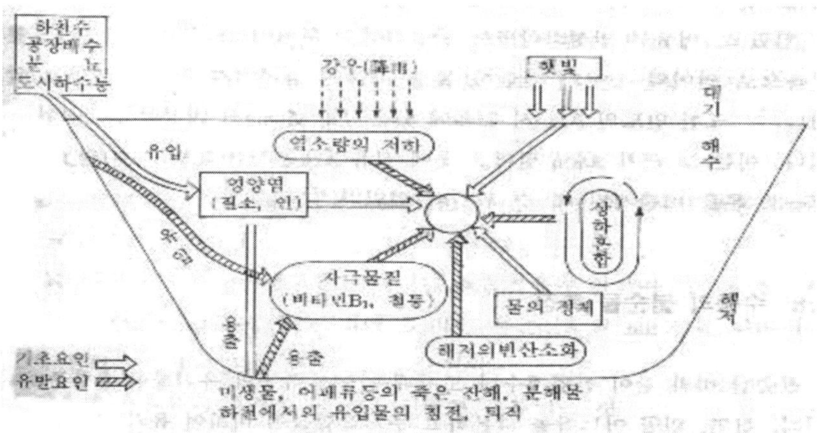

그림 4-2 적조발생 구조도

4-6 엘리뇨 현상이란

최근에 인도네시아와 호주 등 많은 나라에서 산불로 인한 연무, 홍수, 폭설 등 이상 기온 현상이 자주 일어난다. 이런 현상이 일어날 때마다 신문 방송에서 등장하는 단어 중에 하나가 엘리뇨이다. 엘리뇨가 어떤 현상인지에 대해서 함께 생각해 보자.

남미의 페루와 에콰도르 근해에는 평소에 페루 해류 즉, 한류가 흘러 수온이 낮다. 그러나 몇 년에 한 번씩 북쪽으로부터 따뜻한 해수가 유입되어 해수의 온도가 비정상적으로 높아진다. 이와 같이 동태평양의 수온이 비정상적으로 높아지는 현상을 **엘리뇨 현상** 이라고 하는데 이 말은 스페인어로 '신의 아들' 이란 뜻이다.

엘리뇨 현상은 보통 크리스마스를 전후로 해서 발생하는데, 이 때에는 평소에 못 보던 난류성 고기가 많이 잡히고, 때로는 비가 많이 와서 바나나, 코코아 등의 수확기를 맞는 등 보통 때는 있을 수 없는 일들이 생겨서 하느님께 감사하는 뜻에서 붙인 이름이라고 한다.

엘리뇨 현상은 보통 12월 말경부터 시작되어 다음해 3월경이면 끝나지만 때로는 1년 이상 계속되는 경우도 있다. 이러한 비정상적인 현상은 동태평양의 적도를 따라 광범위하게 나타나며, 남미의 20° 부근까지 영향을 미친다.

1982년 12월에서 1983년에 걸쳐 금세기 최대 규모라고 일컫는 엘리뇨 현상이 나타났는데, 해수의 온도가 평소보다 5~6℃나 상승했다고 한다.

그 결과 페루와 에콰도르에는 평소보다 40배에 가까운 폭우가 내렸고, 적도 부근의 서태평양 지역인 필리핀, 인도네시아, 호주 등은 예년에 비해 훨씬 적은 양의 비가 내려 가뭄을 겪어야 했다.

그리고 페루 연안에서는 평소 흐르던 한류(페루해류)가 사라져 유기물질의 공급이 없어지고 그에 따라 한류 속의 풍부한 물고기도 사라졌으며, 물고기를 잡아먹고 살던 수백만 마리의 새들도 굶어 죽거나 사라졌던 것이다.

이와 같이 엘리뇨 현상에 따른 이변은 전 지구의 1/3이상의 지역에서 발생하며, 생물, 경제, 날씨 등에 큰 영향을 미치고 있다.

그러면 왜 엘리뇨 현상이 생길까? 이에 대한 확실한 이유에 대해서는 아직 정설이 없으나 대개 무역풍이 약화되면 서태평양 쪽으로 쏠려있던 적도 부근의 따뜻한 해수가 동쪽으로 이동하여 동태평양에 해수층을 형성하기 때문에 엘리뇨 현상이 생긴다고 알려져 있다.

이와 같이 하여 해수 온도의 분포가 달라지면 적도 부근의 대기의 순환이 달라져, 그 영향이 중위도와 고위도에 미치면서 대기 순환을 변하게 하므로, 엘리뇨 현상이 나타나면 세계적으로 이상 기상 현상이 속출하게 되는 것이다.

4-7 상수처리

수질관리는 상수처리와 하수처리로 나눌 수 있으며 또 폐수처리는 1차 2차 3차 처리 및 슬러지 처리로 나누어진다. 여기서는 우리가 상식적으로 알아야 되고 식수와 관련이 있는 **상수처리의 과정**을 살펴보기로 하자. 상수원은 양적인 면에서 적당해야 하고 질적인 면에서 마실 수 있어야 한다. 대부분의 상수원은 하천 호수 지하수이다. 보통 지하수원은 매우 깨끗하기 때문에 처리를 요하지 않으나 하천이나 호수같은 지표수는 크게 오염될 수 있으므로 처리 없이 상수용으로 사용한다는 것은 매우 위험한 일이다.

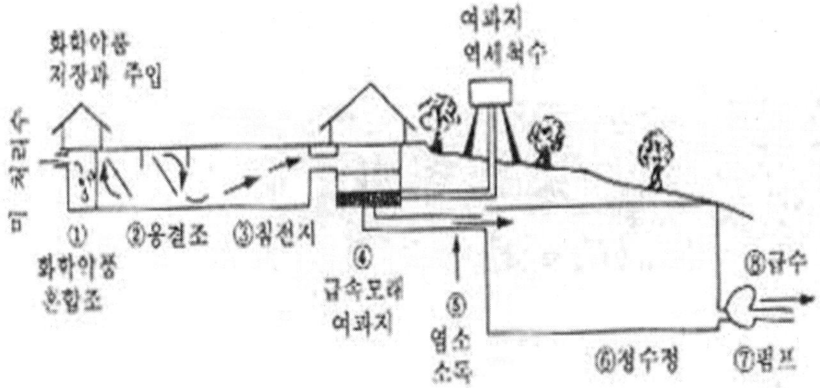

그림 4-3 상수처리공정

상수처리장으로 들어가는 미처리수는 미세한 진흙 콜로이드와 침전입자 같은 부유물질 때문에 매우 탁하다. 그래서 백반과 같은 화학물질을 물속에 넣으면 **응결**한다. 또 알루미늄이온은 수산화이온과 반응하여 아주 끈적끈적한 고형물을 만드는데 이 과정을 응집이라 한다.

응집후에는 침전지에서 응괴를 침전시킨다. 침전된 응괴는 주기적으로 제거시켜야 한다. 침전후 물은 **급속모래여과**를 하는데 이 여과지는 모래

층과 배출구로만 이루어진 것으로 물이 모래를 통하여 아래의 배출구로 빠져나가는 동안 물 속의 부유물질이 모래에 의해 걸러진다. 이러한 처리 설비는 오래 사용하면 여과기가 불순물로 막히므로 역세척에 의해서 제거 시켜 주어야 하나 그러한 처리를 하려면 시간이 걸리고 값이 비싸게 되다. 여과 처리된 물은 보통 **염소소독**을 하여 병원성 미생물을 제거시켜야하기 때문이다. 또 상수에는 적당한 농도의 불소가 포함되어 있는데 이는 어린 이들의 충치를 막아주기 위함이다.

물의 소독 : 음료수가 아닌 수영장의 물에서도 신체배설물과 미생물들에 의하여 오염된다. 이와 같은 물의 소독을 위하여 노란빛을 띈 녹색의 농축된 액체의 강한 산화제인 염소 (Cl_2)를 물에 첨가하면 pH 6 이하에서 아래와 같이 차아염소산(HOCl)과 염산의 혼합물이 형성되면서 거품을 내며 HOCl는 거의 해리 하지 않는다.

$$Cl_2(aq) + 2\ H_2O \rightarrow HOCl + Cl^- + H_3O^+$$

생성된 약산인 차아염소산이 박테리아를 죽이는 소독작용을 주로 하지만 pH가 6~7.5사이의 약산의 물에서는 해리하여 차아염소 음이온(OCl^-)과 평형을 이룬다

$$H_2O + HOCl \rightarrow H_3O^+ + OCl^-$$

하지만 20℃ pH가 7.5 이상으로 약염기성 용액에서는 OCl^- 가 우세하게 존재하여 이 음이온 OCl^-가 HOCl이 박테리아로 들어가는 것을 방해하여 살균소독을 방해하게된다. 또한 물중에 소금이나 센물에 용해된 Ca^{+2}나 Mg^{+2} 이온이 녹아 있으면 염소와 차아염소산나토륨(NaOCl)이나 차아염소산칼슘($Ca(OCl)_2$)이 생성되어 OCl^- 이온으로 해리 되므로 HOCl의 소독효과를 감소시킨다.

$$NaOCl + H_2O \rightarrow Na^+ + OCl^- + H_2O$$

$$Ca(OCl)_2 + H_2O \rightarrow Ca^{+2} + 2\ OCl^- + H_2O$$

물속의 **염소측정**은 물 속에서의 산화제인 액체염소의 농도와 차아염소산의 농도가 같으므로 아래반응에서 보듯이 차아염소산 수용액에 표준농도로 제조한 요드화칼륨(KI)을 가하면 생성 유리된 요오드(I_2)가 전분지시

약을 넣으면 파란보라색을 띄게되므로 티오황산나토륨($(Na)_2S_2O_3$)을 가하여 역적정하여 간접적으로 물속의 염소의 량을 측정한다.

$$HOCl + 2\ I^{-1} + H_3O^{+} \rightarrow Cl^{-1} + I_2 + 2\ H_2O$$

$$I_2 + 2\ S_2O_3^{-2} \rightarrow S_4O_6^{-2} + 2\ I^{-1}$$

제**5**장

대기환경화학

지상 약 500km 까지 질소가 78%와 산소가 21%로 대기의 주성분으로 99%를 차지하며 아르곤(Ar)이 0.93% 및 이산화탄소가 0.03%이다. 그 밖에 여러 가지 미량성분으로서 화산폭발로 발생하는 황화수소(H_2S) 이산화황(SO_2) 일산화탄소(CO) 및 동식물의 부패생성물인 메탄(CH_4) 암모니아(NH_3) 황화수소(H_2S) 등이 있으며, 천둥번개가 칠 때 생성되는 질소산화물 기체(N_2O NO NO_2), 산불이 발생할 때 많이 생성되는 일산화탄소이다.

그러나 이러한 자연상태의 대기의 조성과 평형은 인간활동의 결과로새로운 화학물질들이 증가하여 그 평형이 깨뜨려지게 된다.

이와 같이 청정공기 속에 질소(N_2)와 유황(S)의 산화물질이 혼입되어 인간이나 동식물 그리고 대기환경에 나쁜 영향을 나타날 정도로 오염되는 것을 **대기오염**이라고 한다. 대기오염 물질의 대부분은 기체상 화학물질로 화학반응의 결과에서 생긴다는 사실을 주시해야만 한다.

5-1 대기오염물의 종류

대기로 직접 배출되는 인위적 대기오염물인 **1차 오염물**과 1차 오염물이 반응물이 되는 화학반응에 의해 간접적으로 생성된 **2차 오염물**로 나눌 수 있다. 어떤 화학 오염물은 배출 시에는 인체에 해가 없는 상태였지만 2차 오염물로 변환이 일어나는 과정의 화학반응에 의해 고농도의 해로운 상태로 변화하기도 한다.

아래 표는 대기오염 물질의 발생원과 일단 생성된 오염물에 미치는 환경인자 사이의 관계를 나타내며 물리적 존재 상태를 기준으로 대기오염물을 두 개 그룹으로 나눌 수 있다. 입자상 오염물질(분진)은 아주 작은 액체상 또는 고체상 물질의 부유물이다. 기체상 오염물은 연료의 연소와 화학반응에서 생성되는 대기오염 기체를 말한다.

흔히 **입자**라고 부를 때는 고체물질만을 의미하지만 **에어로졸**이라고 부를때는 고체 및 액체상의 부유물을 총칭한다.

입자상 오염물질에는 연무 황사 연기 훈연(fume) 안개 박무 스모그 등과 같은 상태로 존재하며 이와 같은 입자상 오염물질은 불완전 연소과정 기계적 분쇄과정 사막에서의 강풍 및 응축, 고온의 화학반응을 통해 생산된다. 이들 미세입자는 대기오염에 심각한 영향을 미치는데 즉 이 입자들이 인간 및 동물이 호흡을 할 때 흡입되어 폐 깊숙이 침투하며 폐염이나 폐결핵등의 호흡기 질환을 일으키고 0.3~1.0㎛의 크기를 갖는 미세입자인 황사는 대기의 시야를 감소시키는 주된 역할을 한다.

기체상 오염물질은 비록 대기 기체중 아주 작은 양이지만 작은 양만으로도 해롭고 불쾌한 영향을 주기 때문에 중요하며 이 기체상 오염물질은 연소과정에서 방출되기도 하고, 액체에서 기체상태로의 기화과정에서 생성되기도 하며, 대기에서 화학반응을 통해 만들어지기도 한다. 주요한 기체상 오염물질은 탄소와 황 및 질소함유기체 등으로 여기서는 기체상 오염물질에 대해서 상세히 다루기로 한다.

<표 5-1> 대기오염 물질의 발생원과 환경인자

연 료	오염물 배출원	1차 오염물		오염물에 미치는 여러 환경인자	2차 오염물
화석연료 (석탄, 석유) →	고정 배출원 발전소 공장굴뚝 가정난방 쓰레기소각 →	SO_x H_2SO_3 NO_x 탄화수소 (C_mH_n) →	대기	물리적 행동 1. 풍향 · 풍속 2. 대기안정도 3. 지표조도 및 지형	1. 산화물 2. 산성안개 3. 스모그현상 4. 붕괴생성물
	이동형배출원 자동차 항공기 →	CO NO_x 탄화수소 Pb 입자상물질 →		화학적 특성 1. 기온 2. 습도 3. 자외선	
핵연료 →	원자력발전소 →	핵분열물질			

5-2 황 산화물 (SO_x)

석유나 석탄 속에 들어 있는 황은 연소되어 이산화황(SO_2)이 약 98% 생성되고 아황산기체라 부르는 삼산화황(SO_3)도 약 2% 정도 생긴다. **석유 속의 황 함량**은 매장 장소에 따라 약간 차이가 있으나 양질유에서의 0.5% 정도부터 저질유에서는 2%까지 함유된다. **석탄의 황 함량**도 0.2%~7%까지 탄광지에 따라 변한다. 기술적 경제적으로 볼 때 석유에서 황성분을 제거하는 것은 별로 어렵지 않으나 석탄에 함유된 황성분을 제거하는 것은 거의 불가능하다.

SO_2기체의 환경기준은 1일간의 1시간 평균치가 0.04ppm 이하이고

1일중 최대로 오염된 1시간 값이 0.1ppm 이하일 것

이산화황(SO_2)은 공기 중에서 산소와 반응하여 서서히 삼산화황(SO_3)으로 변한다.

$$S + O_2 \xrightarrow[\text{높은온도}]{\text{연소}} SO_2$$

$$SO_2 + 1/2\ O_2 \xrightarrow[\text{느림}]{\text{공기중}} SO_3$$

탄화수소의 오염원은 대부분 운송과정에서 방출되기 때문에 오염물질이 넓은 지역에 퍼져 농도가 묽어지게 되지만 SO_2와 SO_3를 합쳐서 황산화물(SO_x)이라고 부르는데 SO_x의 대부분은 화력발전소 정유공장과 가정 등의 고정장소에서 석탄을 태울 때 생성되어 배출되기 때문에 농도가 진하다.

삼산화황(SO_3)은 공기 중의 수증기와 반응하여 황산(H_2SO_4)을 형성한다.

$$SO_3 + H_2O \longrightarrow H_2SO_4$$

아황산가스라 부르는 SO_3는 이산화황(SO_2)이 산소원자 또는 산소분자에 자외선이 조사될 경우와 오존(O_3) 등에 의해 SO_2가 산화되어 생성되며

그 반응경로는 다음과 같이 추정된다.

$$SO_2 + O + M \xrightarrow{hv} SO_3 + M$$

$$SO_2 + 1/2\ O_2 \xrightarrow{hv} SO_3$$

$$SO_2 + O_3 \xrightarrow{\text{산화}} SO_3 + O_2$$

SO_2가 물과 결합하여 생성된 아황산의 산화는 분진입자의 촉매작용으로 매우 빨리 진행되어 황산을 생성한다. 특히 빗물 방울이 응결핵으로 금속염을 함유할 경우 두드러지다.

$$SO_2 + H_2O \longrightarrow H_2SO_3(\text{아황산})$$

$$H_2SO_3 + 1/2\ O_2 \xrightarrow{\text{분진입자}} H_2SO_4\ (\text{황산})$$

이때 생성된 황산은 섬유 철 바위 등을 녹일 정도로 부식성이 강하며 황산이 일단 형성되면 암모니아(NH_3)또는 금속염($NaCl$ 등)과 반응하여 황산염인 황산암모늄과 황산나토륨을 생성한다.

$$H_2SO_4 + 2\ NH_3 \longrightarrow (NH_4)_2SO_4$$

$$H_2SO_4 + 2\ NaCl \longrightarrow Na_2SO_4 + 2\ HCl$$

또한 이산화황은 암모니아와 습기있는 공기를 만나면 아래 반응과 같이 재빠르게 황산화물인 황산암모늄 염을 형성하는 것으로 알려져 있다.

$$SO_2 + 2\ NH_3 + H_2O + 1/2\ O_2 \longrightarrow (NH_4)_2SO_4$$

이같이 형성된 황산과 황산염은 빗물 속에 섞여 내리고 이것은 산성비의 원인이 되기도 한다.

5-3 질소 산화물(NO_x)

공기중의 질소와 산소는 정상적인 대기조건(온도 압력등) 하에서는 서로 반응하지 않는다. 그러나 연소할 때와같이 높은 온도 하에서는 서로 반응하여 산화질소를 생성하게 된다. 산화질소는 공기 중에서 산소와 반응하여 서서히 이산화질소로 변한다.

$$N_2 + O_2 \xrightarrow[\text{불 꽃}]{\text{높은온도}} 2\ NO$$

$$2\ NO + O_2 \xrightarrow[\text{느 림}]{} 2\ NO_2$$

산화질소와 이산화질소의 상대적인 양은 오염원의 종류 및 지역에 따라 달라지므로 NO와 NO_2를 합쳐서 질소산화물 NO_x로 나타낸다.

약 40%의 NO_x는 운송수단으로 쓰이는 이동형 배출원인 차량 기차 비행기 등에서 배출되며 그중 약 90%는 자동차의 배기가스에서 나온다.

NO_x의 약 50%는 공장 가정난방 및 화력발전소 등 고정된 위치에서 연료를 태워 에너지를 얻을 때 방출된다. NO_x가 다른 대기오염 물질과 다른 점은 NO_x는 연료 속에 원래 존재하는 불순물 또는 연료 그 자체에서 생성되는 것이 아니고 연소과정에서 필연적으로 공급되는 공기 중의 산소와 질소의 반응 생성물이라는 것이다.

일산화질소 NO는 색 맛 냄새가 없는 기체로서 식물 동물 또는 인간에 그다지 해가 되지 않는다고 생각될 수 있으나 일산화질소는 공기중에서 산소와 서서히 반응하여 이산화질소가 만들어지면 이 **이산화질소** NO_2 기체의 대기환경기준은 1일 평균값의 1시간치가 0.04~0.06ppm 범위로 적황색의 기체로서 심한 냄새가 나며 독성기체이다.

이산화질소의 독성 : 이산화질소는 그 자체로서 식물 동물 및 인체에 해롭고 또한 광화확적 스모그 현상의 주된 원인이 되기도 하고 식물을 대기 중의 NO_2의 농도가 몇 ppm정도인 공기 중에 하루만 방치 하더라도 식물 세포가 파괴되어 잎에 반점이 생겨 결국 죽고 만다.

특히 대기 중의 습도가 높을 때 NO_2는 수증기와 반응하여 질산을 생성하며 이 질산은 매우 부식성이 강한 산이며 최근에 세계적으로 논란이 되고 있는 산성비의 원인이 되는 물질이다.

$$3\ NO_2 + H_2O \longrightarrow 2\ HNO_3 + NO$$

5-4 일산화탄소 및 탄화수소

일산화탄소(CO)는 맛 냄새 및 색깔이 없는 기체로서 탄소의 불완전한 연소에 의해서 생성된다. 탄소화합물(불에 타는 물질은 대부분 탄소가 함유된 화합물이다)을 태울 때 산소가 부족하거나 온도가 충분히 높지 않으면 CO가 생성되어 서서히 CO_2로 완전산화가 일어난다.

$$2\ C + O_2 \xrightarrow{\text{산소부족}} 2\ CO$$

$$2\ CO + O_2 \xrightarrow[\text{느린속도}]{} 2\ CO_2$$

한편 탄소화합물인 메탄과 석탄을 완전히 태우면 이산화탄소와 물이 생성된다.

메탄 : $CH_4 + O_2 \longrightarrow CO_2 + 2\ H_2O$

석탄 : $C + O_2 \longrightarrow CO_2$

일반적으로 이산화탄소와 물(수증기)은 대기오염 물질에 포함시키지 않으나 이산화탄소는 온실효과 때문에 포함시키는 경우도 있다.

우리나라에서는 몇년 전에 겨울에 일반 가정에서 난방 및 취사용으로 연탄을 많이 사용하였기 때문에 일산화탄소가 다른 나라의 경우보다 더 중요한 대기오염 물질로 간주될 수 있었었다.

또한 일산화탄소는 공장이나 화력발전소에서도 배출되며 특히 많은 양의 일산화탄소가 자동차의 배기가스 중에 포함되어 배출된다.

일산화탄소는 다른 대기오염 물질들과는 달리 식물과 건물 및 토양등에는 피해를 주지 않고 단지 인간이나 동물에만 피해를 준다는 것이다. 일산화탄소의 대기중 환경기준은 1일 평균값의 1시간치는 10ppm 이하이고 8시간 평균값의 1시간치는 20ppm 이하일 것이다. 인간이나 동물은 호흡을 함으로써 산소를 섭취하고 이렇게 섭취된 산소는 폐에서 피에 공급되고 체내의 각 부위에 전달되어 생명이 유지된다. 피 속에는 헤모글로빈이라는 물질이 있어 이것과 산소가 가역적으로 결합한 **옥시헤모글로빈**이 산소를 운반하기도 하고 또 적당한 곳에 산소를 공급하기도 한다.

$$\text{Hb(헤모글로빈)} + O_2 \rightleftharpoons \text{HbO}_2\text{(옥시헤모글로빈)}$$

그러나 만일 인간과 동물이 공기 중의 일산화탄소를 호흡에 의해 흡수하게 되면 일산화탄소는 혈중 헤모글로빈과 결합하여 **카르보닐헤모글로빈**(HbCO)을 형성할 수 있다. 이 카르보닐헤모글로빈은 옥시헤모글로빈(HbO_2)보다 2백 내지 3백배나 더 안정하기 때문에 산소와 일산화탄소가 공존할 때 많은 양의 헤모글로빈이 산소보다 일산화탄소와 쉽게 결합하게 된다.

$$\text{Hb(헤모글로빈)} + CO \rightleftharpoons \text{HbCO(카르보닐헤모글로빈)}$$

따라서 호흡하는 공기 중에 일산화탄소가 과량 존재하면 피 속에 산소운반이 가능한 옥시헤모글로빈의 양이 급격히 줄어들게 되고 체내의 각 기관에 산소공급이 원활하지 못하여 여러 가지 중독증상이 나타나게 된다. 일산화탄소의 대기중의 허용치는 대략 20 ~ 40ppm 정도이나 연탄가스에 오랜시간 노출대면 생명이 위험하다.

탄소와 수소가 결합한 화합물을 **탄화수소**(hydrocarbons, CH)라 하는데 메탄(CH_4) 에탄(C_2H_6) 프로판(C_3H_8) 등은 모두 탄화수소의 일종으로 직접적으로 인체에 해를 주는 경우는 별로 없으나 대기 중에서 태양 빛을 받아 분해-산화된 산화물들이 소위 광화학적 스모그현상의 원인이 될 수 있다. 대기중의 탄화수소는 동·식물이 부패될 때 자연적으로 생성되기도 하며 식물의 향기나 냄새도 탄화수소가 그 주요 원인이다. 인위적으로 배출되는 탄화수소의 거의 절반 이상은 운송수단에서 배출되며 그 중 95%는 자동차 배기가스 중에 섞여 나온다.

그 외에 페인트 드라이크리닝 및 제조업 등에서 쓰이는 용매가 휘발해서 생성되는 경우도 있다.

5-5 광화학적 스모그

스모그(smog)란 연기(smoke)와 안개(fog)의 합성어로 대기중의 질소산화물(NO_x)이나 탄화수소가 대기중의 산소 존재하에서 빛의 자외선이 조사될 때 여러 오염물의 복합적인 광화학 반응을 일으켜 생성되는 아세트알데히드(CH_3COH) 오존(O_3) 과산화아세틸질산염($CH_3CO_3NO_2$)등의 물질이 공기와 혼합하여 연무현상을 일으키는 것을 광화학스모그라 한다. 대표적인 발생지역이 미국의 L.A이므로 로스엔젤레스형 스모그 라고도 한다. 이 현상은 습도가 낮고 30도 이상의 높은 온도의 여름 낮에 가장 극심하게 발생하여 눈을 자극하여 시리고 눈물을 나게하므로 시야를 흐리게 할 뿐아니라 호흡에도 지장을 주고 식물도 말라 죽게한다. 일출 이전에 방출된 반응성 탄화수소(C_mH_n)와 NO_x 가 대기중에 축적되고 태양광선이 대기권에 도달하면 이산화질소가 분해되어 다음 반응과 같이 반응성이 큰 산소원자가 생성되어 더 많은 이산화질소(NO_2)와 오존(O_3)을 생성한다.

NO_2에 자외선이 조사되면

$$NO_2 \rightarrow NO\cdot + O\cdot$$

$$NO\cdot + O\cdot + M \rightarrow NO_2 + M,$$

$$O\cdot + O_2 + M \rightarrow O_3 + M$$

위 반응에서 얻어진 오존도 역시 자동차 배기가스중의 탄화수소 C_mH_n와 반응하여 한 개 이상의 쌍을 이루지 않는 홀 전자를 가진 탄화수소 자유라디칼($RCH_2\cdot$)과 카르복실자유라디칼($RCO_2\cdot$)들을 생성 시킬 수 있다.

$$O_3 + R\ C_mH_n \rightarrow RCH_2\cdot + RCO_2\cdot$$

이 탄화수소 자유라디칼 (**$RCH_2\cdot$**)는 산소분자 O_2와 반응하여 2개의 산소원자를 가진 새로운 자유라디칼 $RCH_2O_2\cdot$를 만든다. 두 산소를 갖는 이 라디칼은 일산화질소 NO를 산화시켜 이산화질소 NO_2를 생성시키고, 남은 1개의 산소를 가진 $RCH_2O\cdot$라디칼의 수소원자 1개가 분해되어 산소분자 O_2에 결합하여 물이 생성되고 최종적으로 안정한 산화 생성물인 알데히드 RCOH를 생성한다. 이 알데히드로부터 생성된 hydroperoxyl 라디칼($HO_2\cdot$)은 일산화질소 NO를 이산화질소 NO_2로 산화시키고 자신은 hydroxyl 라디칼($HO\cdot$)이 된다. 이 hydroxyl($\cdot HO$)라디칼도 매우 반응성이 강해서 안정한 탄화수소(RCH_3)로부터 수소원자를 잡아 빼내어 물분자(H_2O)로 환원되어 안정화되는 동시에 탄화수소라디칼($RCH_2\cdot$)를 재생성시킨다.

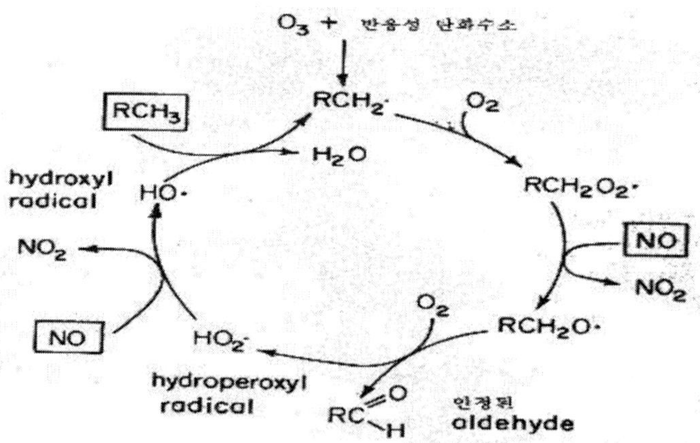

그림 5-1 광화학적 스모그의 발생도

이리하여 한 싸이클이 완료되면 2분자의 이산화질소 NO_2와 1분자의 알데히드(RCOH)를 생성하게되고 탄화수소자유라디칼($RCH_2\cdot$)이 재생된다. 또한 카르복실자유라디칼(**$RCO_2\cdot$**)은 NO와 반응하여 NO_2가 생성되는 속도를 증가시키며 아실라디칼 $RCO\cdot$을 생성한다.

$$RCO_2 \cdot + NO \longrightarrow NO_2 + RCO \cdot$$

이때 생성된 아실라디칼(RCO ·)는 산소와 결합하여 과산화아실라디칼($RCO_3 \cdot$)을 생성한다.

즉 $RCO \cdot + O_2 \longrightarrow RCO_3 \cdot$

마지막으로 생성된 과산화라디칼인 과산화아세틸라디칼($CH_3CO_3 \cdot$)이 이산화질소 NO_2와 반응하여 강력한 안구 자극제인 Peroxyacetyl-nitrate(PAN)이 생성되어 공기중에 혼합되어 에어로졸인 스모그로 된다.

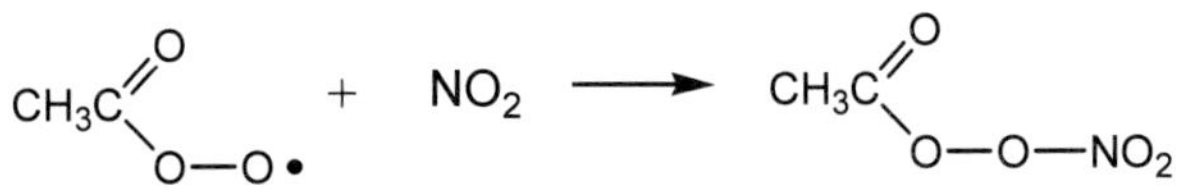

과산화아세틸라티칼　　　　PAN

이 PAN과 마찬가지로 과산화벤조일 니트레이트(PBzN)도 식물에 유독하고 대기중의 산화제 농도를 증가시킨다.

산성비 : 대기중의 이산화탄소가 구름의 수증기에 용해하여 탄산 H_2CO_3가 빗물에 섞여 내려오므로 자연상태의 빗물의 pH 값은 7.0보다 조금 낮은 평균 5.7 정도이다

그러나 건물이 밀집한 대도시나 공장의 굴뚝이 많은 공업도시에서 석탄이나 중유의 연소로 주로 배출되는 황산화물인 아황산가스나 아황산 황산 암모니아 기체등이 대기로 장거리 상승 이동하여 습기가 많은 장마에 구름과 섞여 pH가 5이하로 낮은 산성비로 변하여 내리게된다. 그 결과 다음과 같이 자연과 동식물에 막대한 피해를 주게된다.즉 산성비가 산의 임야에 내리면 퇴비로 쓰여지는 낙엽으로부터 영양분이 침출되고,토양으로부터 필수 영양인 칼슘과 같은 2차 영양소의 소실이 되거나, 생명체 내에서 산 촉매 반응이 지배하는 신진대사의 속도변화를 일으키기도하고 호수 및 강물의 산성화로 생태변화가 야기된다. 뿐만아니라 석회석이나 대리석으로 만들어진 건축구조물 문화재 예술품중의 탄산칼슘과 마그네슘들이 이들 황산화물과 반응하여 황산염을 생성하여 부식하게 되는 큰 손상을 입히게 된다.

$CaCO_3$(석회석) + H_2SO_4 → $CaSO_4$ + H_2O + CO_2

$CaCO_3$ + SO_2 + 1/2 O_2 → $CaSO_4$ + CO_2

5-6 오존층의 파괴

지표면으로부터 고도 12km 상공 —50℃의 공기대양을 대류권(troposphere)이라 하며 이 고도로부터 50km 까지를 통틀어 성층권(stratosphere)이라 하는데 이 성층권의 아래층을 등온층(10km~30km), 위층을 온도가 —50℃에서 0℃로 상승하는 온도상승층을 오존층(Ozone horizon)이라 하는데 이 대기층에는 질소 산소기체와 함께 10ppm 오존(O_3) 이 혼합되어 있다. 만약 이 오존층이 없다면 태양 광선중 단파장(200~300 nm)인 자외선(ultraviolet)이 직접 지구표면을 쪼이게 될 것이므로 인간의 피부암 발생율이 높아 진다든가,지구상에서 생명의 진화를 불가능케 하는 재앙을 유발시킨다는 것은 명백하다.

다행히도 오존층이 강한 이 자외선을 봉쇄차단하기 때문에 오존층이 일정하게 유지되어야 함에도 불구하고 인류문명의 발달과 산업사회의 발전에 따라 대기환경의 오염으로 오존층이 파괴되는 것은 안타까운 일이 아닐 수 없다.

이와같이 오존층이 파괴되는 화학적 메카니즘을 여기서 간단히 살펴 보기로한다. **먼저** 대기중의 공기에 필연적으로 존재하는 산소 O_2에 광이 조사되면 광분해 반응을 일으켜 두 산소원자 2O로 된다

이 원자상태의 산소원자 농도가 진해지면 주위에 있는 수증기와 작용하여 수산기($-OH^{-1}$) 가 생성되는데 이 음이온 수산기가 오존층의 오존 O_3와 반응하여 약 11%의 오존이 파괴되는 것으로 평가되고 있다.

$O_2 \xrightarrow{hv} 2O$, $O + O_2 \rightarrow O_3$

$O\cdot + H_2O \rightarrow 2\ OH^{-1}$,

$OH^{-1} + O_3 \rightarrow HOO^{-1} + O_2$

$O_3 \xrightarrow{hv} O_2 + O\cdot$

$O_3 + O\cdot \rightarrow 2\ O_2$

($\triangle H$=-398.8kJ(발열결합반응))

다음으로 지상에 증가하는 자동차가 배출하는 질소산화물 N_2O가 대류권으로 유입된다든가 성층권을 운항하는 초음속비행기가 배출하는 탄화수소 연료의 연소는 물의 생성을 초래하여 산소의 반응속도를 증가시키고 제트엔진 내부의 고온에서 질소와 산소분자의 결합을 촉진시켜 일산화질소 NO를 역시 발생시킨다.

비행기 $N_2 + O_2 \xrightarrow{\text{고온}} 2\,NO$　　유기물 $N_2O + 1/2\ O_2 \rightarrow 2\,NO$

이와같이 하여 생성된 NO기체는 오존과 반응하여 오존분해반응의 촉매 역활을 한다.

$NO\cdot + O_3 \rightarrow NO_2 + O_2$	$H_2O + O\cdot \rightarrow 2 \cdot OH$
$NO_2 + O\cdot \rightarrow NO\cdot + O_2$	$NO\cdot + \cdot OH \rightarrow HNO_2$
$\mathbf{O_3 + O\cdot \rightarrow 2\ O_2}$	$NO_2 + \cdot OH \rightarrow HNO_3$

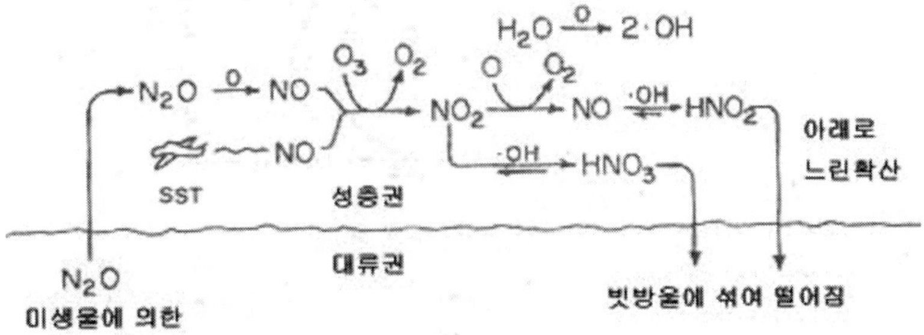

그림 5-2 성층권에서의 이산화질소의 반응

마지막으로 에어로졸 분무제품과 냉동장치에서 사용되는 인공적으로 생산 가능한 두 종류의 프레온가스($CFCl_3$,CF_2Cl_2)가 공기중에 유출되어 자외선이 풍부한 고도까지 상승하게되면 광 분해반응을 하여 염소원자 Cl가 생성된다. 이 염소원자 역시 NO분자와 같이 오존을 파괴하는 촉매작용을 하게 된다.

$Cl\cdot + O_3 \rightarrow ClO\cdot + O_2$	$Cl\cdot + CH_4 \rightarrow HCl + \cdot CH_3$
$ClO\cdot + O \rightarrow Cl\cdot + O_2$	$HCl + \cdot OH \rightarrow H_2O + Cl\cdot$
$\mathbf{O_3 + O\cdot \rightarrow 2\ O_2}$	$ClO\cdot + NO_2 \rightarrow ClO\text{-}NO_2$

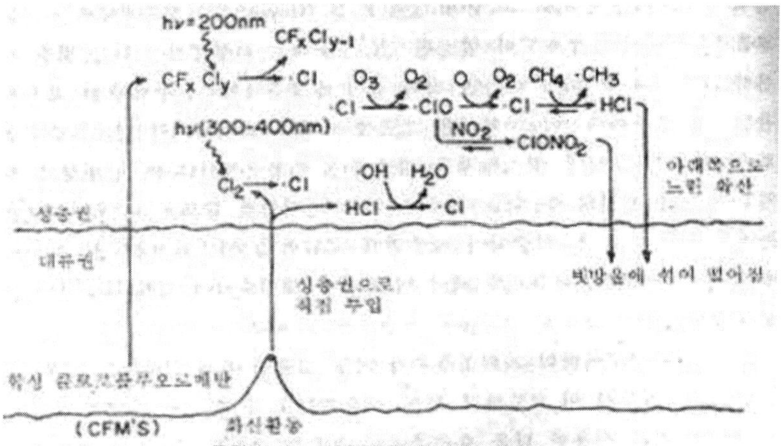

그림 5-3　성층권에서의 염소의 반응

5-7 온실효과

인간의 활동 결과로 대기중의 이산화탄소의 농도가 증가함에 따라 지상의 표면온도가 상승하는 영향을 받음으로써 나타나는 기후변화를 온실효과라고 알려져 있다. 대기중의 이산화탄소 CO_2 는 식물과 동물이 자연에 존재하는 한 자연적으로 발생하고 소모되는 순환과정이 일어나므로 대기오염으로 생각하지 않을 수도 있다.

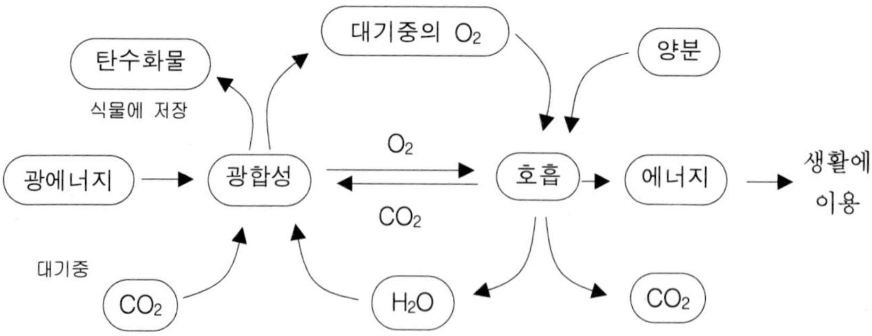

식물의 광합성이란 녹색식물의 엽록소가 공기중의 탄산가스 라고도 하는 이산화탄소 CO_2 기체와 광조사를 받아 광에너지를 흡수하여 물 H_2O와

반응하는 광합성 작용에 의하여 이산화탄소가 소모되고 식물에 저장되는 유기물인 탄수화물(($C_6H_{12}O_6$)과 산소 O_2를 생성한다.

$$6\ CO_2 + 12\ H_2O \rightarrow C_6H_{12}O_6 + 6\ H_2O + 6\ O_2$$

여기서 탄수화물은 즉 탄소,수소 및 산소로 조성된 유기화합물인 설탕, 녹말, 셀루로스 등은 식물에 저장되고 산소는 대기 중으로 방출된다.

이와 같이 대기로 방출된 산소는 식물이 이듬해 다시 자연적 산화분해에 이용되어 퇴비를 만들거나 인간과 동물들이 호흡을 함으로서 소모되고 이산화탄소는 수증기와 함께 대기 내로 다시 방출하는 역반응의 순환과정을 거치게 된다.

유기물인 탄수화물 $CxH_2y + 3/2\ O_2 \rightarrow x\ CO_2 + y\ H_2O$

위의 두 식은 인간의 활동이 개재되지 않는다면 대기중의 CO_2의 양이 일정하게 유지되는 순환과정을 나타낼 것이다.

하지만 최근 들어 인간의 활동 즉 아파트와 골프장의 신축, 대형 공업단지의 조성 등으로 수십만 평의 야산을 파손함으로서 인위적인 벌채로 녹색식물엽록소의 제거가 자행됨으로서 식물의 광합성에 의한 이산화탄소를 제거할 수 있는 자연환경을 파괴한 결과가 되었다.

뿐만 아니라 대형 공업단지와 화력발전소에서 석탄 등과 같은 탄소를 포함한 물질인 화석연료를 연소시키면 이산화탄소가 많이 방출되므로 대기중의 이산화탄소의 농도가 증가하게된다.

이와같이 대기중의 이산화탄소의 증가는 미국 하와이의 Mauna Loa관측소에 따르면 1960년에 325ppm이었던 것이 25년 후인 1985년도에는 350ppm을 넘어선 것으로 관측되어 매년 약 0.7ppm 씩 증가하는 것으로 나타났다. **온실효과**는 태양광선이 지구표면을 조사할 때 태양광의 일부와 대기중의 CO_2 기체 사이의 상호작용에 의하여 나타나는 대기온도 상승작용을 말한다. 여러 파장을 갖는 태양광 모두가 지표면에 도달하는 것이 아니라 성층권에 있는 오존에 의하여 자외선이 걸러지고, 수증기 구름에 의하여 열을 공급해주는 적외선이 흡수되어 지표면에 도달되는 대부분의 빛은 가시광선 범위에 있게된다.

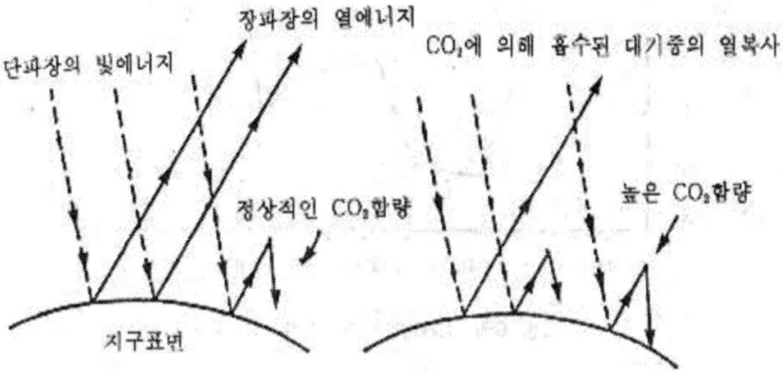

그림 5-4 단파장 및 장파장의 열복사 및 CO_2의 함량과의 관계 단파장 복사(빛)는 지면을 때리고 장파장의 복사(열)로 변형된다. CO_2가 장파장의 복사를 흡수하므로 대기 중의 CO_2가 많을 수록 더 많은 열이 보류되어 대기는 더워진다.

온실효과의 과정은 지표면에 도달되는 빛의 1/3은 공간으로 되돌려 반사되나 나머지는 지표면에 있는 바위 콘크리트 등 그 밖의 빛 흡수체에 흡수되어 긴 파장의 적외선 형태로 다시 대기 중으로 방출되거나 지표면이 냉각될 때 열을 발한다. 이와 같이 지각에서 방출하는 긴 파장을 갖는 적외선 빛을 대기중의 CO_2 기체가 흡수하여 대기온도를 상승시키는 열에너지를 방출한다. 그 결과 대기온도는 온실 안의 온도가 높은 것과 같은 온실효과를 나타내게 된다.

최근에 측정 계산된 것은 CO_2 농도 2배 증가에 따른 온도상승은 0.8~2.9℃ 증가하는 것으로 나타났다.

이 효과의 영향을 살펴보면 이와 같이 대기의 평균온도 증가는 극지방의 얼음이나 빙하를 녹여 바다의 평균 수면을 60~70mm 증가시켜 저지대의 도시를 포함한 해안이 바다 물에 잠기게 되는 결과를 초래하게 될 것이다.

제6장

염료와 세제

염료란 물에 녹은 상태로 섬유에 염착하는 유색의 물질이고 안료는 물이나 기름에 완전히 녹지 않고 분산된 상태로 페인트나 플라스틱등의 착색에 사용되는 물질을 말한다. 이 두 단어는 실제로는 넓은 의미로 사용되므로 구별도 애매한 점이 없지 않다.

옛날에는 염료는 오로지 천연물만 사용되었지만 1856년 W.H.Perkin이 18세때 최초의 합성염료 “모부”를 합성한 이래 그 후 다수의 합성염료가 시장에 나타나 시판됨에 따라 천연염료는 점점 사라지게 되었다.때라는 것은 엉뚱한 곳에 있는 물질로서 정의하는데 토마토로 만든 진한 스프는 맛좋은 음식이나 만약 그 스프가 웃 저고리에 묻었을 때 그것은 때에 불과하다. 저고리에 손상을 주지 않고 때를 제거할 수 있는 세제 또는 표면활성제는 수 없이 많다.

그러나 실제로 오늘날 우리가 사용하고 있는 비누와 세제는 일년 또는 일 세기 전의 제품보다 더욱 우수하다는 것을 믿을 수 있도록 라디오와 텔레비전은 광고를 하고 있다. 하지만 비누는 적어도 서력 기원 2세기에 근원을 둔 경험에 의한 제법(A time-tested recipe)에 의해서 항상 만들어져 왔다. 위대한 그리스 물리학자 가렌(Galen)에 의하면 비누는 지방과 잿물과 석회로 만든다고 하였고 신체나 옷의 때를 제거하는데 사용해 왔다고 하였다.

결국 새로운 제품이라고 하는 것은 비누가 더욱 순수하고 첨가제들에 의해서 세척작용이 증가되고 그리고 비교적 새로운 합성세제의 출현일 뿐이다.

6-1 염료의 색과 변화

인간의 눈이 느낄 수 있는 빛의 파장범위는 380~780nm(10^{-9}미터)인 가시광선이지만 이 광선은 파장에 관계없이 혼합되어 눈에 들어오니 색을 구별하여 느낄 수 없는 백색광이다. 이 백색광을 프리즘에 통과시키면 여러 가지 색으로 즉 파장이 짧은 단파장인 400nm의 자주색에서부터 장파장인 730nm의 적자색 까지 10가지 색으로 분리된다.

특정 파장의 빛만 눈에 들어올 때 느끼는 빛의 색과 그 파장의 빛만 흡수하는 물체의 색(여색)을 나타내면

<표 6-1> 빛의 파장과 색

파장/nm	빛의 색	여 색	파장/nm	빛의 색	여 색
400	자주색	황록색	570	황록색	자주색
425	청자색	황색	590	황색(노랑)	청자색
450	청색	황적색	600	황적색	청색
490	청록색	적색	660	적색	청록색
530	녹색	적자색	730	적자색	녹색

가시광선의 두 곳에서 빛을 흡수하는 물체는 각각의 흡수에 대응하는 여색을 감색법에 의하여 혼합한 것과 같은 색으로 보인다.

색의 혼합 : 예로서 천(옷감)을 초록색(녹색)으로 염색하기 위하여는 여색인 황색과 청색에 상당하는 두 파장 위치에서 빛을 흡수하는 녹색염료를 사용하든가 황색염료와 청색염료를 병용한다. 또한 필기용 흑색 잉크는 상당히 묽더라도 검게 보이지 않으면 안되기 때문에 여러종류의 색소를 황, 적, 청색 색소를 혼합시켜 제조한다.

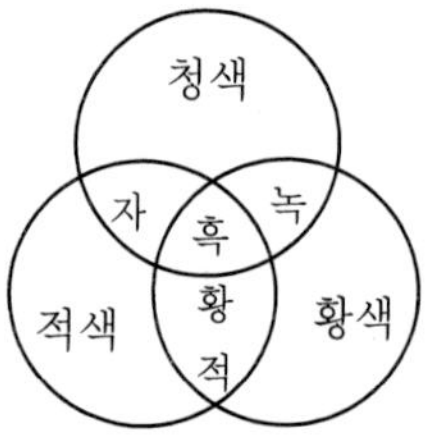

그림 6-1 혼합감색법

색의 변화 : 염료에는 아름다운 색이 요구되지만 색을 나타내기 위해서는 염료가 빛을 쪼이는 곳에서 그 색에 대응하는 파장의 빛을 흡수하여

에너지가 높은 불안정한 상태인 여기상태로 되지 않으면 안된다.

그리하여 어떤 염료로 염색된 천에 강한 빛이 쪼여지면 염료분자는 조금씩 분해하여 그 색이 묽어지는 경향이 있다. 그 뿐 아니라 섬유가 들뜬 여기상태의 염료분자로부터 방출되는 에너지를 흡수하여 섬유의 물리적 성질이 변화 한다던가 다른 염료와 동시에 사용할 때에는 이것이 분해되어 색이 변해 가는 것도 있다. 실제로 염료는 이와 같이 바람직하지 않는 성질이 없는 것이 요구된다.

염료의 용해성 : 염료는 일반적으로 물에 용해하여 사용하기 때문에 물과의 친화력이 좋아 녹기 쉬워야 한다. 그러나 섬유에 침투한 염료는 강하게 결합하여 염색된 후에는 녹아 나오지 않아야 한다.

염료분자는 염색될 때 먼저 용액 중을 확산하여 섬유표면에 도달하여 염료분자의 크기보다 다소 큰 섬유의 틈 사이로 들어가 그 곳에서 이온결합에 의한 염을 형성한다든가 반데르발스 힘으로 섬유와 결합한다. 화학섬유는 일반적으로 틈사이(홀)가 적고 화학구조상 큰 염료분자와 이와 같은 결합을 하기 어려우므로 화학섬유의 염색은 수용성이 낮고 작은 분자의 염료를 물에 분산시켜 사용한다(**분산염료**). 이 경우에 염료분자는 섬유의 내부로 확산하여 가는 것이 중요하다. 화학섬유 중에 아크릴섬유는 구조상 염기성 양이온 염료와 용이하게 결합한다(**양이온 염료**). 불용성 염료를 환원시켜 수용성으로 하여 염색한 후 공기산화에 의하여 원래의 염료를 재생한다(**베드염료, 유화염료**). 섬유에 미리 제 1의 물질을 흡착시키고 이것에 다시 제 2의 물질을 작용시켜 섬유상에 난용성 염료를 합성한다(**나프톨 염료**). 혹은 염료분자와 섬유분자 모두에 걸쳐 난용성의 금속착염을 만든다(**매염염료**). : 뒷면 반응식

6-2 합성염료

현재 다수의 합성염료가 있지만 대부분은 화학구조로 말하면 거의 대부분은 탄소-탄소 결합이 교대로 이중결합을 갖는 공액 이중결합을 갖는 방향족화합물의 염료를 말한다.

아조염료 : 아주 종류가 많은데 -N=N- 결합을 갖는 것으로 가늘고 긴

평면구조 분자로 셀룰로즈에 직접 염착하는 **직접염료**, 단백질 섬유에 염착하는 -SO_3Na와 같은 **산성염료**와 -NH_2를 갖는 **염기성염료**, **분산염료**, **매염염료**, **나프톨염료** 등이 있다.

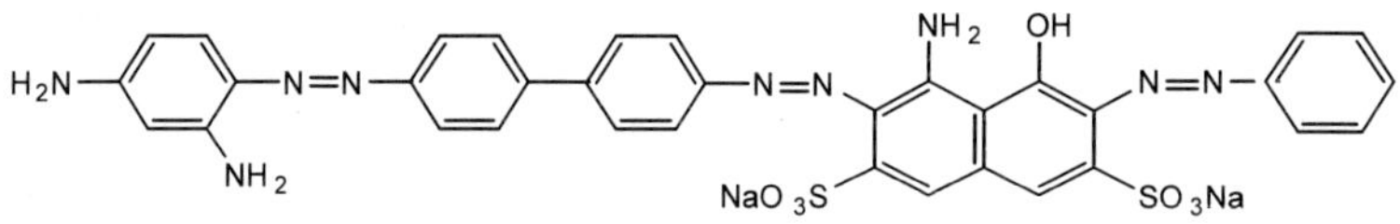

진한블랙(직접염료)

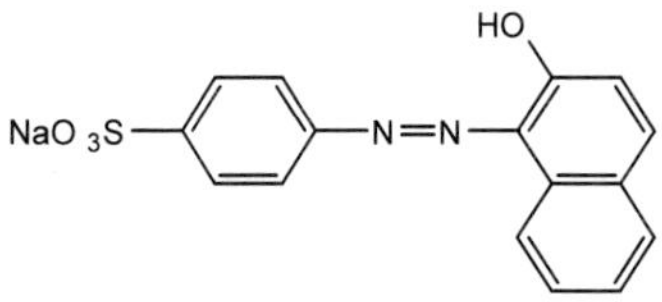

오렌지 II (산성염료)

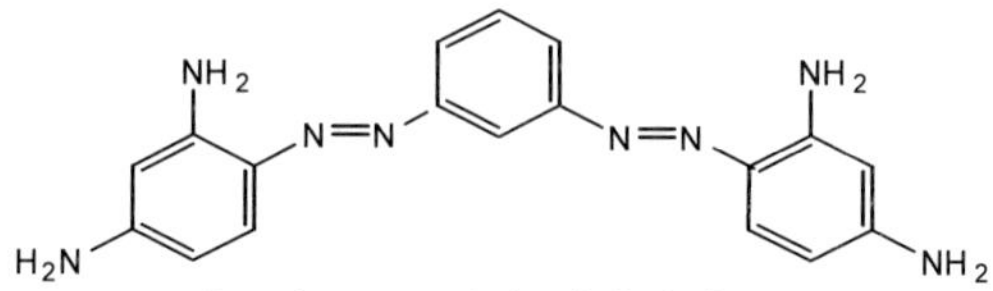

비스마르크브라운(염기성염료)

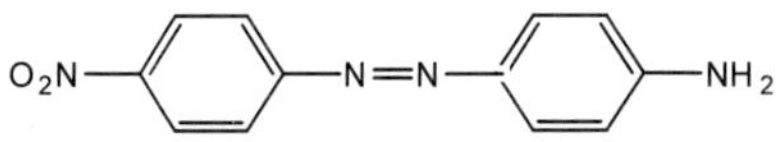

세리톤오렌지GR(분산염료)

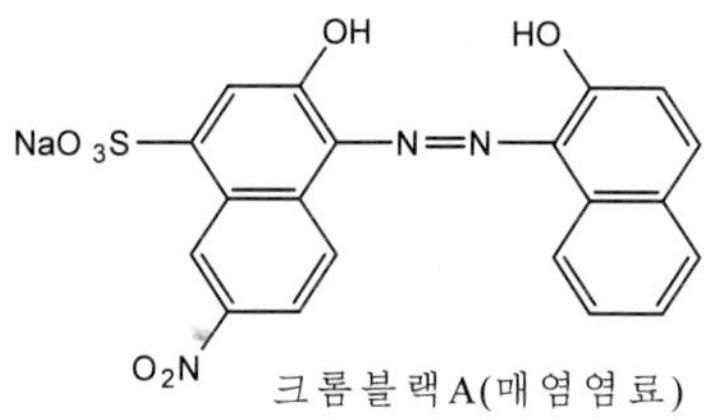

크롬블랙A(매염염료)

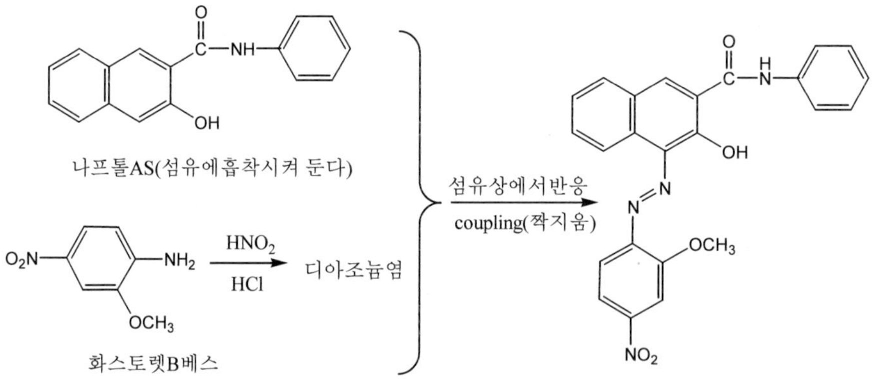

나프톨 염료의 예

인디고 : 알카리성으로 환원하여 수용성으로 염착 후 공기산화하면 베드염료의 일종인 아조 염료로 뛰어난 청흑색의 염료로 가죽염색에 주로 사용된다. 이와 유사한 옛날부터 유명한 아조염료인 **아리자린**도 있다.

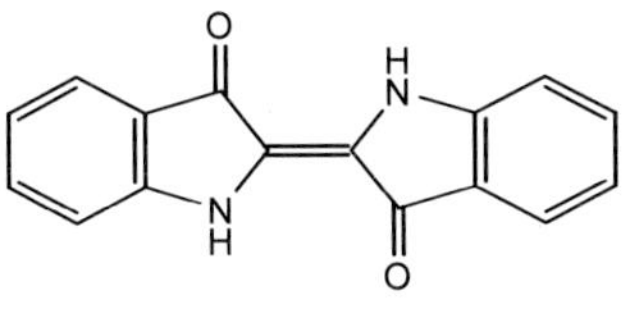

인디고

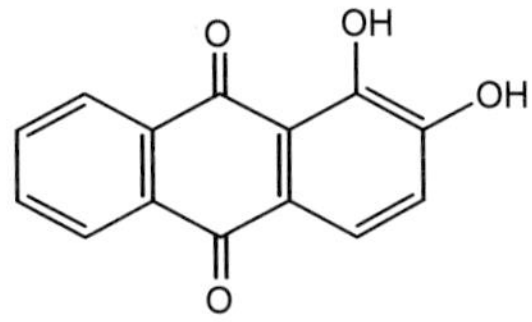

아리자린

인단스렌 염료: 안트라키논을 화학구조로 한 높은 아름다운 색을 나타내는 큰 분자의 염료이다(베드염료).

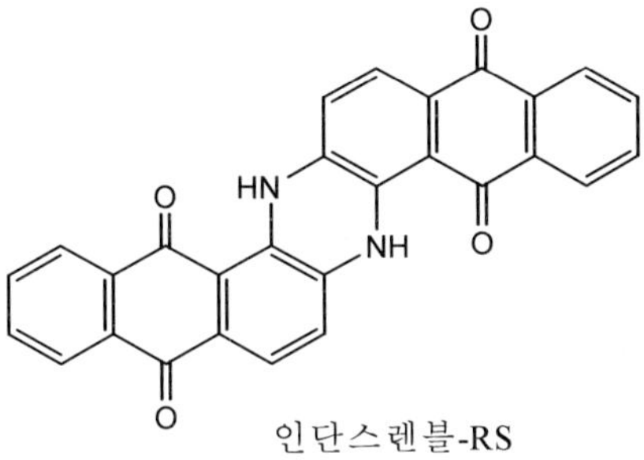

인단스렌블-RS

염색방법 : 염색방법에는 다음과 같이 2 가지로 대별할 수 있다.

침 염(浸染)은 염료용액에 섬유를 담구어 온도를 높이면 염료분자는 섬유표면으로 확산해가서 섬유내부의 틈새로 확산하여 염색이 진행된다. 이때 적당한 약제를 사용하여 섬유를 팽창시켜 염색을 용이하게하는 방법도 있다. 이것을 캐리어염색이라 한다.

나 염(捺染)은 진한 염료용액에 풀을 가하여 천에 침적시켜 건조시킨 후에 습한 증기로 처리하여 염착시킨다. 그 후에 여분의 염료나 풀은 씻어버린다. 염색한 천에 염료의 분해제를 함유한 풀을 프린트하여 색을 부분적으로 없애서 문양을 내는 여러 가지 방법이 있다.

6-3 비누의 세척작용

비 누는 동식물의 유지인 지방 오일을 수산화나토륨의 강염기 수용액에서 끓이면 가수분해되어 글리세롤과 지방산염인 비누로 된다. 그러한 가수분해 반응을 비누화반응이라고 하며 탄소수가 12~18인 지방산의 나트륨염(RCOONa)이 비누이다.

$(RCOOCH_2)$ + NaOH ⟶ $RCOO^-Na^+$ + (CH_2OH)
지방산 수산화Na 지방산Na 글리세롤

비누는 물 중에서 다음과 같은 평형을 이루고 있으므로 비누물은 약 알카리성을 나타낸다.

$$RCOONa \rightleftharpoons RCOO^- + Na^+ ,\quad RCOO^- + H_2O \rightleftharpoons RCOOH + OH^-$$

개척자들은 동물 기름에 딱딱한 나무재에서 얻어진 알칼리용액을 넣고 끓여서 비누를 만들었다. 이렇게 하여 만들어진 비누에 소금을 첨가시켜 단단한 고체덩어리로 **염석**시킬 수 있었는데 이것은 비누가 물에서보다 소금물과 같은 염용액에서 훨씬 적게 용해된다는 사실을 이용한 것이다.

세척작용은 비누의 분자구조로 설명할 수 있는데 손에 묻은 끈끈한 설탕시럽과 같은 수용성 물질은 비누가 물에 쉽게 녹아 **친수기**인 카르복시(**$-COO^-$ 음이온**)기가 수용성물질의 물분자와 효과적으로 수소결합을 잘 하므로 과량의 물로 수용성 물질을 단순히 씻어냄으로서 피부나 표면으로부터 쉽게 때가 제거될 수 있다.

그러나 기름성분인 때의 기름상 물질은 쉽게 물에 섞이지 않고 기름은 단순히 물 표면 위에 떠 있을 뿐이다. 왜냐하면 기름은 물층에서 응집력이 아주 크므로 물과 오일은 서로 섞일 수가 없으니 비누분자 중의 **친유기**인 알킬기(**$R= -CH_3(CH_2)_n$**)가 탄화수소 구조를 가진 기름상물질인 기름때에 자유롭게 접촉하여 기름때를 제거할 수 있다.

즉 오일기름이 묻어있는 빨래할 옷을 비누가루가 섞인 비눗물에 담구었을 때 스테아르산 나트륨($CH_3(CH_2)_{16}COO^-Na^+$)과 같은 비누분자가 빨래의 때오일과 물사이의 계면으로 이동하여 흡착하여 단분자막을 만든다. 즉 친수기인 $-COO^-$ 음이온은 수화반응을 하므로 물층으로 향하고 비극성의 친유기인 $-CH_3(CH_2)_n$가 옷의 천에 묻어있는 기름때인 오일층으로 향하여 막을 형성하는 흡착을 하여(2) 심하게 교반시키면 기름때의 방울로 분해되어 나와 섬유(옷감천)로부터 기름때가 떨어져 분리된다.(3) 제거된 후에는 섬유면에 세제가 흡착되어 기름때의 재오염을 방지한다.

이때 섬유천으로부터 떨어져 나온 기름때 오일방울(유적)은 수화된 비누

분자에 의해 둘러싸이게 되어 오일방울의 외부는 물과 상호작용을 하고

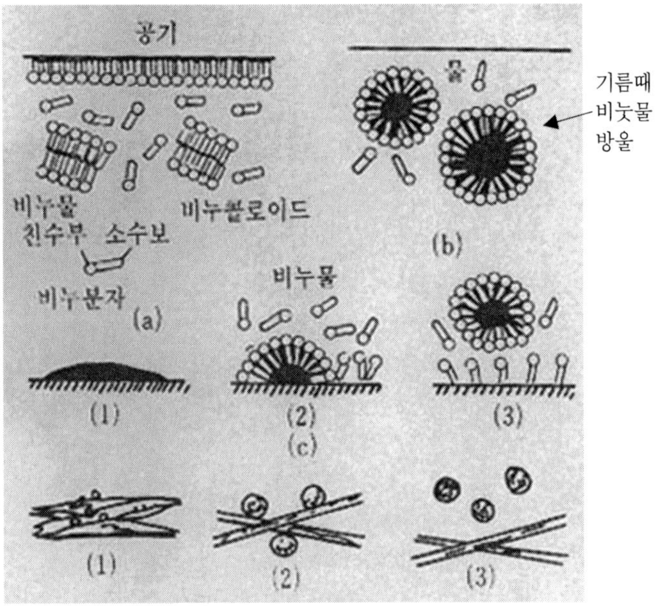

그림 6-2 비누의 세척 작용

(a) : 비누 분자 (b) : 비누물에서 생기는 기름방울

(1)물속에 있는 더러운 섬유 (2)비누물 속에 담근 섬유

(3)흔들어 기름방울을 섬유에서 떼어버린다.

있는 친수기인 $-COO^{-}Na^{+}$기로 덮여져 있으므로 이들 방울은 다시 모여질 수 없게 된다. 충분한 기름때 비눗물 방울을 행구어 내 버리면 오일은 제거되고 깨끗하고 물에 젖은 섬유표면만 남게 된다.

화장비누 : 일반적으로 화장비누에는 어떤 충진제도 첨가되지 않으며 만약 있다면 최소량의 염기가 포함된다. 흔히 비누화 과정에서 생성되는 글리세롤이 비누에 상당량 남게 되고 비누를 고형체로 만들기 전에 향료 염료 약제 등을 첨가한다. **경수비누**는 스테아르산과 같은 비교적 긴 사슬의 지방산 나트륨염이 상당량 존재할 때 얻어진다. **연수비누** 또는 액체비누는 지방산의 사슬길이가 짧을 때 유동성이 증가되므로 이러한 지방산을 수산화칼륨으로 비누화시켜 얻는다.

C_{12} 또는 그 보다 더 짧은 사슬의 지방산으로 만든 연수비누는 피부를 자극시킬 뿐 아니라 더욱이 휘발성이 높고 냄새 때문에 이용하지 않는다. 스테아르산(18개 탄소원자)보다도 더 긴 사슬의 지방산으로 만든 경수비누는 불용성의 성질을 갖는다.

샴 푸 : 머리를 감는데 사용하는 샴푸는 흔히 여러 가지 요구 조건을 만족시켜 주기 위하여 만드는 몇 가지 성분들의 혼합물이다. 디에탄올아민과 라울산의 축합생성물이 흔히 이용되는데 이들은 주로 다음과 같은 반응으로 얻을 수 있는 일종의 아미드세제이다.

$$HN(CH_2CH_2OH)_2 + CH_3(CH_2)_{10}COOH \longrightarrow CH_3(CH_2)_{10}\overset{O}{\overset{\|}{C}}-N(CH_2CH_2OH)_2 + H_2O$$

디에탄올아민   라울산   아미드세제(샴푸)   물

몇몇 샴푸 첨가제는 음이온 세제를 포함하고 있는데 이 세제는 양이온 세제보다 눈에 해를 적게 주는 장점이 있는데 다음과 같은 분자식을 갖는 라우릴황산나트륨($CH_3(CH_2)_{11}OSO_3^{-1}Na^+$)은 음이온 세제의 한 예이다. 만약 사용된 샴푸를 완전히 제거한다면 머리칼은 부드럽고 윤기가 나게 될 것이다. 음이온 세제를 양이온 세제(약 1% 용액)로 씻으면 음이온이 중화되므로 제거할 수 있는데 이 때 사용하는 양이온세제는 눈에 해를 주므로 씻는데 주의해야 한다.

또한 샴푸에는 경수에 존재하는 칼슘이나 마그네슘 이온 침전물을 형성하지 못하도록 하는 EDTA(에틸렌디아민 사아세트산)라고하는 배위자 화합물을 첨가시킨다. 또한 라놀린과 미네랄오일은 가끔 두피가 마르지 않고 비듬이 쌓이지 않도록 하기 위해 첨가된다.

6-4 합성세제

비누와 같이 친수기와 친유기를 갖고 계면에 흡착하여 그 성질을 변하시키는 물질을 표면 활성제 중에 **계면활성제**라 하는데 물중에서 계면활성을 나타내는 이온의 성질에 의하여 양이온,음이온,양쪽성,비이온계면활성제로 분류한다. 계면활성제의 대부분이 합성세제인데 그 특성을 각각 알아보

기로한다. **비누**는 약 알카리성으로 온천이나 해수에 사용하면 그 물중에 Ca^{2+} Mg^{2+} 또는 Fe^{3+}이온과 반응하여 침전되므로 그 침전물은 세척작용을 하지 않고 오히려 세탁물에 달라붙으므로 이들 이온의 존재는 바람직하지 못하여 세척력을 저하시킨다. 이와같은 비누의 단점이 있는반면 **합성세제**는 물 중에서 중성으로 세척작용을 갖도록 고안된 유기분자들로부터 만들어진 것으로 합성세제는 경수에 존재하는 Ca^{2+} Mg^{2+} 또는 Fe^{3+} 양이온과의 반응이 비누보다도 훨씬 약하므로 경수에서는 합성세제가 비누보다도 더 효과적이다. 시장에서 판매되고 있는 합성세제는 여러 종류가 있는데 그들의 분자구조는 기름에 잘 녹는 긴 사슬의 **친유기**($-R(CH_2)n$)와 물에 잘 녹는 **친수기**(친수성)로 구성되어 있다. 친수기에는 황산기($-OSO_{3-}$) 아황산기 ($-SO_{3-}$) 수산기($-OH^-$) 암모늄기($-NH_4^+$) 그리고 인산기($-OPO(OH)_2^{-1}$)등이 있다.

증진제(builders): 많은 합성세제와 비누의 세척효과를 높이기 위해 적당한 무기염을 첨가한다. 트리폴리인산염이 가장 널리 사용되지만 패수중의 인 화합물이 하천이나 호수의 부영양화를 일으켜 플랑크톤의 이상증식을 일으키므로 최근에는 적게 사용하게 되었다.

<표 6-2> 각종의 계면활성제

종 류	구조와 명칭	독성및결점, 용도등
음이온 계면활성제	$RCOONa(R: C_{11}\sim C_{17})$ 비 누	세척에 옛날부터 사용되어 왔으며 미생물에 의하여 용이하게 분해된다.
	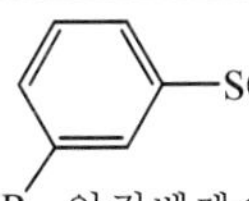 $-SO_3Na(R: C_{11}\sim C_{13})$ R 알킬벤젠술폰산나트륨	합성세제로 가장널리 이용되고있으며 미생물에 의하여 분해되기쉬운 연성세제
	$ROSO_3Na$ 황산알킬나트륨	중성의 수용성으로 양모제품의세척에 사용되었고 샴푸등으로도 사용되었으며 미생물에 의해 쉽게 분해
	$ROPO(ONa)_2$ 인산알킬나트륨	수용액은 중성, 유화제, 분산제로 섬유의 대전방지제로서 이용되었다.

양이온 계면활성제	$RN^{+}(CH_3)_3 \cdot Cl^{-}$ 제4급 암모늄염	셀룰로오즈의 방수제, 유연제와 염색보조제로 사용된다.
	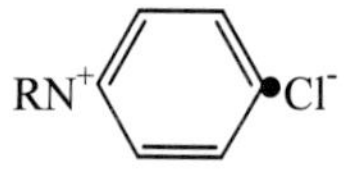 피리티늄염	수용액이 강한 살균작용을 나타내는것(역성비누)이 있고 의료와 식품공업 분야에서 사용됨
양쪽성 계면활성제	$R-N^{+}(CH_3)_2-CH_2CO_2^{-}$ 베다인(betaine)	알카리와 산성으로도 사용된다. 염색보조제 및 섬유의 유연제, 대전방지제로 사용되며 살균제로서 유효한 것도 있다.
비이온성 계면활성제	$R-O-(CH_2-CH_2-O)_n-H$ $R-C(=O)-(CH_2-CH_2-O)_n-H$ 폴리에틸렌 글리콜 유도체	유화제(화장품, 농약, 살충제, 유화중합등)로서 사용된다.

최근에는 무기 중진제로 제올라이트,세스키탄산Na, 개미산Na, 황산Na등을 사용한다. 유기 중진제로는 섬유천으로부터 떨어지는 오염물이 다시 섬유에 붙는 것을 방지하기 위하여 보호콜로이드로서 작용하는 칼복시메틸세루로즈가 사용된다. 그 밖에도 단백질분해효소나 형광증백제 등이 첨가된다.

여기서 **음이온세제**로 사용하는 **라우릴 황산나트륨**의 제법에 관한 화학공정을 한가지 소개한다. 그 중요한 출발물질은 목화씨 또는 코코아 오일과 같은 야채유로서 첫 번째 단계는 **수소화반응**이다.

$$\begin{array}{l} RCOOCH_2 \\ RCOOCH \\ RCOOCH_2 \end{array} + 6H_2 \xrightarrow{\text{촉매}} 3RCH_2OH + \begin{array}{l} CH_2OH \\ HOCH \\ CH_2OH \end{array}$$

$$H_3C-(CH_2)_{11}-OH$$

코코아 오일 / 라우릴알콜 / 글리세롤

둘째 단계는 라우릴 알콜의 탄화수소 사슬 끝에 존재하는 -OH기의 **에스테르화반응**으로 라우릴알콜을 황산으로 처리한다.

$$CH_3(CH_2)_{11}OH + H_2SO_4 \longrightarrow CH_3(CH_2)_{11}OSO_3H + H_2O$$

라우릴알콜　　황산　　　　라우릴수소황산

마지막 단계는 산성의 라우릴수소황산과 수산화나트륨의 **중화반응**이다.

$$CH_3(CH_2)_{11}OSO_3 + NaOH \longrightarrow CH_3(CH_2)_{11}OSO_3^-Na^+ + H_2O$$

라우릴황산나트륨

그 외 음이온 합성세제로 유명한 **알킬 벤젠술폰산나토륨**으로서 벤젠고리에 알킬기를 결합시킨 후 벤젠고리에 황산으로 술폰화시켜 수산화나토륨으로 중화시켜 얻어진다.

모든 계면활성제는 긴 소수성 사슬(-R(CH_2)$_n$)과 물이 강력히 반응하는 친수성극성기(-OSO_3Na)로 되어 있다. 앞에서 언급된 음이온 합성세제 이외에도 탄화수소 사슬 끝에 극성기가 양성이거나 중성인 세제도 있다.

양이온 세제는 거의 4차 암모늄할로겐 화합물($R_4N^+X^-$)로서 여기서 R기 중에서 하나는 긴 탄화수소의 사슬이고 다른 X^-은 -OH기와 Cl^-음이온 등을 포함하고 있다. 이들 기 중에서 수용성 부분은 양(R_4N^+)으로 하전되므로 이들을 때때로 **반전비누**(invert soaps)라고 부른다.

양이온세제 제조는 가끔 현저한 살균성을 나타내며 다음과 같이 아민과 염화알킬을 반응시켜 제조된다.

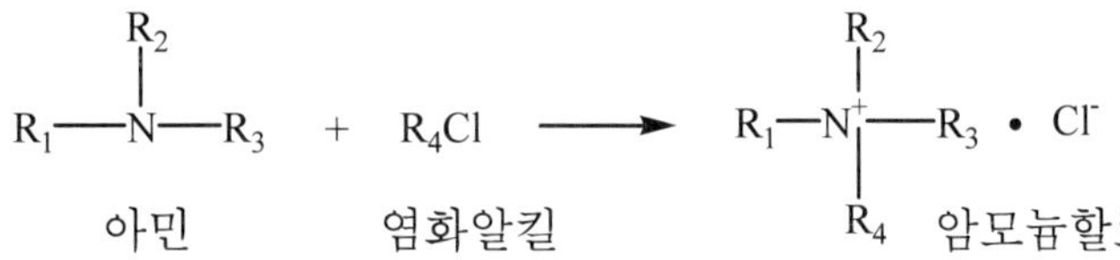

아민　　　염화알킬　　　암모늄할로겐

또한 양이온 세제는 음이온 세제와 양립할 수 없으며 만약 그들을 함께 섞으면 고분자량의 불용성염이 침전되므로 이러한 침전물은 원하는 세제의 성질이 아니다.

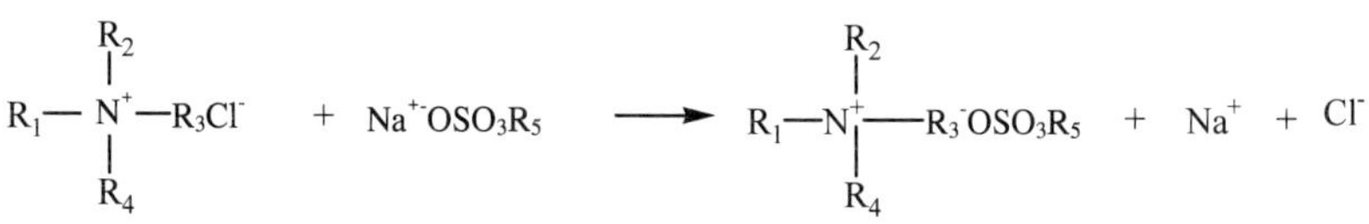

양이온 세제　　　음이온 세제　　　불용성 침전물

비이온성 세제는 극성을 가지나 이온은 아니고 극성이 아주 낮은 유기물질에 결합되어있다. 대표적인 예는 유기산과 에틸렌 산화물의 반응으로 제조된 물질로서 다음과 같다.

$$RCOOH + (x+2)\,CH_2CH_2O \longrightarrow R{-}\overset{\overset{\displaystyle O}{\|}}{C}{-}O{-}(CH_2)_2O\,(CH_2CH_2O)_xCH_2CH_2OH$$

대표적인 비이온성 세제에서 $R=C_{12}H_{25}$이고 X=2이다. 극성이 약한 상당수의 -C-O-C- 결합은 단일 이온기의 극성에 유사한 효과를 나타내므로 이 분자의 말단은 물에 용해된다. 비이온성 세제는 이온성 세제에 비하여 몇 개의 장점을 갖고 있다.

이 비이온성 세제에는 이온성기가 없어 칼슘이나 마그네슘과 염을 형성하지 못하므로 결국 경수에 영향을 받지않는다. 같은 이유로 이 세제는 산과 반응하지 않으므로 강산용액에서도 사용될 수 있다.

흔히 접시를 닦을 때 거품이 없는 세제를 원하는 것처럼 이 세제는 이온성 표면활성제보다도 훨씬 적은 거품을 만든다. 그러나 이 비이온성세제의 한가지 결점으로 사용하는데 어려움이 따른다. 즉 이 세제는 고체분말로 건조될 수 없으므로 실온보다도 낮은 녹는점을 갖는 **중액체**(Heavy liquid)로 거의 액체 형태로 이용된다.

6-5 치아세제 : 치 약

치아를 깨끗하게 하기 위해서 치약이 필요한데 이것이 치아표면에 붙어있는 원하지 않는 물질들을 제거하는 단단한 연마제와 세제의 혼합물이다. 치아 에나멜의 구조는 기본적으로 탄산칼슘($CaCO_3$)과 수산화 인회석 [$Ca_{10}(PO_4)_6\ (OH)_2$]으로 이루어진 암석과 같다. 인체에서 가장 단단한 물질임에도 불구하고 치아 에나멜은 산에 의해 쉽게 공격받는다. 몇몇 음식물은 분해되면서 산을 생성하므로 치아를 깨끗이 유지하는 것이 매우 중요하다. 이를 닦고 얼마 지나지 않아 침에서 나온 단백질로 이루어진 투명한 막이 치아와 잇몸을 둘러싸기 시작한다. 이 막은 음식물 찌꺼기가 모이며 따라서 구강 박테리아가 번식하는 장소가 된다. 이 박테리아들은 당의 분해물인 덱스트린을 산으로 변화시킨다.

동시에 박테리아와 음식물 찌꺼기 및 그 분해물들로 이루어진 단단한 막이 형성되기 시작한다. 음식물 찌꺼기에 붙은 박테리아로 이루어진 단백질막이 더 단단해 지면 이것이 플라그(plug)가 된다. 칫솔질로 치아와 잇몸에 생성된 플라그를 주기적으로 완전히 제거하지 않으면 산과 다른 유해한 물질이 계속 생성되어 결국은 치아나 뼈가 상하게 된다.

치아에서 제거되지 않는 플라그는 침 속의 무기물에 의해 석회질로 변하여 치석을 생성한다. Sodium pyrophosphate($Na_4P_2O_7$)는 치석이 쌓이는 원인인 무기물 결정의 생성을 방해하기 때문에 치약에 함유되어 치석을 예방한다. 치석은 잇몸 속에서 플라그의 성장을 쉽게 해주기 때문에 잇몸이 붓거나 병에 걸리게 한다. 치과의사나 치위생사들만 잇몸 속의 치석을 제거할 수 있다. 플라그나 플라그 박테리아에 의해 생성된 산의 계속된 접촉으로부터 치아를 보호할 땐 단단하고 건강한 치아를 유지할 수 있다.

치약의 두가지 **주요한 성분**은 연마제와 세제인데 치약에 함유된 연마제는 치아표면의 불순물을 제거하며, 세제는 제거된 입자들을 물로 세척시 잘 떠내려 가도록 도와준다. 치약용 **연마제**로는 일반적으로 수화실리카($SiO_2 \cdot nH_2O$),수화알루미나($Al_2O_3 \cdot nH_2O$) 탄산칼슘($CaCO_3$)이 사용된다. 이들 연마제는 치아표면의 오염물을 제거할 만한 강도를 가지나 치아를 다치지 않게 할 연성을 가져야 하기 때문에 연마제의 선택이 어렵다.

치약에 첨가하는 **세제**로는 황산라우릴나트륨($CH_3(CH_2)_{11}OSO_3Na$)과 같은 세제가 훌륭한 세제이다. 치약의 필수성분들은 딱 정해져 있지 않기 때문에 각종 향, 감미제, 농화제, 그리고 색깔을 넣어 우리의 감각에 좋도록 한다. 치약에 사용되는 가장 일반적인 향은 스피아민트, 페퍼민트, 그리고 계피향이 있다.

박테리아가 치아의 작은 균열이나 틈새에서 음식물 찌꺼기를 먹고 이로부터 치아 에나멜을 공격하는 산을 생성하면 치아는 손상되기 시작한다. 다행히 **불소음이온**(F^-)을 치아에 공급하여 치아손상에 좀 더 잘 견디도록 치아 에나멜 구조를 조절할 수 있다.

그러므로 불화주석(SnF_2)이나 불화인산 나트륨(Na_3FPO_3)과 같은 화합물을 치약에 첨가하여 묽은 농도의 불소이온을 공급하면 이중 일부가 수산화 인회석구조의 수산이온과 치환되어 불소화인회석[$Ca_{10}(PO_4)_6F_2$]을 생성한다. 이 불소이온은 음전하가 강하므로 구조 내에서 보다 강한 이온결합을 형성할 수 있어 수산화인회석에 비하여 강도가 높아 산의 공격에 더 잘 견디어 치아손상이 적다.

이와같은 이유로 미국내의 상수도에도 불소이온이 함유되어 있다. 불소이온의 농도가 1ppm이면 안전하고 효과적으로 치아손상을 막는다. 미국내에서 판매되는 치약의 80% 이상이 어떤 형태로든 불소이온을 함유한다.

치아손상보다 잇몸병에 의한 치아질환이 더 많다. 잇몸병은 적당한 맛사지의 부족, 잇몸 속의 불순물 침전, 박테리아에 의한 감염, 그리고 영양부족 등에 기인한다. 따라서 치약에 과산화물과 같은 향균제를 첨가하는 등의 노력이 경주되고 있다.

6-6 표백제

표백제는 직물에 묻어 있는 불순 색깔을 제거하기 위해 사용되는 화합물을 말하는데 초기에는 직물을 햇빛과 공기에 노출시켜 표백하였다. 대부분의 산업용 표백제는 하이포아염소산 나트륨과 같은 산화제이다. **광표백제**가 직물 또는 종이에 처리되어 결합할 때 그 물질은 더욱 밝고 희게 보인다. 이와같은 섬유직물에 눈에 보이지 않는 자외선이 조사되면 이 표백제와 충돌하여 청색 또는 청색-녹색의 가시광선으로 변화시킨다. 이들 화합물은 옷을 깨끗하게 하는 작용을 하므로 상업적인 세탁용과 세제용으로도 이용된다.

1786년에 불란서 화학자 Berthollet는 염소에 의한 표백작용을 소개하였는데 이 과정에서 생성된 차아염소산 나트륨은 염소기체를 수용성 수산화나트륨 수용액에 통과시켜 제조한 것이다. 즉

$$2\ NaOH_{(aq)} + Cl_{2(g)} \longrightarrow NaOCl_{(aq)} + NaCl_{(aq)} + H_2O_{(l)}$$

그 직후에 직물 표백제로 과산화수소가 소개되었고 염소를 이용한 수많은 다른 종류의 산화제가 개발되었다.

유색물체들은 가시광선 영역의 여러 파장의 빛을 흡수하는 분자구조를 가지기 때문에 색깔을 낸다. 빛을 흡수하는 이러한 분자들은 쉽게들뜬상태로 되어 유동전자를 가진다. 그러므로 유색물질을 탈색시켜 유동전자가 없

는 백색물질로 만드는 한 가지 방법은 가시광선의 조사에 의해 활성화된 유색물질에서 이 유동전자를 제거산화 시키거나 고정시키는 OCl^- 이온의 분해(차아염소산음이온) 환원작용이다.

즉 한 예로서 차아염소산 음이온이 유색 물질에서 전자를 제거 산화시키는 작용을 하는 과정에서 차아염소산 이온 자신은 발생된 이 유동 전자를 얻어 염소이온과 수산이온으로 환원된다.

유색물질(때) — $2\ e^-$ → 백색물질(유동전자가 없는) : 광조사 산화

$OCl^-_{(aq)} + H_2O_{(l)} + 2\ e^- \rightarrow Cl^-_{(aq)} + 2\ OH^-_{(aq)}$: OCl^- 환원

6-7 얼룩 제거제

얼룩 제거과정은 용해도나 화학반응에 근거를 두는데 초코렛이나 지방질 음식물에 의한 얼룩은 테트라클로로에틸렌($Cl_2C{=}CCl_2$)과 같은 드라이클리닝 용매로 용해시켜 제거될 수 있다. 만일 그러한 용매로도 잘 제거되않는 얼룩은 얼룩제거제의 주요성분과 얼룩 사이의 화학반응을 이용한다. 대표적인 예로서 **요오드(I_2)의 자주색얼룩** 제거는 티오황산나트륨($Na_2S_2O_3$)의 진한 용액으로 수용액에서의 반응은 다음과 같다.

$$I_2 + 2\ Na_2S_2O_3 \longrightarrow 4\ Na^+ + 2\ I^- + S_4O_6^-$$

요오드자주색얼룩 **용해하여 무색으로 탈색**

철 녹물의 붉은얼룩은 옥살산으로 처리하면 제거할 수 있는데 이때 옥살산은 철과 반응하여 연한 녹색의 착화합물음이온을 형성하거나 인산으로 처리하면 무색이온으로 분해된다.

$$Fe_2O_3 + 6\ H_2C_2O_4 \rightarrow 2\ Fe(C_2O_4)_3^{3-} + 6\ H^+ + 3\ H_2O$$

$$3\ Fe_2O_3 + 4\ H_3PO_4 \rightarrow 2\ Fe_3(PO_4)_2 + 6\ H_2O + 3/2\ O_2$$

곰팡이 얼룩은 과산화수소 또는 세탁표백제(차아염소산 나트륨)로 처리하면 곰팡이 균이 산화되어 제거할 수 있다.

면에 묻은 **피 얼룩**도 차아염소산 용액으로 처리하면 제거되나 표백제는 양모의 펩티드사슬에 있는 질소원자와 화학적으로 반응되므로 양모에는 사용할 수 없다. 얼룩을 제거하는데 사용되는 몇 가지 종류의 화학약품을

아래 표에 나타내었다.

<표 6-3> 얼룩과 얼룩제거제

얼룩의 종류	얼 룩 제 거 제
커 피	하이포아염소산 나트륨
립스틱	이소프로필 알콜, 이소아밀 초산, 클로로포름
녹과 잉크	옥살산, 메틸알콜, 물
항공기 시멘트	아세톤, 50/50 톨루엔과 초산아밀
아스팔트	벤젠, 이황화탄소
피자국	물, 과산화수소
딸기, 과일	과산화수소
풀	알콜, 하이포아염소산 나트륨, 50/50 벤젠과 초산아밀
손톱 광택제	아세톤
겨 자	알콜, 하이포아염소산 나트륨
땀 제거제	수산화암모늄
음료수	하이포아염소산 나트륨
담 배	하이포아염소산 나트륨

제 7 장

화장품의 작용

오래 전부터 화장품은 피부를 깨끗이 하여 아름답게 하거나 소독할 때나 외모를 꾸미거나 향수를 사용할 때에도 화학제품인 화장품을 사용해왔다.

비록 법규에 의해서만이 구별이 되겠지만 화장품은 신체기능을 변화시키기 위하여 이용하는 약과는 개념적으로 다르다. 그와 같은 개념으로 볼 때 땀을 피부로부터 덜 나오게 하는 발한억제제(antiperspirants)는 비록 화장품의 일종이라고 규정짓지만 피부관리 약의 일종이다.

화장품에 대한 화학적 지식은 이들 재료를 사용할 때 상당한 도움이 될 수 있다. 첫째, 화장품을 사용할 때 수반되는 화학적 효과를 이해하면 화장품 선택에 도움이 될 것이다. 둘째, 성분이 우수한 화장품이 어떤 상표로서 팔리고 있을 때 같은 성분의 화장품이 다른 상표로서 몇 배의 가격으로 판매될 수도 있다. 셋째, 알레르기반응에 대한 화학약품으로 만든 화장품을 사용할 때 안전한가 아니면 위험한가를 우리의 이해 수준으로도 개인적으로 평가할 수 있을 것이다.

7-1 피부, 머리칼, 손톱의 특성

피부, 머리칼과 손톱은 단백질 구조로 주로 되어 있는데 그 중에서 **피 부**는 신체의 다른 기관과 같이 균일한 조직으로 구성되어 있지 않으며 그 구조에 따라 몇 가지 기능을 가지고 있다. 즉 보호 감각 분비 와 체온 조절 등의 기능을 갖고 있으며 표피의 각막층(각질)은 주로 10% 정도의 수분량을 갖고 있는 죽은 세포로 구성되어 있으며 이 층의 단백질은 약 22개의 서로 다른 아미노산으로 구성된 각질로 물에 불용성이지만 물이 약간 삼투된다.

건피부는 부드러운 느낌을 주지 않는 반면에 너무 젖은 피부는 균류의 좋은 서식처가 된다. **피지선**에서 분비되는 끈끈한 분비액은 과다한 수분 손실을 막는데 이러한 분비작용이 없으면 건성피부가 되는데

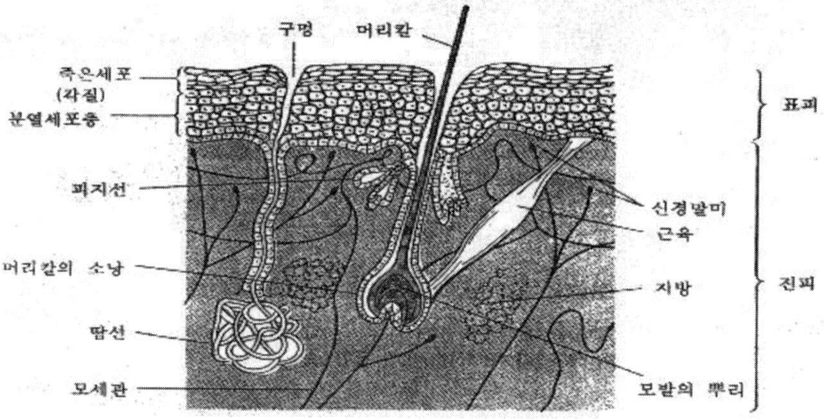

그림 7-1 피부의 단면

이 피부가 건조되어 갑작스럽게 허물이 벗겨지지 않도록 각막층의 수분량을 조절하기 위한 습윤제를 피부에 발라야 한다. 정상적인 피부는 pH가 4.0으로 약산성이다.

머리칼은 주로 각질로 구성되어 있는데 머리칼의 각질과 그 외 다른 단백질과의 차이점은 아미노산의 일종인 시스틴의 양이 다르다는 것이다. 즉 피부등의 각막세포의 각질 중에서 시스틴은 2.3%~3.8% 뿐인데 비하여 머리칼 단백질 중에서 시스틴은 약 16%~18%로 아주 많은 것은 머리칼 구조에서 중요한 역할을 한다.

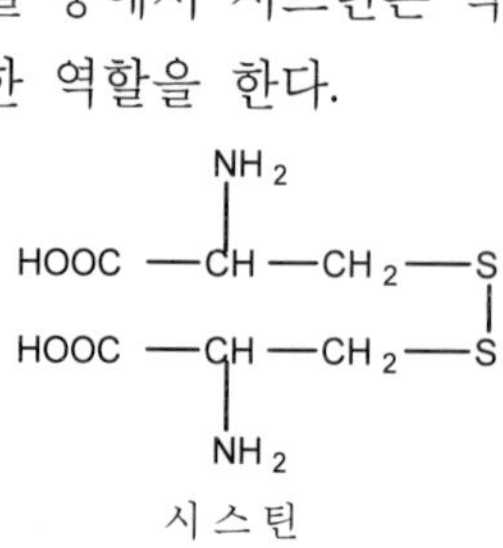

시스틴

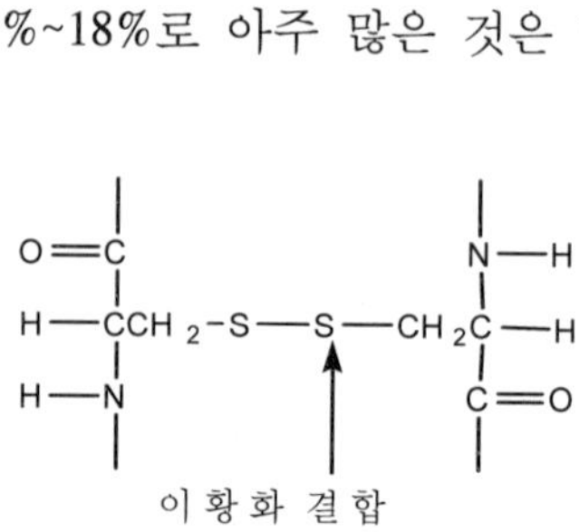

이황화 결합

피부와 머리칼이 다같이 딱딱한 것은 수소결합과 같은 서로 다른 단백질 사이의 다리결합과 **이황화결합**이라고 부르는 —S—S—결합 때문이다. 모든 단백질과 각질에서 중요한 두 단백질 사슬 사이의 또 다른 형태의 다리결합은 이온결합이다. 라이신(Lysine)의 아민기 $-NH_2$와 이웃 단백질 사슬에 있는 글루탐산의 카르복실기 -COOH 사이의 상호작용을 고려해보면 pH 4.1의 산성에서 -COOH기에서 양성자(H)가 이동하여 $-NH_2$기에 첨가되므로서 $-NH_3^+$와 $-COO^-$기와 같이 두 하전된 기가 가까이 접근하게 되면 **이온결합**이 이루어진다. 만약 pH가 4.0 이상이 되면 각질은 팽윤되고 가교결합이 붕괴되어 부드러운 형태로 된다. 이러한 과정이 모발에 관한 화학의 주요 현상이다.

손톱과 발톱은 매우 조밀한 단백질인 각질로 구성되어 있으며 이들 표피세포는 손톱이나 발톱의 끝 부분에 있는 하얀 초승달 모양 밑에 있는 상피세포(epithelial cell)로부터 생장한다. 머리칼과 같이 성장세포 이외의 손톱 조직은 죽은 세포이다.

뼈와 치아에 포함되어 있는 광물의 함량 또는 딱딱한 부분은 두 가지 칼슘화합물로 구성되어 있다. 탄산칼슘은 뼈와 치아에서 결정형으로 존재하는데 광물학자들은 이를 **산석**(aragonite)이라고 하고 치아에서 발견되는 또 하나의 칼슘화합물은 수산화삼인산오칼슘($Ca_5(OH)(PO_4)_3$)으로 **인회석**(apatite)이라고 한다.

7-2 피부용 화장품

건강한 피부를 유지하기 위하여 피부의 수분함량을 약 10%정도 유지해야 한다. 만약 수분함량이 그 이상일 경우에는 미생물이 너무 쉽게 자라고 수분함량이 너무 작으면 각막층이 얇은 조각으로 벗겨진다. 그러므로 피부위에 유출된 지방분을 닦아냄으로서 수분함량을 적절히 유지시킬 수 있다. 만약 건 피부를 수세한 후 지방분을 바르면 천연지방이 재생될 때까지 피부가 보호될 것이다.

피부완화제 : **라놀린**(Lanolin)은 우수한 여러 종류의 화장품 성분으로

사용되는 수화된 양모 지방의 에스테르 혼합물로서 33개의 서로

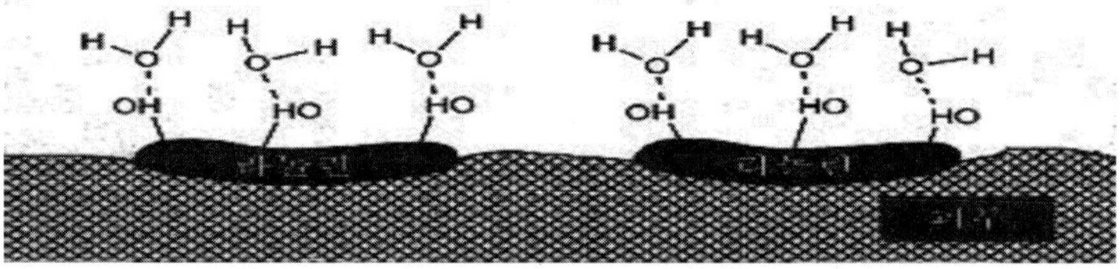

<그림 7-2> 라놀린의 수산기와 물과의 수소결합

다른 고분자량의 알콜과 37개의 지방산 에스테르 화합물이다.

라놀린의 알콜 성분인 콜레스테롤은 유리상태 또는 에스테르 형태로서 존재한다. 콜레스테롤은 지방혼합물이 흡수성을 가질 수 있도록 해주므로서 라놀린이 우수한 완화제로서 작용하게 된다.

특히 유리상태의 알콜 성분이 많이 포함된 콜레스테롤이나 하이드록시산 에스테르인 라놀린은 -OH기를 가지므로서 이들은 물과 수소결합(피부를 촉촉하게 유지시킴)을 하고 피부내에 수분을 보유케 한다(지방산과 에스테르 탄화수소 구조).

크 림 : 크림은 일반적으로 물에 오일이 부유해 있는 형태(oil-in-water type)이거나 오일에 물이 부유해 있는 형태의 **에멀젼**이다. 에멀젼은 단순히 어떠한 액체에 다른 액체가 부유해 있는 **콜로이드 써스펜젼**이다. 물에 오일이 부유해 있는 에멀젼은 물에 오일이나 왁스 성질의 작은 방울이 분산되어 있는 것(예;균일한 밀크)이고, 오일에 물이 부유해 있는 에멀젼은 오일에 작은 물방울이 분산되어 있는 것(예;천연석유와 용해된 버터)이다. 물에 오일이 부유해 있는 에멀젼이 손에 묻어 있을 경우에는 쉽게 물로 씻어낼 수 있으나, 오일에 물이 부유해 있는 에멀젼은 손을 끈끈하게 하고 물이 섞이지 않는 표면을 갖고 있으므로 제거하기가 어렵다.

콜드크림은 원래 알몬드기름과 밀납의 혼합물에 부유해 있는 장미수(Rose water)의 에멀젼으로 이 에멀젼을 더욱 안정한 상태로 유지하기 위하여 다른 성분들을 첨가한다. 그 예로 개량된 콜드크림의 성분은 알몬드

오일 35%, 밀 12%, 라놀린 15%, 고래 오일 8%,강한 향기의 장미수 30%로 되어있다. 라놀린은 에멀젼을 안정하게 하는 물질이며 항상 피부의 습기를 유지할 수 있도록 해주는 오일 제품의 습윤제이다.

바니싱 크림은 스테아르산이 물에 부유해 있는 써스펜젼으로 성분들이 서로 분리되지 않도록 안정제를 가한다. 안정제로는 스테아르산 칼륨이 이용된다. 이들 크림은 실제 소멸되는 것이 아니라 단순히 부드럽고 엷게 피부를 덮어 퍼져나갈 뿐이다. 여러 종류의 크림은 다른 화장품 제조에 기본물질로서 이용된다. 그 외 성분은 크림에 여러 가지 성질을 주기 위하여 첨가되는데 예로써 수화된 염화알루미늄은 방취제로서 크림 제조시에 첨가된다.

선텐 로숀 : 피부에 해를 주는 것 중의 하나는 햇빛 중에서 단파장인 **자외선**이다. 파장이 짧을수록 더 해로운 단파장의 빛을 차단시키는 것이 바람직하며 적은 에너지를 가지고 있는 더 긴파장의 자외선을 투과시키면 점점 햇빛에 타서 황갈색으로 변한다. 여러 종류의 썬텐로숀 제품들은 햇빛 중에서 단파장 고에너지의 자외선만을 선별적으로 차단시켜 주는 로숀을 사용하면 엷은 색의 피부를 황갈색으로 물들게 해주는 제품에까지 다양하다.

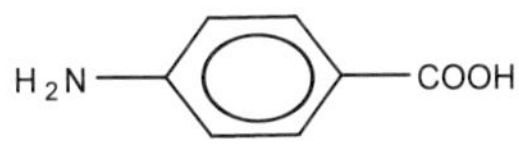

p-아미노벤조산

자외선을 여과시켜주는 선텐로숀을 **햇빛 차단막**이라고 기술하는 것이 더 정확한데 이들 성분은 여러 물질을 혼합시킨 혼합물로서 햇빛을 차단시키는 효과와 피부를 황갈색으로 만들게 하는 효과를 가지고 있다. 햇빛에 타는 것을 막기 위해 만든 제품들에 포함되어 있는 공통적인 성분은 p-아미노벤조산이다. 이 산은 대부분의 방향족 화합물과 같이 자외선 스펙트럼 영역을 강력히 흡수한다. 햇빛에 피부를 태우면 피부가 자극되어 **멜라민 색소**의 생성이 증가되는 동시에 피부는 두꺼워지나 피부 깊숙히는 태워지지 않는다. 다른 파장에서도 흡수가 일어나지만 지상에서 받은 자외복사선은 308nm에서 최대 흡수가 일어난다.

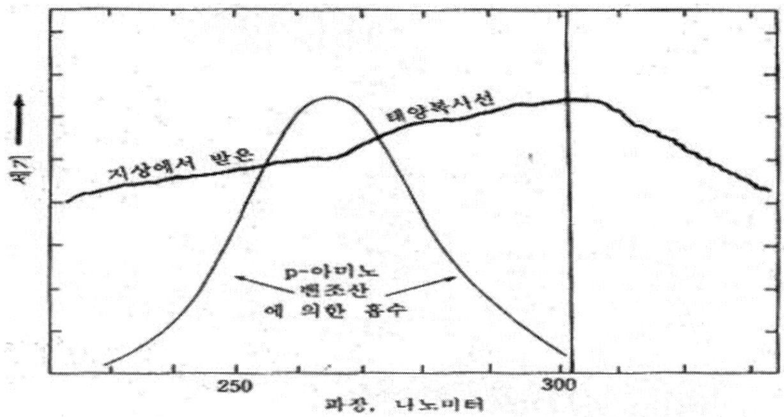

<그림 7-3> p-아미노벤조산과 지상의 태양 흡수스펙트럼

화장분 : 화장분은 오일분비물을 덮어 피부가 부드러운 상태가 되도록 사용되어 지는데 만약 그렇게 되지 않는다면 피부는 기름끼로 번쩍거리는 모양이 될 것이다. 분가루는 어느 정도 은폐능력을 가지고 있으나 만약 너무 많이 발라서 윤기가 나지 않는다면 화장분이 선명하게 보일 것이다. 고착성질과 피부 분비물의 흡수 그리고 확산 능력을 가진 분가루는 몇 가지 성분으로 구성되어 있다. 대표적인 분가루의 구성 성분은 다음과 같다.

<표 7-2> 화장분의 구성성분

활석	흡수제	56%
침전된 백악(Chalk)	흡수제	10%
산화아연	수렴제(Astringen)	20%
스테아르산 아연	접합제	6%
향료, 염료	향기와 색깔	미량

7-3 모발의 미용

인간이 머리칼을 가지거나 착색 또는 어떤 모양으로 단장하는 것은 사람마다 서로 다른 개인적인 취향의 문제이다. 피부에서 털이 생장하거나 태어날 때부터 머리칼이 생기는 것 등을 제외하고는 이들 조건을 변형시키는데 화학적인 방법이 유용하다.

헤어스타일의 변화 : 머리칼이 젖어 있을 때는 중성인 물에 의하여 이온결합이 약해져서 각질이 팽윤되므로 건조해 있을 때보다 길이가 한배반 정도 길어진다. 머리칼에 있는 두 단백질 사슬 사이에서의 이황화 가교결합을 상상해 보자. 뜨거운 롤러(Roller)로 머리칼을 감으면 가교점에서 장력이 생기게 된다(b). 그러나 머리칼을 차게 하면 가교결합이 환원제에 의하여 깨지게 되고(c) 장력이 느슨해진다.

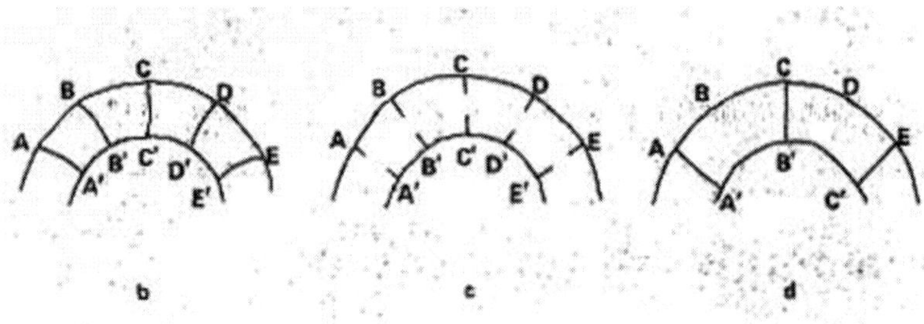

<그림 7-4> 파마 머리카락의 구조변화

다시 뜨거운 롤러로 가열하면 산화제는 가교결합을 재생시켜(d) 머리칼은 다시 롤러의 형태로 되어진다. 가장 흔히 사용되는 환원제로는 티오글리콜산이며 산화제로는 과산화수소(H_2O_2), 붕산나트륨($NaBO_2 \cdot 3H_2O$)과 브롬산나트륨이나 칼륨을 포함된다. 전형적인 중화제 용액에는 한가지 또는 그 이상의 물에 용해된 산화제가 포함되어있다. 산화용액내에 물과 강염기가 존재하면 이웃 단백질 분자 사이에서 일어나는 수소결합을 절단시키거나 재결합시키는데 도움이 된다. 그러나 강염기를 너무 자주 사용하면 머라카락이 부서지고 탄력이 없어진다. pH, 향기, 색깔을 조절하기 위해서 산화와 환원용액에 여러 가지 첨가물을 넣는다.

머리를 마는데 사용되는 로숀에는 환원제인 5.7% 치오글리콜산, 2.0% 암모니아, 92.3% 물이 포함되어 있다.

착색과 표백 : 머리칼에는 두가지 색소인 갈색-흑색의 멜라닌과 철을 포함하고 있는 적색 색소가 포함되어 있다. 실제로 이들의 상대적인 양에 따라 머리칼의 색깔이 결정된다. 짙은 검은 머리칼에는 멜라닌이 지배적이고 밝은 금발색에는 철색소가 지배적이다. 그리고 색깔의 깊이는 색소 미립자의 크기에 따라 좌우된다.

머리칼 염색에는 머리칼 표면에만 작용하는 수용성 염료로 착색시키는 일시적인 착색법과 머리칼 섬유에까지 침투되는 염료에 의한 반영구적인 착색법이 있다. 이 영구염료는 유기용매에 용해되는 염료인 코발트 또는 크롬 착물로서 산화염료이다. 이 염료는 머리칼에 침투하여 영구적으로 화학결합 되거나 또는 반응하는 분자보다도 용해성이 적은 색체 물질이 되도록 산화된다. 영구적으로 머리칼을 검게 염색시키는 영구 염료는 페닐렌디아민의 유도체가 머리를 검게 해준다. 금발색 염료에는 p-아미노디페닐아민술폰산 또는 p-페닐렌디아민술폰산이 포함되어 있다.

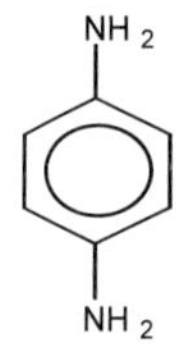

p-페닐렌디아민(검은색)

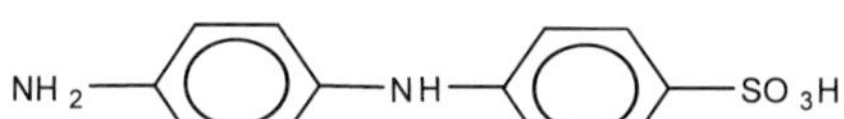

p-아미노디페닐아민술폰산(금발색)

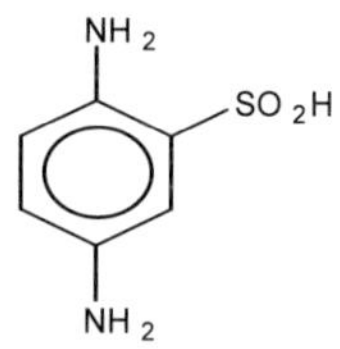

p-페닐렌디아민술폰산

이러한 활성적인 화합물들은 수용성 비누에 이용되거나 또는 용액을 염기성으로 만들기 위해 암모니아를 포함시킨 세제용액에 이용된다. 이때 염료의 발색기 $-NH_2$는 과산화수소에 의하여 산화되어 색깔을 잃어버리게 되어 $-NO_2$로 된다.

$$\underset{\text{아민}}{-NH_2} + \underset{\text{과산화수소}}{3H_2O_2} \xrightarrow{\text{암모니아}} \underset{\text{니트로 화합물}}{-NO_2} + 4H_2O$$

즉 머리칼은 위 반응과 같이 진한 과산화수소 용액으로 표백될 수 있는데 이 때 산화반응에 의해서 머리칼 색소가 파괴된다. 여기서 사용되는 용액은 과산화물의 산화력을 증진시키기 위하여 암모니아로 염기성이 되게 한다.

이러한 극단적인 처리는 머리칼의 색깔을 변화시킬 뿐만 아니라 구조를 파괴하여 머리칼이 부스러지고 거칠어지게 한다.

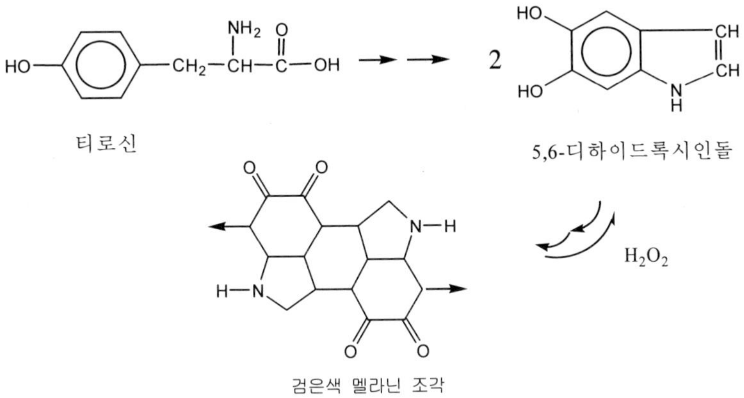

<그림 7-5> 과산화수소의 산화에 의한 표백

헤어 스프레이 : 헤어 스프레이는 주로 수지를 휘발성 용매에 녹인 용액으로 사용 목적은 머리칼에 분무시켰을 때 용매는 증발되고 수치가 머리칼을 고정시키기에 충분한 힘을 가진 막을 만드는데 있다.

헤어스프레이에 흔히 사용되는 수지는 부가중합으로 만들어진 폴리비닐피로리돈(PVP) 고분자 물질이다.

또한 수지는 가소제, 방소제 그리고 용매-포사제(solvent-propellant)등과 혼합된다. 이때 가소제는 프라스틱이 더 유연성을 갖도록 해주고 실리콘 오일과 같은 첨가제는 머리칼이 광택을 내도록 하며 헤어스프레이에 포함된 수지 농도는 약 40% 정도이다.

PVP는 습기를 흡수하는 경향을 가지므로 흡수성이 훨씬 적은 고분자를 헤어스프레이에 첨가시키고 있다. 예로써 비닐피로리돈과 초산비닐을 60/40의 비율로 혼합시켜 만든 혼성중합체는 효율적인 습기 조절제로 이용된다.

발모제 : 미녹시딜(minoxidil)은 혈압을 감소시키는데 사용되는 말초혈관 확장제로서 피부에 이용할 때 이 화학약품은 머리칼 선관(hair folicles)이 있는 곳의 가늘고 연약한 머리칼의 성장을 촉진시켜 준다. 만약 복용할 경우에는 신체가 넓어지는 효과를 가지는데 비록 일시적이지만 그 효과는 인간의 머리칼 성장을 조절할 수 있는 가능성을 주는 것이다.

탈모제 : 탈모의 목적은 화학적으로 머리칼을 제거하는 것이다.

탈모제를 바르는 간격은 일주일간 또는 그 이상이 되어야한다. 감염되었거나 발진이 있는 피부에는 절대로 사용해서는 안되며 더욱이 수축성 방취제를 사용한 후에는 탈모제를 이용해서는 안된다. 만약 땀구멍이 방취제로 막힌다면 부식성 약품이 잔류하여 상당한 해를 가져올 것이다. 그러나 땀구멍이 열려 있다면 신체의 액체(body fluids)는 부식성 약품을 희석시켜 몸밖으로 씻어내게 할 것이다.

탈모제로 사용되는 화학약품에는 황화나트륨, 황화칼슘, 황화스트론튬(수용성 유기화합물), 티오글리콜산 칼슘($Ca(HSCH_2COO)_2$), 그리고 단백질 사이의 S-S결합을 끊는데 사용된 칼슘염 등이 포함된다.

전형적인 **크림탈모제**에는 티오글리콜산 칼슘(7.5%), 탄산칼슘(충진제,20%), 수산화칼슘(염기성 용액을 만듬), 세틸알콜($CH_3(CH_2)_{15}OH$),피부조절제(6%), 라우릴술폰산나트륨(세제, 0.5%) 그리고 물(64.5%)등이 포함되어 있다.

수용성 황화물(Na_2S등)은 물에서 가수분해되어 강염기를 나타낸다.

$$\underset{\text{황화물}}{S^{2-}} + H_2O \longrightarrow HS^- + \underset{\text{수산화물}}{OH^-}$$

즉 0.1M Na_2S 수용액은 대략 pH가 13으로서 강염기성 용액이다. 이 화합물은 화학적으로 머리칼의 단백질 사슬 사이의 결합을 분열시키는 작용을 함으로서 수용성 아미노산과 작은 펩티드로 가수분해되어 단백질이 분해가 된다. 탈모제를 사용한 곳은 비누와 물로 세척하고 화장용 파우더를 바른다.

7-4 기타 화장품

립스틱 : 입술의 피부는 지방분이 없으므로 쉽게 건조되는 얇은 각막으로 덮여 있으며 입술에 필요한 수분량은 입으로부터 공급되어진다. 립스틱은 아름다움을 도와주고 아울러 입술조직을 건조시키는 심한 조건에서도 도움이 될 수 있다. 립스틱은 고분자량의 탄화수소 또는 그들의 유도체 혹은 이들이 모두 함께 포함되어 있는 혼합물에 채색제가 부유해 있는 용액

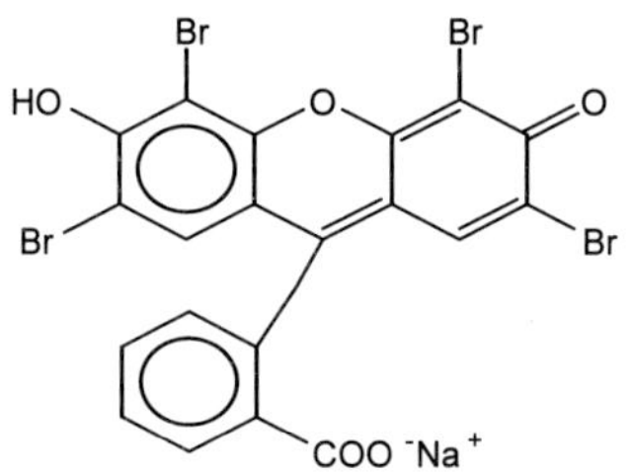

사 브로모푸르오레세인(에오신) 안료나트륨 염(자주색)

또는 써스펜션으로 되어 있다. 립스틱은 입술에 칠할 때 균일하게 발라질 수 있을 만큼 그 재료는 부드러워야 하지만 형성된 막이 쉽게 제거되어서도 안되며 채색제가 흘러서도 안된다. 립스틱은 유쾌한 향기를 풍겨야 하며 색깔은 보통 염료의 에오신 기나 다홍색 안료로부터 생긴다.

그 다홍색안료는 유기염료와 금속이온(Fe^{3+}, Ni^{2+}, Co^{3+})의 침전물이다. 이때 금속이온은 색깔을 더욱 짙게 해주거나 염료의 색깔을 변화시켜 주며 용해되지 않도록 해준다.

두가지 적합한 염료로는 이브로모푸르오레세인(황-적색)과 사브로모푸르오레세인(자색)등이다. 대표적인 립스틱을 만드는데 사용되어지는 첨가물로는 다음과 같은 것들이 포함된다.

<표 7-1> 대표적인 립스틱 첨가물

염 료	색 깔	공 급
카스타 오일	염료 용해	4~8%
파라핀 또는 지방		50%
라놀린	완화제	25%
카르노바 왁스 밀 납	용융점을 높여 스틱을 딱딱하게 만든다.	18%
향 료	유쾌한 향기를 부여한다.	소량

칼르노바 왁스와 밀은 고분자량의 에스테로 화합물이다.

눈 화장 : 눈을 분장할 때 쓰이는 물건에는 몇가지 형태가 있는데 그 중에서 눈썹을 그리는 연필, 속눈썹에 물을 들이는 매스카라, 명암용 도구 등을 들 수 있다. 눈썹용 연필은 립스틱과 매우 유사 하나 다른 종류의 염료를 포함하고 있으며 그 염료는 유연제 흙색 물감(Lampblack)과 같은 색소이다. 그 외 성분으로는 지방, 오일, 광유(Petrolatum) 라놀린 등을 포함

하고 있으며 적절한 녹는점을 갖도록 밀이나 파라핀을 혼합시킨다. 광유는 탄화수소의 반고체 혼합물이다(포화탄화수소, $C_{16}H_{35}$-$C_{32}H_{66}$; 불포화탄화수소, $C_{16}H_{32}$; mp, 34~54℃).

매스카라 : 주로 속눈썹을 검게 하는데 사용되며 이를 사용하므로서 속눈썹이 보다 긴 모양으로 보인다. 또한 눈썹을 그리는 연필과 같은 색깔들이 사용될 뿐만 아니라 산화크롬(짙은 녹색)과 같은 광물질 염료와 청색물감(여러가지 성분의 푸른 색소: 황화나트륨이 섞인 규산나트륨과 알루미늄)등도 사용된다. 염료는 비누 오일 지방 그리고 왁스의 혼합물인 화운데이션에 부유되어 있는 상태로 존재한다.

매스카라는 화운데이션의 조성에 따라 수용성 또는 물에 불용성일 수도 있다. 대표적인 구성성분은 40%왁스(밀, 카르노바왁스, 파라핀), 50%비누, 5% 라노린,5% 염료 등으로 되어 있다.

아이쉐도우는 오일, 지방, 왁스를 기본 물질로 하여 만든 혼합물에 염료를 부유시켜 만든다. 그 성분 조성은 60% 석유젤리, 6% 라놀린, 10% 지방과 왁스(코코아 버터, 밀, 고래기름) 그리고 산화아연(흰색)에 염료를 첨가시킨 물질로 되어 있다. 코코아버터(녹는점 30~35℃)는 스테아르산, 팔미트산 그리고 라우르산의 그리세라드로 구성되어 있다. 이들은 코코아 씨앗을 압축시킬 때 나오는 천연 생성물로부터 얻는다. 고래기름(녹는점,45℃)의 성분은 팔미트산 세틸($CH_3(CH_2)_{14}COO(CH_2)_{15}CH_3$)인데 고래 머리부분에서 나오는 고형 지방분으로부터 얻는다.

향 수 : 전형적인 향수는 서로 다른 휘발성과 분자량을 가진 최소한 3 성분으로 되어 있다(저분자량의 화합물은 일반적으로 휘발성이 높다는 것을 기억할 것). 첫째 성분은 향수를 사용할 때 가장 먼저 휘발하고 뚜렷한 향기를 내는 것이고, 둘째 성분은 휘발성이 낮고 꽃에서 추출한 추출물(진홍색, 자색)이다. 마지막 성분은 거의 휘발성이 없으며 보통 수지이나 왁스 고분자이다.

대부분 향수는 여러 가지 성분을 화학적으로 혼합시킨 혼합물이다. 독특한 향기를 얻을 목적으로 천연향수의 조성을 분석하여 이를 근거로 해서 합성된 새로운 유기화합물을 흔히 사용하게 되었다.

예를 들면 **시비톤**(Civetone)은 에티오피아의 사향고양이(Civet cat)분비물로서 고리 케톤 화합물인데 매우 고가품의 향료이다.

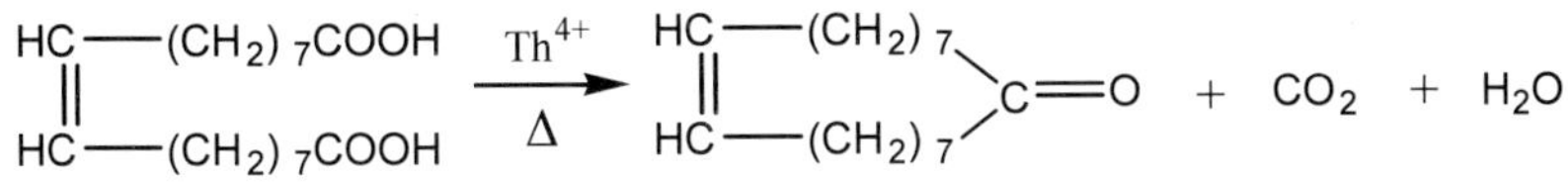

8-헥사데칸-1,16-디칼복실산 시비톤(civitone)

시비톤은 근래에 합성된 화합물로서 8-헥사데칸-1,16-디칼복실산을 고리로 만들므로써 얻을 수 있는데 이때 토륨이온(Th^{4+})을 촉매로 이용한다. 시비톤은 궁노루와 같은 짐승들이 이성을 유혹할 때 분비되는 분비물로서 그 향기는 풀냄새와 꽃향기로 교묘히 은폐된 이성 유인제(Sex attractants)인 것이다. 맨 처음에는 유쾌한 향기를 이용하여 유혹 하지만 근본적인 영향은 시비톤이나 사향노루에서 나오는 분비물에 의한다. 그 외 향로로 사용되는 화합물은 고분자량의 알콜과 에스테르 화합물로서 예를 들면 터어키의 제라늄 오일의 주성분인 제라니올(bp, 230℃)을 들 수 있다.

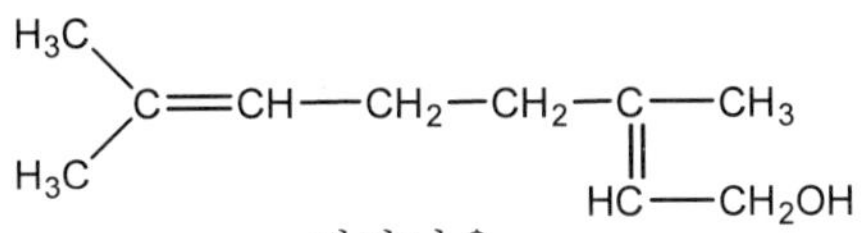

제라니올

다음반응과 같이 알콜의 에스테르 화합물은 향수용 장미향기를 합성할 때 이용된다. 예로써 제라니올과 포름산이 반응하여 생성된 **포름산제라니올** 에스테르 화합물은 장미향기를 갖고 잇다.

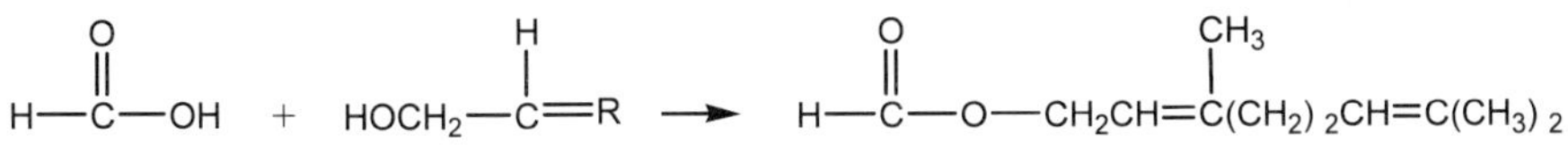

포름산 제라니올 포름산제라니올

전형적인 향수에는 10%~25%내의 향료 본액이 포함되어 있고 75%~80%는 알콜이며 정유(Essential oil)를 유지시키기 위하여 정착액이 포함되어 있다. 대부분의 화장품에는 향기를 주기 위해 향료를 첨가시키는데 이 향기는 이성유인제와 같은 천연성분의 향기와는 구별되며 또한 알콜이 포함되어 있으므로 약간의 살균제와 방부제 역할을 한다.

손톱광택제 : 손톱 광택제는 주로 락카 또는 바니쉬인데 이들은 니트로 셀룰로스, 가소제(Plasticizer), 수지, 용매 그리고 염료 등으로 만들어진다. 용매가 증발되면 니트로 셀룰로스, 가소제, 수지, 염료 등의 막이 남게 된다. 니트로 셀룰로스는 광택막을 형성하고 가소제는 막이 잘 부서지지 않게 하기 위하여 첨가된 것이며 수지는 손톱에 잘 고착되고 깨지지 않게 하기 위해서 첨가된다. 전형적인 구성 성분은 다음과 같다.

<표 7-3> 손톱광택제의 구성성분

니트로셀룰로스	15%
아세톤 (용매)	45%
아세트산아밀	30%
스테아르산부틸(가소제)	5%
에스테르 껌 (수지) : 아비트산	5%

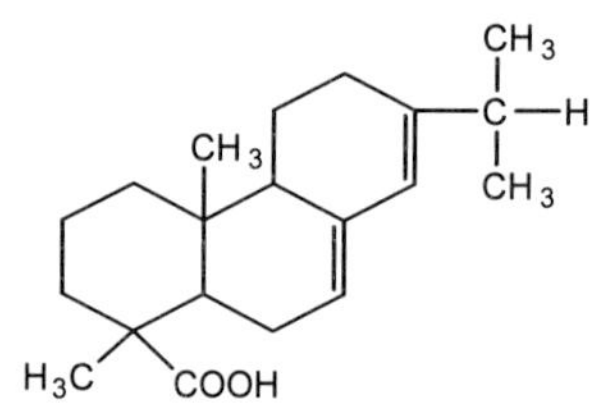

아비트산(송진의 주성분)

향료와 염료는 필요할 때 첨가시킨다.

에스테르 껌(Gum)은 주로 **송진**의 글리세릴 메틸 또는 에틸 에스테르의 배합물이다. 송진은 소나무 추출액(exudate)에서 터펜틴(turpentine)을 증류시킨 후 남은 수지로 80%~90%가 아비트산이다.

송진은 점막에 약간의 독성을 주며 피부에도 자극을 주는 끈끈한 성질의 물질이다.

손톱의 **광택제거제**는 손톱 위에 형성된 막을 용해시키는 용매로서 주로 아세톤이나 초산에틸 또는 이들의 혼합물인데 여기에 용매의 건조효과를 감소시키기 위하여 스테아르산 부틸과 디에틸렌글리콜 모노메닐 에스테르를 첨가한다. 그러나 어떤 제품에는 초산아밀, 초산에틸, 벤젠, 올리브유, 라놀린과 알콜의 혼합물을 포함한 것도 있다.

표피 연화제는 주로 습윤제와 알칼리를 손톱 주위의 부드러운 피부에 사용하면 원하는 데로 형태를 만들 수 있다. 알칼리를 사용하면 단백질이 부드러워지고 팽윤된다고 알려져 있다. 전형적인 표피 연화제는 수산화칼륨(3%) 글리세롤(12%) 물(85%)를 포함하고 있으며 그 외 탄산나트륨(알칼리) 트리에탄올아민(세제 습윤제로 사용) 인산나트륨(알칼리) 등이 포함되어 있다.

7-5 탈취제와 살균제

악취제거제 : 신체 표면위에 있는 2백만 개의 땀샘은 주로 수분 증발로 생기는 냉각효과를 통화여 신체의 온도를 조절하는데 이용된다.

수분이 증발함으로 인하여 약간의 단백질과 다른 유기화합물 뿐만 아니라 고상의 염화나트륨이 남게 된다. 신체에서 풍기는 냄새는 주로 몸에서 분출되는 지방오일(지방산, 아크로라인)의 가수분해물과 땀샘에서 나오는 잔류물 속에서 자라는 박테리아로부터 생긴다.

땀 자체는 무취이나 박테리아 분해생성물은 무취가 아니다.

방취제에는 3가지 종류가 있는데 땀을 직접 건조시키거나 얇은 막을 만들어 피부를 보호하는 혈관수축제인 **수렴제**(astringents)로서 작용하는 것 그리고 땀의 냄새를 없애기 위해 스스로 **향기**를 갖고 있는 것 그리고 화학작용으로 냄새나는 화합물을 **제거**하는 것 등이 있다.

수렴제로 작용을 하는 것 중에는 황산알루미늄 수화물, 염화알루민늄 육수화물($AlCl_3 \cdot 6H_2O$), 이수산화염화알루미늄($Al(OH)_2Cl$), 알콜 등이 있다. 방취제로서 작용하는 이들 화합물에는 과산화아연, 오일, 향료 와 여러 가지 방부제가 포함되어 있다. 이때 과산화아연은 아민과 지방산 화합물을 산화시켜 냄새나는 화합물을 제거하는 작용을 하고 오일과 향료는 냄새를 흡수하거나 없애 준다. 그리고 방부제는 산화제 또는 환원제로 냄새의 원인이 되는 박테리아를 없애 준다.

살균제 : 해로운 미세유기체(세균)는 언제나 우리들과 함께 존재한다. 다행스럽게도 그들 가운데에는 상당량이 비병원성 미세유기체 들이다. 신체 부위에 따라 다르겠지만 건강한 피부에는 매 평방센티미터당 백만개 정도의 미세 유기체가 기생하고 있다.

면도를 하므로써 얼굴 피부에는 해로운 박테리아와 해가 없는 박테리아 사이에 균형이 깨어져 세균의 감염을 촉진시켜 줄 수 있다. 살균제는 이들 세균을 소멸시키는 작용을 함으로써 피부의 감염을 막을 수 있다. 자주 사용되는 살균제는 알콜류로서 70% 농도의 **에탄올**이 최대의 살균효과를 나타내는 반면에 50% 농도의 **이소프로필 알콜**도 최대의 살균효과를 나타낸다. 이들 알콜은 물과 수소결합을 하므로 세균의 세포구조에서 탈수작용을 하여 세균을 소멸시킨다.

널리 사용되는 살균제의 한 종류는 벤젠고리에 -OH기가 결합되어 있 **페놀**인데 이 약산성의 용액을 석탄산이라고 한다. 이 페놀의 살균작용은 1867년 조셉 리스터 경에 의해서 발견하여 그는 페놀을 외과용으로 사용하였다. 또한 페놀은 세포의 단백질을 변질시켜 박테리아를 소멸시킨다. 오늘날 판매되고 있는 화장비누의 1/3은 페놀 유도체 화합물을 포함하고 있다.

제 8 장

의약품의 약리작용

사람의 평균수명은 의학과 의약품의 발달로 상당히 길어지고 있는 것은 2차 대전 이후에 다양한 종류의 새로운 의약품이 광범위하게 개발 사용되었기 때문이다. 오늘날까지 사용되고 있는 몰핀은 1806년 아편으로부터 분리한 것이고 퀴니네는 1823년에 식물로부터 분리한 것이다. 19세기 후반에 phenacetin(1887년)과 아스피린(1899년)은 Bayer회사의 Hoffenann에 의하여 해열제인 acetanilide는 1896년 Cahn 과 Hepp가 개발한 이후 1903년에는 수면제인 barbital은 Fischer와 Von Mering에 의하여 개발되었다. 세계 제 1차대전 전에 주로 사용되었던 10가지 기본 의약품은 에테르, 아편 및 그 유도체, 강심제인 디기탈리느, 디프테리아 항독소, 천연두 왁진, 수은, 알콜, 요오드, 키니네 및 철이였으나, 2차대전 말기에는 술폰아미드, 아스피린, 항생제, 혈장, 마취제, 아편유도체 강심제, 항독소 왁진, 호르몬, 비타민 및 추출물질 등이 주요 의약품으로 사용되었으며 이장에서는 여러 가지 대표적인 의약품들이 용도별로 어떻게 약리 작용하여 복용되는가를 고찰하였다.

8-1 진통제와 제산제

진통제 : p-아세틸 살리실산을 **아스피린**이라 부르는데 이 아스피린이 진통을 없애주는 약리작용은 체내의 다중불포화 스테아르산이 산소와 반응하여 생성되는 플로스타클라딘은 통증과 열을 일으키는 물질인데 이 클라딘이 생성되기 위하여 꼭 필요한 시클로옥시게나이즈 효소작용을 아스피린이 저해하기 때문에 진통을 없애고 해열작용을 하게 된다.

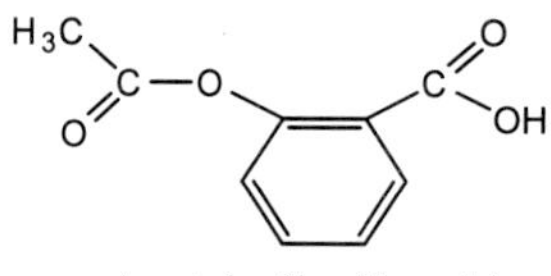

Acetylsalicylic acid
(아스피린)

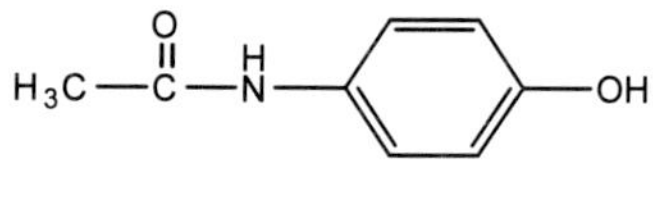

Acetaminophen
(타이레놀)

그러나 위산이 많이 분비되는 위염환자가 습관적 장기적으로 자주 아스피린을 복용하면 녹아있는 아스피린 음이온이 위안에 위산이 많이 분비되어 있다든가 나트륨과 칼슘이온이 있으면 녹지 않는 중성상태의 아스피린이 생성되어 위장의 방어벽을 뚫고 확산해 들어가 위출혈을 일으킬 수 있음으로 과량복용은 위험하다.

아스피린보다 위에 부담을 적게 주어 위통증을 완화시켜주는 진통제로 **타이레놀**이라 부르는 아세타미노펜이 있다.

이외에 국부진통제나 마취제에 사용하는 진통제는 주로 알칼로이드인 염기성 질소원자를 포함하고 있는 유기질소화합물로 치과의사가 이를 뺄 때 사용하는 마취제인 노보카인, 코카인, 아주심한 고통에 사용하는 코데인이나 몰핀등이 있으나 이들 두 화합물은 부적당하게 사용하면 습관성이 있어 위험하다.

제산제(위장약): 사람의 위장 속에 있는 내용물은 대부분 산성이고 위벽에는 염산을 분비하는 세포가 수천 개가 있어 위 속의 산은 박테리아의 서식을 막고 음식물을 가수분해시키기 위해서이다. 적당히 식사를 하면 위의 내벽이 산에 의하여 손상되지 않으나 너무 많이 먹으면 위벽에서 위산이 많이 분비되어 pH가 1보다 낮아져 강산이 되므로 위벽을 상하게 하여 통증을 느끼게 된다. 그러므로 제산제는 위장 속에 분비된 염산농도를 묽게 하여 수소이온 농도를 감소시켜 pH를 높이는 작용을 하는 화학 약제이다. 그 작용 식을 몇 개 소개한다.

$Mg(OH)_2 + 2H^+ \longrightarrow Mg^{2+} + 2H_2O$, $NaHCO_3 + H^+ \longrightarrow Na^+ + H_2O + CO_2$

$NaAl(OH)_2CO_3 + 4H^+ \longrightarrow Na^+ + Al^{3+} + 3H_2O + CO_2$

시트르산Na , $Na_3C_6H_5O_7 \cdot 2H_2O + 3H^+ \longrightarrow 3Na^+ + H_3C_6H_5O_7 + 2H_2O$

8-2 항생제

페니실린 : 1928년 런던대학교의 플레밍(Fleming)에 의하여 포도상구균의 배양도중 발견된 것으로 곰팡이에 의해 생성된 항박테리아 물질이다. 페니실린은 동물세포에 독성이 없으면서 세포벽 사이의 다리결합을 형성하지 못하게 함으로서 항생제의 활성을 나타내 박테리아를 죽인다. 페니실린이 최적의 활성도를 나타내려면 수소결합을 할 수 있는 곁가지와 카르복시기(-COOH)를 가져야 한다.

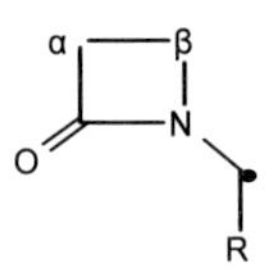

R = -COOH
-SO_3H
β -락탐고리 구조

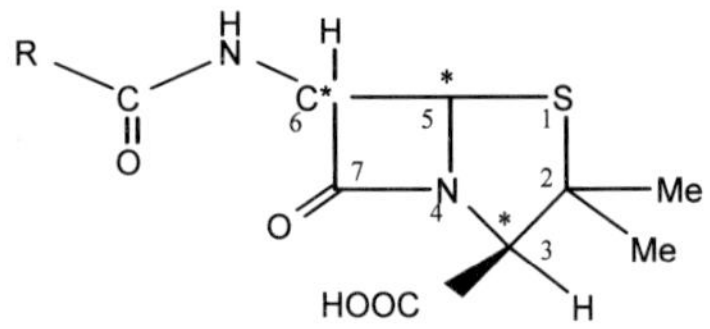

β -락탐 티아졸리딘 : 페니실린(penicillium)
(6-APA의 유도체)

위 페니실린 유도체들의 구조에는 3개의 키랄 중심탄소(Chiral center 비대칭 탄소로 되어 있어 광학활성을 나타내는 탄소) : 탄소 C위에 *로 표시한 탄소를 갖고있다.

설파제 : 황을 포함하고 있는 p-Aminobenzensulfanil amide(술파닐아미드) 설파제는 1932년 독일의 Domagk가 염료의 일종인 프론토실이 물이 존재하는 생체 내에서 분해되어 생성된 것이다.

박테리아는 필수생장물인 p-아미노벤조산을 흡수하여 엽산(folic acid)을 생성시켜 번식하고 생장한다.

그러나 p-아미노벤조산의 구조와 유사한 술파닐아미드는 사람에게는 작용하지 않지만 박테리아에 효소를 차단하여 엽산을 생성하지 못하도록 함으로서 항박테리아제의 역할을 한다.

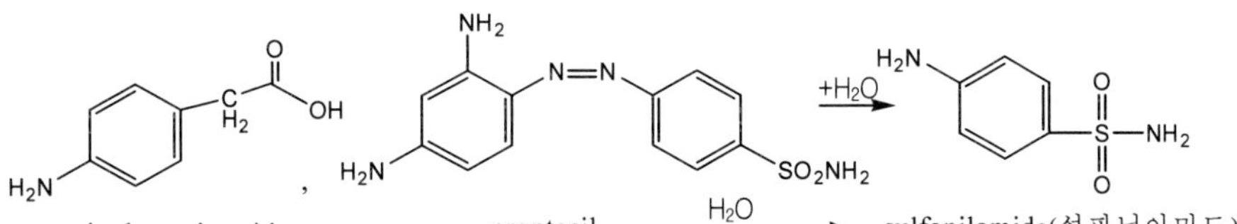

p-aminobenzoic acid, prontosil —H_2O→ sulfanilamide(설파닐아미드)

8-3 신경안정제

뇌에서 도파민수용체를 저해함으로써 정신분열증 치료에 주로 사용하는 **신경안정제**는 대부분 페노티아진과 그 유도체이다.

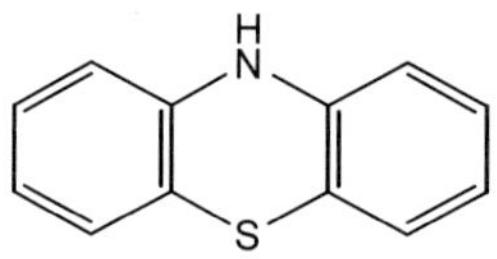

phenothiazine

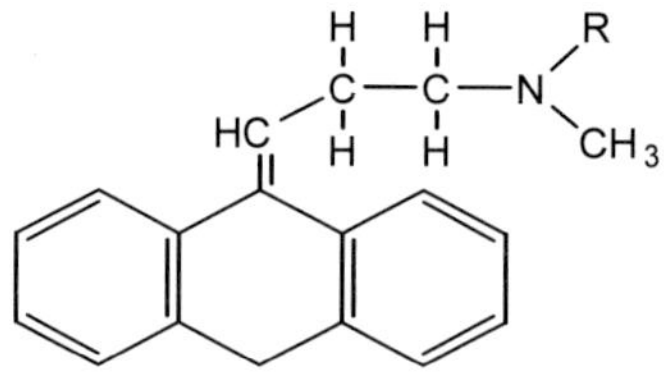

amitriptyline(R= $-CH_3$)
nortriptyline(R= -H)

질소 N에 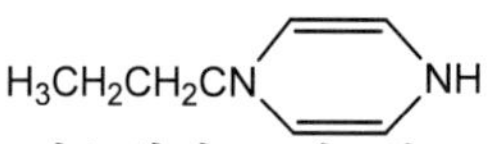 가 치환된 promethazine 유도체가 있다. 페노티아진의 질소원자(N)와 황(S)이 -C=CH-와 -CH-로 치환되면 트리사이클릭 **항우울제**인 아미트리프틸린(R= $-CH_3$) 및 노르트리프틸린(R= -H)이 생성된다. 이러한 모든 화합물은 정신분열증의 증상을 완화시키고 재발 가능성을 줄이며 대뇌피질보다 오히려 뇌관에 영향을 준다. **흥분제**는 중추신경계를 자극하는 천연물질로 아이들의 행동장애를 치료하는 Biogemic amine인 암페타민과 아드레나린은 1일 10~30mg 의 투여로 분위기를 고양시키고 강해진 느낌을 가지게 하며 행복감과 긴장감을 증가시킨다.

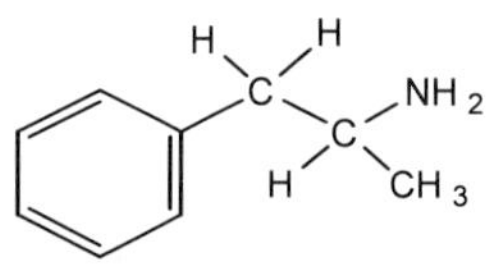

amphetamine

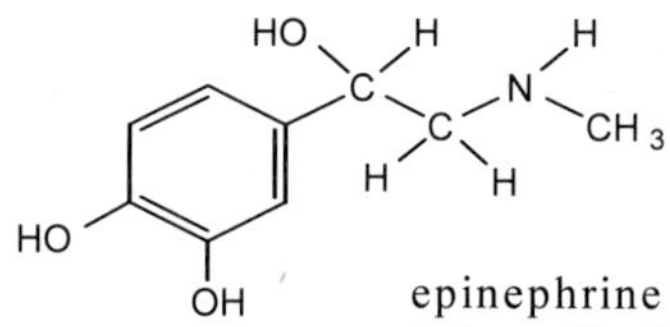

epinephrine
(adrenaline)

8-4 알레르기 치료제

알레르기 치료제를 항히스타민제 라고도 부른다. 그것은 우리의 몸에 널리 분포되어있는 아미노산 히스티딘의 분해로 생성된 히스타민이 꽃가루, 먼지, 화장품, 페니실린, 자외선 등에 의하여 알레르기 조정체인 히스타민=알레르겐(allergy mediator)를 유출케하여 콧물을 나오게 하거나 눈이 빨게지는 등의 알레르기 증상의 요인이 된다.

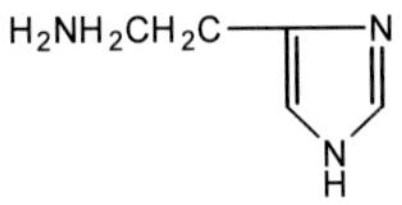

히스타민

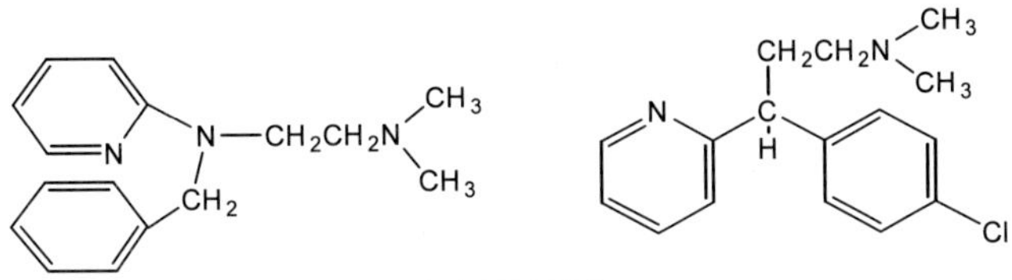

항히스타민제인 피리벤즈아민과 폴라라민

알레르기의 치료법의 세가지 방법으로 첫째는 알레르기를 일으키는 알레르겐을 피하는 것이고 둘째는 단백질을 소량씩 주사하여 항체가 서서히 흡수되어 중화되도록 반복하면 알레르기를 느끼지 않도록하는 탈감작(desensitization)법을 이용하는 법이 있으나 20번 이상 주사를 맞아야 하니 비경제적이다. 마지막으로 치료에 사용되는 화합물인 약품으로 기관지 천식에 효과가 있는 에페네프린과 스테로이드와 더불어 에틸아민기($-CH_2CH_2N<$)를 갖는 **항히스타민 약품**인 피리벤즈아민이나 폴라라민 등은 조직세포에서 히스타민이 자리잡아 작용하는 수용체 자리를 놓고 경쟁적으로 반응하여 히스타민의 작용을 억제하기 때문에 알레르기 반응을 방지하여 치료한다.

8-5 심장병 치료제

심장질환에 의해 사망하는 사람의 수가 최근에 점점 증가하는 추세에 있다. 이 심장질환을 의학적으로는 아테롬성 동맥경화증이라 하는데 이 증상은 혈중에 지방의 일종인 혈중콜레스테롤의 양이 높아지면 그에 따라 혈중의 트리글리세라이드의 농도가 높아져 플라그라고 하는 지방축적물이 동맥의 혈관 내벽에 쌓이게 된다. 이와같은 플라그가 생기면 심장으로 흘러 들어가는 관상동맥의 혈관이 막혀 심장으로 공급되는 혈액의 양이 감소하므로 혈액에 의한 심장의 산소공급이 감소하여 결국 심장마비를 일으키게 된다. 동맥속의 플라그 형성으로 무리해졌던 심장을 회복시키기 위하여 심장 근육 속에 있는 베타 수용체자리가 심장약에 의하여 가리워 지면 심장박동수가 감소하게 되고 혈압이 떨어져 치료가 된다.

1960년대 말 인데랄이 고혈압 편두통치료에 사용된 이래 많이 사용되었으나 부작용 등의 문제가 있어 70년대 말에 부작용이 적은 **로프레서**와 **콜가드** 등이 속속 개발되었다.

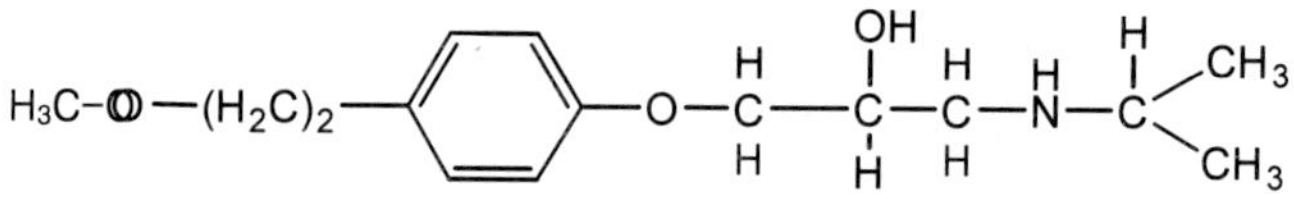

로프레서 (metoprolol)

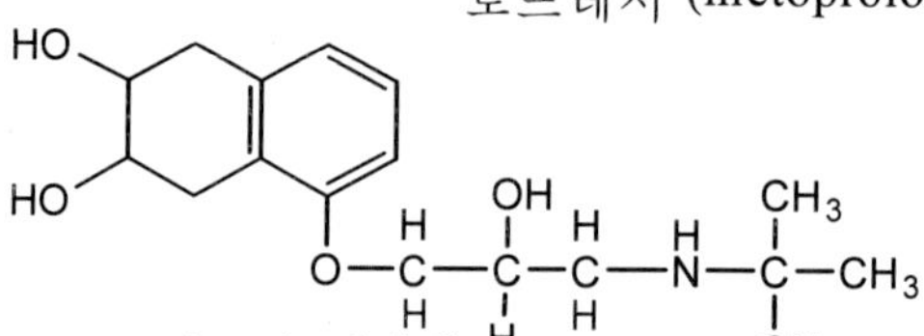

콜가드 (nadolol)

또 다른 심장질환 치료제로 **칼슘통로저지제**(calcium channel blocker)가 있다. 심장근육세포의 단백질 필라멘트 근육섬유소와 섬유단백질인 액틴 사이에서 근육세포를 수축시키는 작용을 하는 칼슘이온이 심장근육을 둘러싸고 있는 인산 지방질 막의 통로나 구멍을 통해 심장근육으로 이동한다. 이렇게 이동하여 들어온 칼슘 2가 양이온은 근육세포의 음전하를 중화시켜 심장근육을 수축시킨다. 이때 칼슘이온의 통로를 막아주는 칼슘통로저지제는 근육의 수축을 억제시켜 관상동맥이 이완될 때 혈관을 팽창시켜 심장으로 공급되는 혈액량을 많이하여 산소공급을 원활하게 해주는 심장약으로 **이소프틴**과 프로카디아 등이 있다.

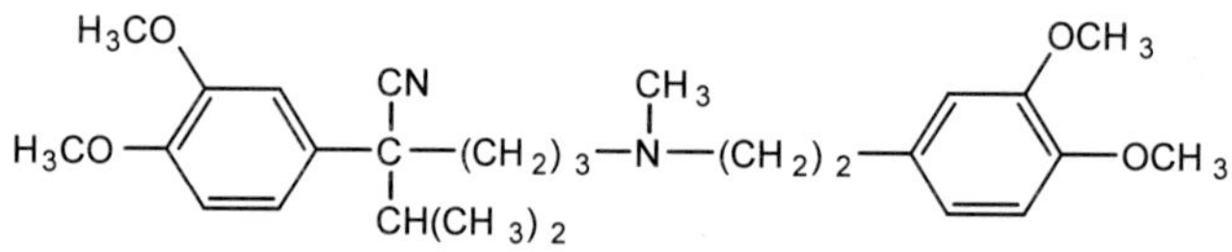

이소프틴

콜레스테롤 강하제는 혈중의 콜레스테롤의 70%는 저밀도 지질단백질에 의해 운반되므로 이 저밀도 지질단백질의 농도를 낮추고 동맥의 벽에 있는 콜레스테롤을 제거하는데 효과적인 고밀도 지질단백질의 농도를 높이는 혈중콜레스테롤 강하제인 **니콜라**(nicolar)라 부르는 니코틴산과 케스트란(cholestylamine resin)등이 있다.

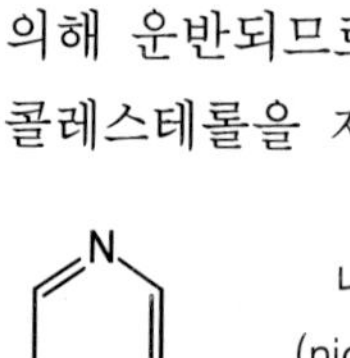

니콜라 (nicotine aid)

8-6 항암제

암을 치료하는데는 암의 종류에 따라 다르겠지만 수술에 의한 암 조직의 제거, 방사선 조사에 의한 암세포의 궤멸, 성장을 억제하는 화학약품의 투여에 의하여 치료한다.

사이클로포스파미드 : 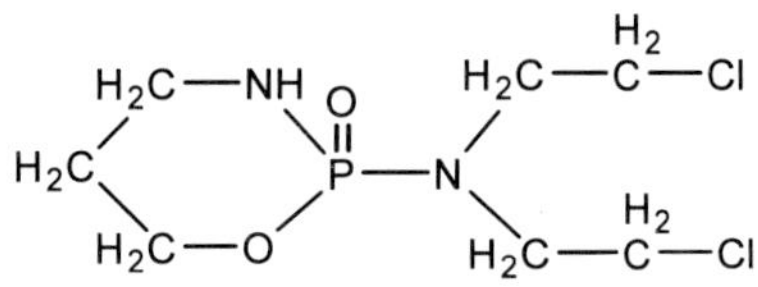

항암제로서 널리 쓰이는 것 중 하나가 **사이클로포스파미드**인데 이것은 1차 세계대전중 화학가스로 쓰던 머스타드 가스에서 착상하여 개발하였다. 이 사이클로포스파미드를 알킬화 항암약품으로 처리하면 생체내 DNA의 질소 염기에 알킬화가 일어나 구아닌이 염기 짝짓기를 하지 못하게 되므로 DNA의 복제가 불가능하게 되어 암세포의 분화를 더 느리게 하므로 그 약 효과는 암세포에 더 크다.

유사한 메카니즘에 의해 DNA복제를 억제하는 **시스플라틴**과 뇌암치료에 주로 사용하는 **BCNU**등이 있다.

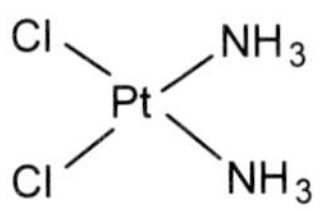

cis-dichloroamonylplatium

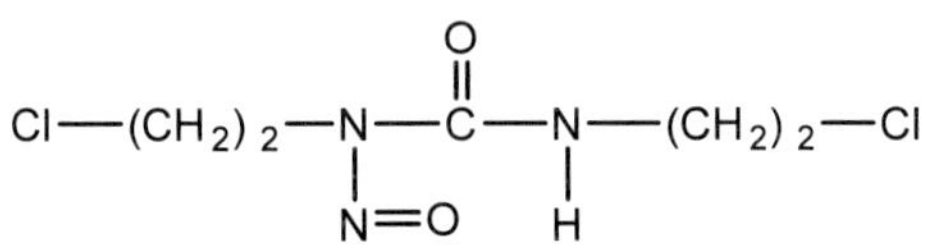

BCNU(1, 3-bis-(s-chloroethyl)-1-3itrosoyea)

다른 화학치료로 항대사물인 **5-플루오르우라실**은 DNA합성에 필요한 티민을 함유하는 뉴클레오티드의 형성을 억제하여 암세포 성장에 적당한 DNA가 부족하게 되어 치료가 된다. 다른 항대사물로는 엽산과 구조가 비슷한 메토트렉세이트도 있다.

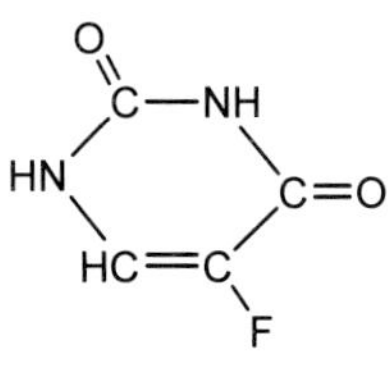

: 5-플루오르우라실

그 외에 식물성 알카로이드인 빈크리스틴, 항생제인 액티노마이신, 성호르몬인 에스트로젠등이 쓰이며 최근에 와서는 다양한 종류의 뉴클레오시드 유도체로부터 항암제를 개발하려는 노력이 계속되고 있으며 임상중인 것들이 많다.

참고로 가정 상비약을 표 8-1에 실어 놓았다.

<표 8-1> 가정 상비약

용 도	약품명	주 의	비 고
감기	시판종합감기약	해열제,진통제,항시스타민제를 배합	피리딘계는 특이체질 사람에위험
두통, 치통 생리·신경통	시판해열진통약	복통에는영향없을것	
배와 차멀미	시판진휘약	승차와 승선전에 복용한다	
소화불량	시판소화건위약	과식,소화불량,위산과다때 사용한다	
식중독·복통	정장약	설사,복통,이상발효시에는 정장약 세균감염일때는장내살균제를 사용	장내살균에는설파제 항생물질이 함유된 것을 사용
변 비	헤노바린 피마자유	상습변비는 헤노바린,식중독은 피마자유가 좋다	
눈세척·양치질	붕산(약산)	1%용액을 사용	
곤충찔림	암모니아수	국소에바른다 차고 어두운곳에 보관	
피부염증	항시스타민연고	〃	
찰과상	연고	소독,살균을위하여 바른다 항생물질연고는 진물나는상처에 유효	
소 독	소독용알코올 과산화수소 요오드칭키	손가락등의 소독과 상처부위에 사용	알코올 밀봉하여 화기에 주의한다
기구와 식기살균	역성비누 클레졸비누액	액상의 것은 묽혀서 사용	

제 9 장

식료품 화학

생물은 일반적으로 여러 가지 물질을 취하여 체내에서 필요한 것을 합성한다든가 체내의 물질을 분해하여 활동에 필요한 에너지를 생성해 낸다. 이와 같이 생물체내에서 행해지는 화학변화를 물질대사(material metabolism)라 한다. 일반적으로 사람을 포함한 동물은 외계로부터 지질, 탄수화물, 단백질, 금속무기질, 비타민 등을 흡수하여 활동하고 있다. 생물체내에서 화학반응의 거의 대부분은 효소의 촉매작용에 의한 것과 각종 호르몬이나 생체색소 등도 생물의 활동에 중요한 역할을 하고 있다. 박테리아의 활동과 곰팡이 균에 의한 음식의 부패를 방지하기 위한 방부제나 저장하는 동안 지방의 산화에 의해 썩는 것을 막는 항산화제 등의 화학약품이 있다. 음식의 맛을 돋구는 풍미와 양념을 위해 첨가하는 식품첨가제, 색을 내는 착색제, 인공으로 합성된 방향족 물질로 향기를 내는 인공 향신료, 음식물을 더 달게하는 감미료, 격리제, 안정제, 유화제 등 여러 가공 기술을 다루고자 한다.

9-1 지 방

지방과 지질(lipids)은 같은 의미로 사용하지만 지질 쪽이 범위가 넓게 사용되며 지질은 동식물의 기름을 가지는 유기물인 지방산에스테르를 말하며 물에는 녹지 않고 알코올, 에테르, 클로로포름 등의 지용성 용매에 녹는 액체 및 고체물질이다. 이것들이 생물체에 흡수되어 중요한 에너지 공급원이 되어 에너지의 보존이나 피하지방으로 작용하여 보온의 역할을 할 뿐 아니라 생리기능에 관계하는 중요한 것도 있다. 지방산이란 긴 알킬기를 갖는 카르본산(R-COOH)으로 유지를 만드는 지방산은 짝수개의 탄소를 갖는데 주로 C_{16}~C_{18} 개가 많이 존재한다. 지방과 유지는 같은 용어로 초산의 카르복시기와 에틸알콜의 수산기가 반응하여 초산에틸의 에스테르기가 생성되듯이

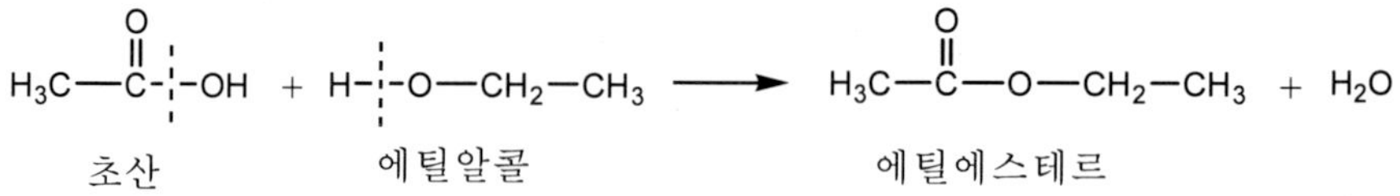

지방은 3몰의 지방산(카르복실산) 분자와 1몰의 글리세린(알코올)분자가 반응하여 생성된 에스테르화한 구조를 가진 1몰의 트리글리세라이드가 지방이다.

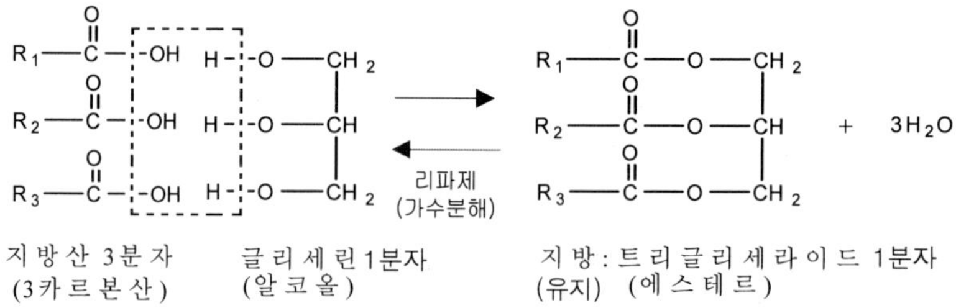

지방산의 탄소수는 짝수이고 2중결합을 갖는 산도 있는데, 짝수의 탄소수를 갖는 이유는 생체 내에서 2개의 탄소원자가 결합한 초산이 구성단위가 되어 합성되었기 때문이다. 육지에서 사는 대형동물의 지방산은 C_{16}과 C_{18}의 포화지방산인 팔미친산과 스테아린산이 많고 녹는점이 높지만, 해물인 어류기름은 불포화지방산의 에스테르가 주성분으로 융점이 낮다. 식물기름은 불포화지방산의 글리세린에스테르를 함유하고 있지만 그 중에서 야자유의 주성분인 C_{12}개의 라우린산은 포화지방산 에스테르로 실온에서 고체도 있다. 체내에서 합성할 수 없는 유일한 리노르산(linoleic acid)은 콩이나 옥수수기름의 주성분이다.

팔미친산 : $CH_3(CH_2)_{14}CO_2H$, 라우린산 : $CH_3(CH_2)_{10}CO_2H$, 스테아린산 $CH_3(CH_2)_{16}CO_2H$, 리노르산 : $CH_3(CH_2)_4CH{=}CHCH_2CH{=}CH\text{-}(CH_2)_7CO_2H$

기능과 변환 : 체내에 흡수되는 지방은 간장으로부터 분비되는 소화액인 담(쓸개)즙에 함유 되어있는 효소인 리파제에 의하여 소장내에서 가수

분해되어 생성된 글리세린은 그대로 남고 생성된 지방산은 쓸개즙과 결합하여 친수성 미셀을 만들어 흡수된다.

이와같이 생성된 지방산에 수산화나트륨을 가하면 지방산 나트륨염인 비누가 만들어지는 비누화 반응이 일어난다든가 다시 지방산이 글리세린에 스테르(지방)을 생성한다

지방 1g당 9 Kcal(37,656 juole)의 열을 내므로 에너지의 근원으로 중요하나 필요이상 섭취하면 체내에 축적된다. 지방은 이 외에도 지용성 비타민 A,D,E의 운반에 기여를 한다. 따라서 식용유에 많이 함유하고 있는 리놀산과 리놀렌산의 높은 불포화지방산등은 생리적으로 불가결한 필수지방산이다.

한편 포화지방산을 많이 포함한 동물의 지방 섭취량이 너무 많으면 사람에 따라 유해한 영향을 가져올 수 있다. 또한 동물지방에 많이 포함된 콜레스테롤도 너무 많이 흡수하지 않도록 주의해야한다.

불포화지방산을 많이 포함한 기름은 우리에게 유익하다고 말하지만 이 기름이 온도가 높은 공기 중에서 직사광선을 쪼이면 쉽게 산화되어 중합반응하여 과산화물과 같은 유해한 화합물도 생성한다. 따라서 식용유의 보존은 물론 기름으로 가공한 과자나 인스턴트 라면 등의 보존은 빛이나 공기에 노출되어 고온이 되지 않도록 신경을 써야한다. 고도의 불포화지방산을 함유한 기름인 마나 오동나무 기름 등은 공기와 접촉하면 점성도가 높아져 굳어져 버리는 건성유로서 페인트의 재료로서 이용된다.

인지질 : 지질(방) 중에는 인산과 결합하여 세포막의 기능을 하는 것이라든가 레시틴과 같이 체내에서 계면활성제 역할을 하여 지방을 친수성으로 하는 작용을 하는 것도 있다.

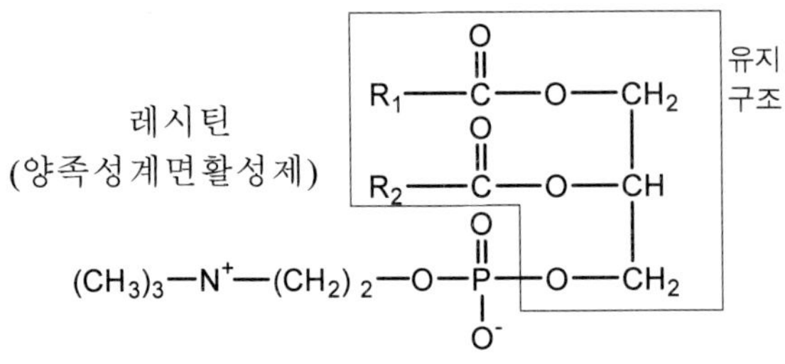

지방을 수산화나트륨용액으로 가수분해(비누화)한 후 석유에테르 용매로 추출한 것 중에서 스테로이드류(콜레스테롤과 유사골격을 갖는 물질)나 토코페롤류(산화방지제로 작용)가 주목된다.

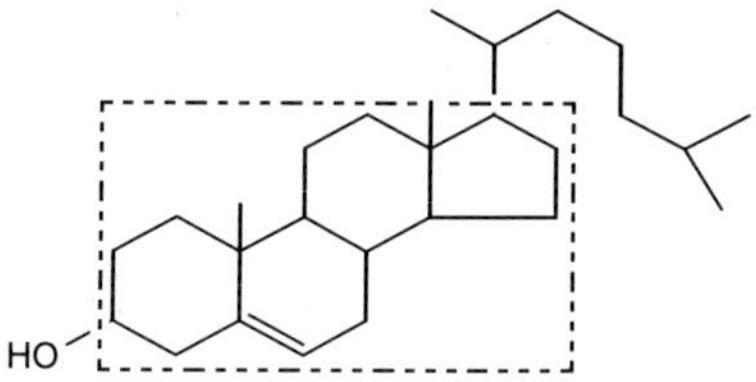

콜레스테롤

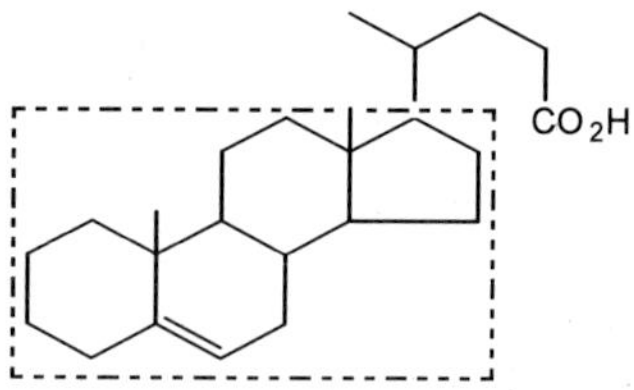

쓸개즙산인 디옥시코올산

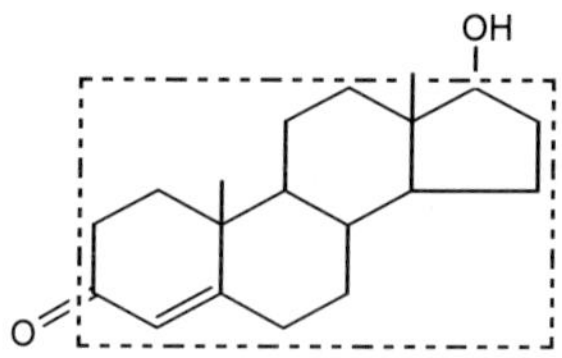

남성호르몬인
레스토스테론

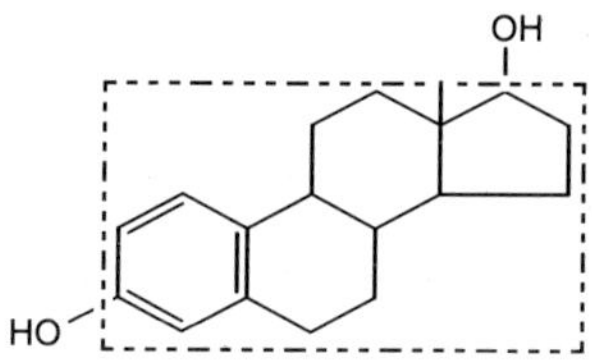

여성호르몬인
에스토라지오르

스테로이드 류

9-2 탄수화물

생물을 구성하는 물질 중에는 Sucrose($C_6H_{12}O_6$), Celulose등과 같이 C,H,O의 조성이 $C_mH_{2n}O_n(m \geq n)$을 가지고 있는 유기물을 탄수화물 또는 당류라 부르고 그 구조에 따라 단당류, 이당류, 다당류로 분류한다.

단당류 : 단당류인 **glucose(포도당)**는 녹색식물의 체내에서 이산화탄소와 물로부터 다량 합성되는 것으로 전분이나 셀루로즈의 구성요소이다. 글루코오즈에는 α,β형의 두 분자가 있으며 결정상태는 각각 따로 존재하지만 물 중에서는 상호변화 할 수 있다. 시판되는 포도당은 α결정형이지만 물에 녹여두면 β형으로 변하여 α형:β형=1:2의 혼합용액으로 된다. 물에 녹아있는 β형 포도당은 α형보다 단맛이 감소된다. 용액의 온도가 높으면 더욱더 β형의 비율이 많아지므로 뜨거운 커피나 홍차에 넣으면 그다지 단맛이 나지 않는다.

C_6로써 mannose와 galactose는 각각 1개 소식(2,4자리) glucose의 입체구조와 다른 곳이 있다.

Fructose(과당)는 그대로 자연에 존재하나 glucose와 결합하여 이당류인 sucrose를 만든다.

Libose는 C_5개 당으로 아데노신, 락토후라빈(비타민 B_2), 네오마이신(항생물질), 리보핵산(RNA)등의 중요한 구성요소이다.

Glucoside : 글루코오스에 메타놀과 염화수소를 작용시키면 1번 자리의 -OH기가 메톡시기 $-OCH_3$로 바뀐 것을 메틸글리코시드라 부르고 이것도 α,β형이 있으나 상호변화하지 않는다. 자연에는 메틸기 이외의 원자단을 갖는 화합물도 존재하며 이와같은 것을 glucoside라고 한다.

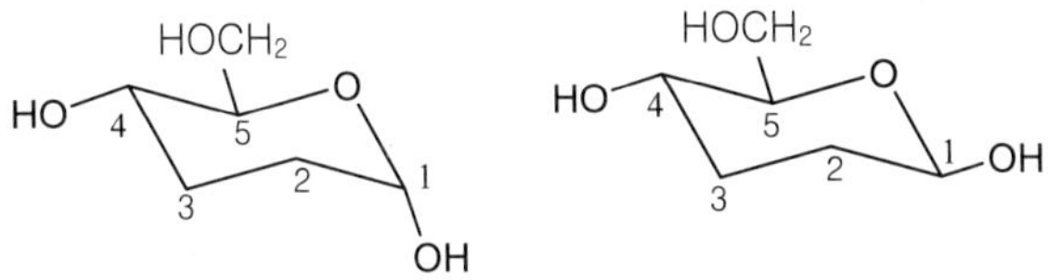

α -D glucose β -D glucose

이당류 : 묽은 황산과 가열하면 가수분해되어 단당류 두 분자를 얻을 수 있는 것으로 **Sucrose**(쇼당)은 식물이 순수 물질로서는 가장 많이 만들어내는 것으로 α-glucose의 1자리에 있는 -OH기와 β-fructose의 2자리 -OH와의 사이에서 물이 떨어져 결합한 분자로 α,β의 두형이 존재하지 않기때문에 수용액에 방치하더라도 단맛은 변하지 않는다.

Lactose(젖당) : 포유동물의 젖에 수% 존재하며 β-galactose의 1위치의 -OH기와 glucose 4위치의 -OH기가 결합할때 물이 떨어져 결합한 형을 하고있다.

Maltose(맥아당)는 세로비오즈와 함께 glucose의 1자리 -OH기와 또다른 glucose 4자리 의 -OH기 간에 물이 떨어져 결합한 형을 하고있다. 말토오즈는 전분을 가수분해 했을 때 얻어지는 유일한 이당류로 α-glucoside이다. 세로비오즈는 세룰로오즈를 가수분해 했을 때 생성하는 유일한 이당류로 β-glucoside이다.

다당류(polysaccharides) : **셀룰로즈**는 목화면 등의 식물섬유의 주성분으로 목재를 구성하는 중요한 요소이다. 1000~3000개의 β-glucose가 1,4-결합한 가늘고 긴 분자로 통상 동물의 소화효소에서는 가수분해 되지않는다. 따라서 식품으로서의 영양가는 없지만 장 안에서 식물을 조금씩 아래로 보내는 운동을 재촉하여 변비를 방지하는데 도움을 준다.

전분(starch)은 식물의 에너지 저장물질로 보통 25%정도의 amylose와 75%정도의 amylopectin으로 되어있다. **아미로즈(amylose)**는 뜨거운 물에 녹아 김과 같은 형태로 된 부분으로 α-glucose 수백~수천 개가 1,4-결합한 것으로 분자전체가 나선형으로 되어있다. 나선 한마끼는 글루코오즈 6분자에 상당하고 나선의 가운데 구멍 부분에 요오드분자(I_2)을 흡착시키면 청색을 나타낸다.

아미로펩틴(amylopectin)은 기본적으로는 아밀로즈와 같은 형의 α-글루코즈 유도체이지만 사슬의 길이가 아주 짧고 곳곳에서 6째 탄소의 -OH기와 다른 사슬의 α-OH기와의 사이에서 물이 떨어져 결합하면 가지형태를 만든다. 한 가지의 평균 길이는 약 25 분자의 글루코오즈 단위 정도에 지나지 않는다.

소화기내에서 전분은 침과 췌액중의 효소에 의하여 가수분해되어 글루코즈가 되어 흡수된다. 아미노펩틴의 가지 부분의 가수분해에는 특별한 효소가 작용한다. 흡수된 글루코즈는 혈액을 모아 운송하는 정맥을 통해 간장으로가 그곳에서 일부는 직접 소비되나 일부는 글리코겐으로 저장되고 나머지는 혈액 중을 순환한다.

글리코겐(glycogen)은 동물의 간장에 존재하며 아미노펩틴과 유사한 구조이지만 분자전체가 훨씬 작고 가지도 짧다.

9-3 단백질

단백질은 생물체 특히 동물체의 구성과 기능에 있어 없어서는 않되는 분자량이 아주 큰(수만인 것도 많다.) 물질로서 탄소, 수소, 산소 외에 질소(15%~17%)로 주로 구성되고 유황, 인, 요소 등도 함유하고 있다. 단백질은 30종에 달하는 아미노산 성분(amino acid)으로 되어있는데 아미노산만으로 되어있는 단순 단백질이 있다. 복합단백질은 단순단백질에 색소 등의 비단백질이 결합한 단백질을 말한다.

아미노산은 아래 그림과 같은 구조로 염기성의 아민기(-NH_2)와 산성의 카르복시기(-COOH)를 갖는 화합물로 단백질의 가수분해에 의하여 얻어진다.

아미노산의 **펩티드(peptide)결합**은 아미노산 한 분자의 카르복시기(-COOH)와 또 다른 아미노산 한 분자의 아민기(-NH_2)가 결합하여 물이 떨어지며 생성된 결합을 펩티드 결합이라 한다.

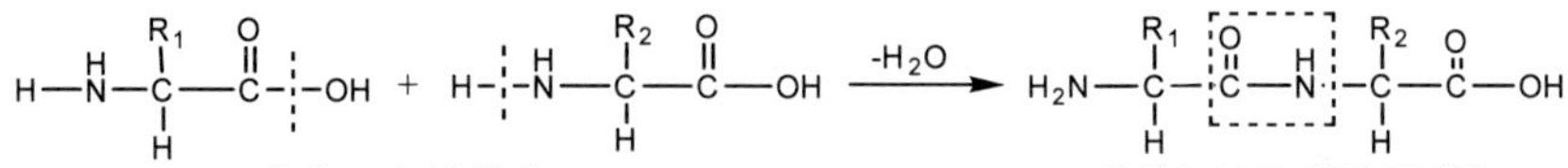

아미노산 두분자 　　　　　　　　　　　 아미노산의 펩티드결합

이 생성물은 또 다른 아미노산과 똑같이 펩티드 결합을 만들고 또다시 반복 결합하여 거대분자가 될 수 있다. 단백질은 유전적으로 정해진 순서대로 다수의 아미노산 분자가 펩티드결합을 만들어 단백질 1차 구조가 된다.

헬릭스 구조 : 이와같이 하여 만들어진 단백질의 폴리펩티드 사슬은 마치 견직물의 피브로인과 같은 비교적 늘어난 **β배열** 단백질도 있고, 많은 경우 나선형의 헬릭스 구조로 된 단백질이 많다.(나선 1마키는 아미노산 3.6개 해당하는 2차 구조)

β배열의 경우에는 이웃에 있는 분자간에는 >C=O 기와 >N-H 기 사이에 수소결합을 만들고, 헬릭스 구조의 경우에는 분자 내에서 산성 -COOH 기와 염기성 -NH_2기가 이온결합을 만들어 전체 형태을 유지하게 된다.

단밸질의 분자간 수소결합과 분자내 이온결합

(수소결합) 　　　　　　 (이온결합 ,염의형성)

디슬피드결합 : 단백질을 구성하고 있는 아미노산의 일종인 시스테인은 용이하게 산화되어 두 분자가 결합하여 시스틴을 만든다. 따라서 펩티드 결합을 하고 있는 시스테인은 여러곳에 -S-S- 결합(디슬피드결합)을 하여 펩티드 사슬간을 연결하여 3차원 입체구조를 만든다. 모발을 파마하면 이 -S-S-결합이 끊어져 환원되었다가 다시 산화되어 다른 위치에서 -S-S-결합을 만드나 원위치로 되돌아가진 않는다. 많은 단백질이 이와 같이 단순히 펩티드 사슬중의 아미노산 배열순서 뿐 아니라 많은 경우에 각각 고유의

3차원 입체구조를 형성한다는 것은 그 생물활성에 있어서 중요하며 특히 단백질에서 효소의 작용은 이 3차원 입체구조에 의존한다. 단백질의 입체구조는 계란을 삶으면 딱딱해 지듯이 주위의 조건에 따라 비가역적으로 변하는 것을 **변성**이라 한다.

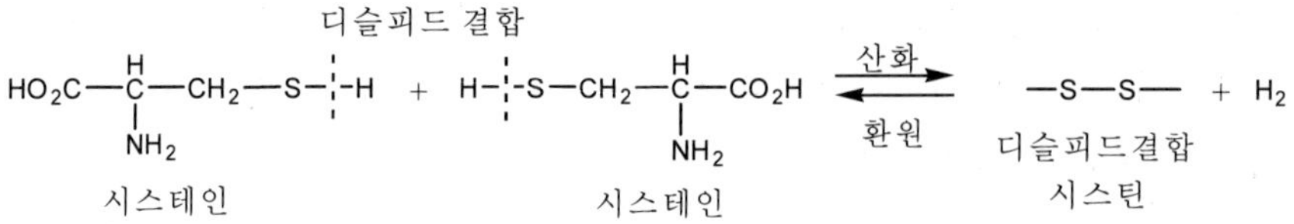

소화와 흡수 : 단백질 일부분은 위장에서 나머지는 소장에서 위액과 췌장액의 효소에 의하여 아미노산으로 가수분해되어 소장(작은창자)에서 흡수된다. 흡수된 아미노산은 단백질의 조립에 이용되고 일부는 다른 아미노산 합성에 이용된다. 몇몇 아미노산은 체내에서 합성되지 않고 먹는 음식으로부터 섭취할 필요가 있는데 이 아미노산을 필수아미노산이라 한다.

복합단백질 : **헤모글로빈**은 혈액 중에 있는 산소를 운반하는 붉은 색의 색소단백질로서 철을 함유한 색소헤모와 단백질 글로빈이 결합한 것이다. 그 구조는 식물세포 중에 있는 녹색의 색소인 클로로필 엽록소와 아주 비슷하다. **핵단백질**은 세포 중에 존재하는 핵산과 결합한 단백질이다. 핵산은 인산과 리보즈나 디옥시리보즈와 같은 당과 서로 결합하여 만들어진 길다란 사슬상의 고분자당 부분에 4 종류의 염기성기가 결합되어있다.

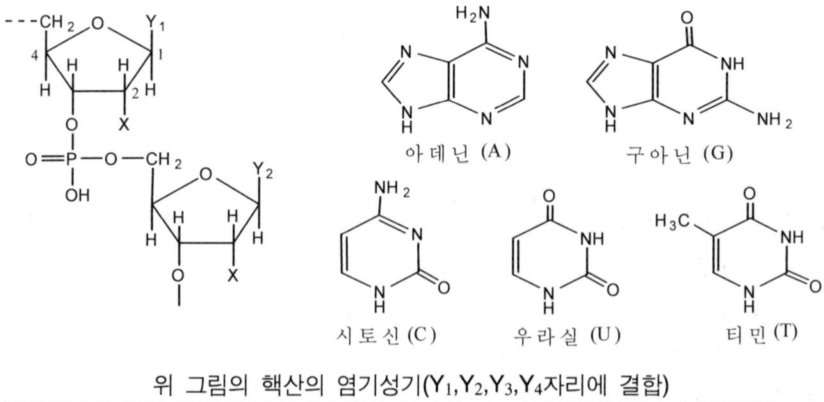

위 그림의 핵산의 염기성기(Y_1, Y_2, Y_3, Y_4자리에 결합)

핵 산	기 호	X	염기성의기(Y_1~Y_4)
디옥시리보핵산	**DNA**	-H	A, G, C, T
리보핵산	**RNA**	-OH	A, G, C, U

핵산 중에 디옥시리보즈가 사슬을 만들고 있는 것을 디옥시리보핵산(DNA)이라 하고 이것은 세포핵 중에서 염색체를 형성하는 2중 나선형을 하고 있다. 또한 DNA와 같은 것을 복제하는 기능과 리보즈가 구성요소로 된 리보핵산(RNA)을 만드는 기능을 기초로 하고있고 유전적으로 모든 정보를 전달하는 활동을 한다.

리보핵산 RNA는 단백질을 합성할 때 아미노산의 순서를 제어한다.
DNA와 RNA의 기능은 당의 부분(Y_1 ~ Y_4)에 각각 결합하는 4종류 염기의 배열순서에 의하여 결정된다.

9-4 효소와 발효

효소 : 치아에 의하여 충분히 부서진 음식은 위장에서 소화액의 작용을 받아 많은 성분으로 분해된다. 예를 들면 전분은 간단히 가수분해되어 포도당이나 맥아당으로 된다. 체내에서 전분의 화학변화를 유리용기 내에서 소화액을 가하지 않고 진행하는 경우에는 강한 산성으로 하여 장시간 가열하지 않으면 안 된다.

소화액이 거의 중성이라도 체온 범위의 온도에서 반응이 원활히 진행하는 것은 소화액에 여러 가지의 효소가 포함되어 있기 때문이다. 또한 효소는 생물체내에서 분비되어 반응할 때 속도를 빠르게 하여 수득율을 높이는 작용을 한다. 그럼에도 불구하고 효소자체는 거의 변화를 하지 않으면서 어떤 기능을 갖는 것을 화학에서는 촉매라 부른다. 효소는 아주 적은 양으로도 몇 천 배의 전분이나 단백질을 분해하는 능력을 갖고 있는 생체촉매이다. 모든 생물이 같은 효소를 분비하는 것은 한도 없다. 예를 들면 소는 특유의 체내세균인 세루라아제 효소에 의하여 뜯어먹은 풀을 영양소로 분해하지만 인간은 많은 풀을 그대로 먹을 수는 없다.

효소가 물질로서 분명히 된 것은 150년 전인데 그것은 맥주를 양조할 때 전분을 녹여 당으로 하는 작용이나 보리 싹을 뜨거운 물에 담근액 중에서도 효소작용을 볼 수 있다.

이 성분을 처음에는 디아스타제라 명명했지만 현재에는 **아밀라아제**라 부른다. 인간의 타액(침)의 효소도 아밀라아제이다.

50년 전에 요소를 분해하는 효소인 **우레아제**의 정제에 성공하고 깨끗한 결정을 분리하였다. 소변 중에 있는 요소는 소변에서 번식하는 세균에 의하여 암모니아로 분해되므로 재래식 화장실에서는 강한 냄새가 난다. 우레아제가 처음 나온 이래 많은 효소가 순수결정으로 얻어졌지만 화학적으로는 아직 완성되어 있지 않다. 효소의 특징 중 하나는 상대를 좋아하는 것을 골라 효소가 작용하는 물질(기질이라함)로 특정한다. 예를 들면 우레아제는 요소를 분해하더라도 다른 화합물에는 반응하지 않으며 전분을 간단히 분해하는 아밀라아제는 지방에는 전혀 작용하지 않는다.

효소의 본체는 분자량이 1만 이상인 단백질이 있고 물에 콜로이드상 으로 되어 용해한다. 효소는 온도에 대하여 민감한데 40℃를 전후하여 활발히 작용하고 60℃이상에서는 분해하는 것이 많고 역으로 0℃이하에서는 기능이 현저히 낮아진다. 효소의 적응 pH가 있는데 펩신은 강산성에서 트립신은 약알카리성에서 효소의 작용이 빠르다.

또한 각 효소가 작용하는 타액인 침의 아밀라아제는 중성일 때 능력을 발휘한다.

<표 9-1> 가수분해효소

효소명	기 질	생성물	작용하는 장소
amylase	전분,dextrin	맥아당	동,식물체내
Invertage	자당(사탕수수)	포도당,과당	동물의기관과 식물체내
maltase	맥아당	포도당	동물의기관
Lactase	젖당	포도당,갈락토오스	효모
cellulase	셀룰로오스	세로비오즈	세균
lipase	유지(지방)	글리세린,지방산	소화액과 피마자
pepsin	단백질	펩톤	위장
trypsin	단백질	펩톤과 프로테오즈	췌장액
에렙신	펩톤,프로테오스	아미노산	소장액
rab	카제인	p-카제인	우유
alcoholase	에틸알콜	초산	초산박테리아
치마제	포도당(과당)	에틸알콜, 이산화탄소	효모

발효 : 곰팡이, 효모(이스트), 세균 등의 미생물은 자기의 생존이나 증식을 위해 복잡한 유기물을 분자량이 적은 간단한 화합물로 분해한다. 잘 사용하지 않는 유기물을 분해하여 가치가 높은 생성물로 변환하는 것을 발효라 부르고 있다. 이것과는 달리 유해성이나 악취가 강한 것이 생성되는 경우를 부패라 한다.

발효는 옛날부터 정종, 맥주 등의 알코올 음료나 된장, 간장 등의 조미료의 양조 치즈나 빵 등의 식품에 응용되어 왔다. 당류를 함유한 과일즙, 옥수수, 감자 등의 전분의 당화한 것을 원료로 하여 그 액에 알코올 효모를 가하여 적당한 조건 하에서 효모를 증식시키면 알코올을 생성한다. 이것을 알코올 발효라 하지만 원료에 전분이나 셀룰로즈를 사용할 때에는 알코올 효모가 그것에 작용하지 않으므로 미리 별도의 효소로 당화를 측정해야한다. 주류(술)는 알코올 발효시킨 정종, 맥주, 포도주와 같은 **발효주**와 발효시킨 용액을 증류한 위스키, 브랜디 등과 같은 **증류주**와 알코올에 향료, 감미료 등을 가한 리큘, 미린 등의 **혼성주**로 대별한다. 발효를 응용한 식품은 수없이 많다. 된장은 잘 익힌 메주콩(대두)에 소금을 혼합하여 장독에 넣어 발효시킨다. 간장은 대두를 쩌서 이겨 부수어 보리와 혼합한 후 누룩을 가해 소유기름을 만들어 소금물을 가하여 발효시킨 후 딱딱한 것을 제외한 액을 살균하여 만들어진다. **치즈**는 소젖을 원료로 하여 송아지 위장으로부터 취한 효소를 가하여 카제인을 응고시켜 단단하게 한 후 유산균이나 프로피온산 균의 작용으로 숙성된 풍미로운 맛을 내는 것이다.

버터는 우유로부터 분리된 크림의 지방을 섞어 적당한 크기로 만든 것이다. 제법은 원료우유를 먼저 원심분리하여 생크림과 탈지유로 분리한다. 생성된 버터에 식염을 가한 것이 가정용 버터이다. 또한 생크림을 유산균으로 발효시킨 것을 원료로 한 발효버터도 있는데 용도에 따라 여러 가지 맛을 갖는 종류가 많다.

9-5 식품의 보존

식품의 보존방법으로 물리적 방법으로는 식품의 종류에 따라 몇가지 방법이 있는데 미생물의 발육을 저지하기 위하여 건조하여 탈수시키는법과 살균을 하는 가열법, 자외선 방사법, 발육저지 효과를 내는 냉동 냉장법 등이 있다. 화학적 방법으로는 미생물 발육저지를 위한 소금과 설탕 및 초산에 절이는 법과 살균을 위한 가스저장법과 식품을 가열후 산소나 미생물이 들어오는 것을 막기위한 통조림법, 우유 주류 육류 발효식품 등의 살균과 발육저지를 위해 방부제를 첨가한다.

방부제 : **벤조산**과 벤조산나트륨염은 pH 4.5이하의 청량음료와 음식물에 널리 첨가하여 박테리아의 성장을 막아서 보존한다. 이 방부제를 먹은 10시간 후 히푸르산(hippuric acid)으로 배출된다.

C_6H_5COONa

벤조산 : 나트륨

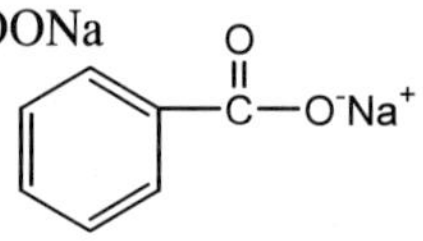

이산화황과 아황산염 : 이산화황은 말린 과일과 과일쥬스가 썩는 것을 막아주며 티아민의 주요공급원이 아닌 음식과 익혀서 가공된 육류(육포)에만 사용한다.

프로피온산염 : 프로피온산 나트륨(CH_3CH_2COONa)이나 칼슘염은 빵에 0.2%만 첨가하면 여름의 덥고 습한 빵의 밀가루에서 자라는 박테리아 성장을 막을 수 있다.

소르브산(sorbic acid) : 소르브산은 2.4-hexadienoic acid(CH_3CH=CH-CH =CH-COOH)로서 이 산은 몇몇 과일에 자연적으로 존재하는 것으로 특정 곰팡이와 이스트 및 박테리아의 선택적 성장 억제제로 치즈 피클 생선가공품 강장제와 탄산음료 등에 사용한다.

아질산염 : 많은 야채류에 자연적으로 존재하는 질산염과 아질산염($NaNO_2$)은 계량봉지시기(dipstick indicator)에 쓰이는 많은 물질중의 하나이다. 소금과 함께 아질산염을 넣어 절이면(pickling) 육류중의 박테리아 증식을 억제한다.

산화방지제(antioxidants) : 식품의 대기중 산화는 음식의 살부분과 지방을 파괴하여 부패하게 된다. 즉 불포화 지방분자(RH)에 산소가 반응하여 과산화물인 ROOH을 만들면 부패하게 되는데 아래와 같은

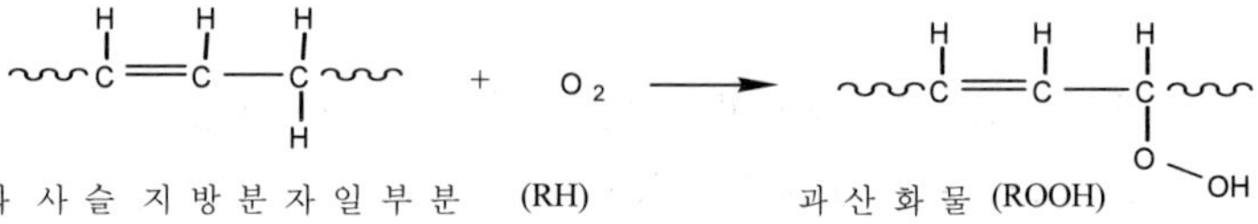

불 호 화 사 슬 지 방 분 자 일 부 분 (RH) 과 산 화 물 (ROOH)

부패반응을 방지하는 항 산화제로 비타민 C인 ascorbic 산이 수용성 가공품에 주로 사용되지만 가장 보편적인 산화방지제는BHA(butylated hydroxy anisole)와 BHT(butylated hydroxytoluene)가 있다.

산화방지제가 지방의 산화를 막는 과정은 산소 O_2에 의하여 지방 RH가

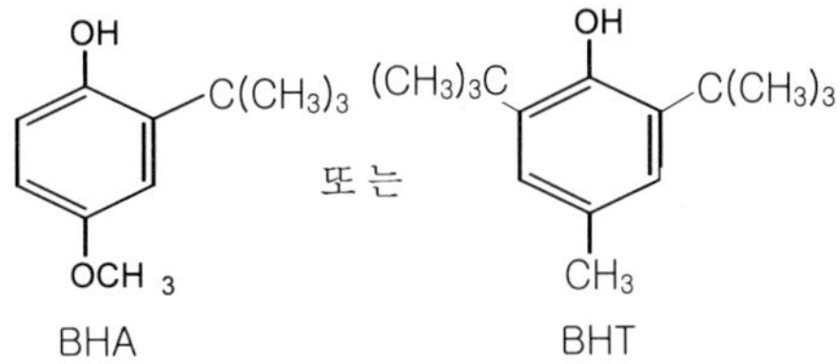

산화되어 생성된 지방 알킬자유라디칼(R·)이 산화방지제에 붙어있는 수산기(-OH)가 산화되어 다시 지방 RH를 재생시켜 더 이상의 사슬반응이 일어나지 않게 하여 과산화물을 생성하지 않게한다. 즉 이와 같은 산화방지 반응결과 생성된 큰방향족 BHT라디칼은 비교적 안정하여 반응성이 없다.

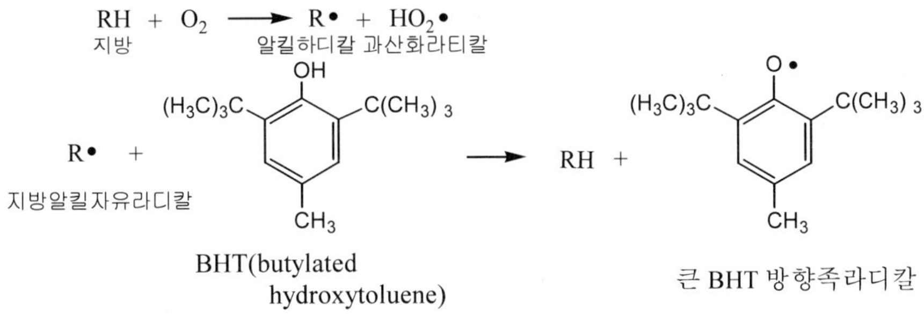

만약 산화방지제가 존재하지 않으면 과산화기가 지방의 이중결합을 공격하여 지방이 부패하여 냄새를 내는 휘발성 알데히드나 케톤과 산등의 복잡한 혼합물을 만들게 된다.

격리제(sequesterants) : 수확할 때나 제조과정 중에 기계나 토양으로부터 구리, 철, 니켈 같은 금속이 음식에 섞일 수 있는데 이와같은 금속은 지방의 산화에 촉매작용을 하므로 격리제인 EDTA나 시트르산 분자는 나트륨과 칼슘등의 금속이온과 결합해서 금속의 촉매작용을 못하게 한다. 즉 대부분의 격리제는 식품이 미세금속과 반응하여 금속이 음식을 산화시키거나 분해하는데 촉매작용을 못하게 한다.

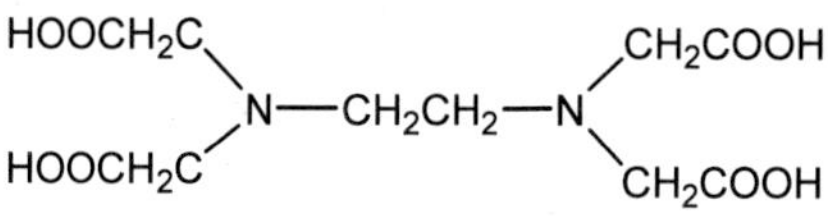

EDTA(Ethylenediaminetetraacetic Acid)

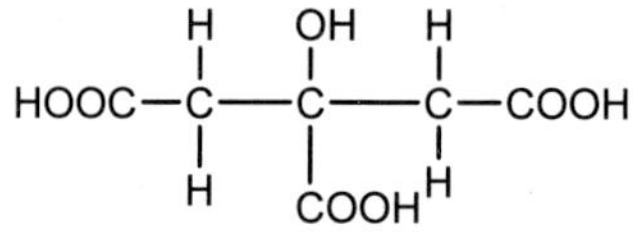

시트르산

인공감미료 : 인공감미료는 인체내에서 신진대사 작용이 잘 알려져 있지 않고 인슐린도 필요없다. 1800년 후기에 발명된 **사카린**(saccharin: o-toluenesulfonamide)은 보통설탕(sucrose)보다 300배 단맛을 내지만 몸 안에서 영양분으로 섭취되지 못하고 신체 밖으로 배설된다.

사카린의 맛 끝에 쓴맛이 나므로 이 맛을 없애고 향긋한 맛을 내는 아미노산 글라이신을 종종 첨가한다. **아스파르탐**(Aspartame)은 두개의 필수 아미노산인 펩티드 에스테르화합물인 N-L-α-aspartyl-L-phenylalanine로서 1960년대에 발명된 것으로 맛 끝에 쓴맛이 나지 않는 설탕보다 200배 단맛을 갖고 있다. 미국에서는 Nutrasweet라고 함

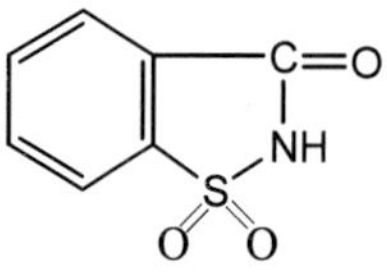

사카린
o-toluenesulfonamide

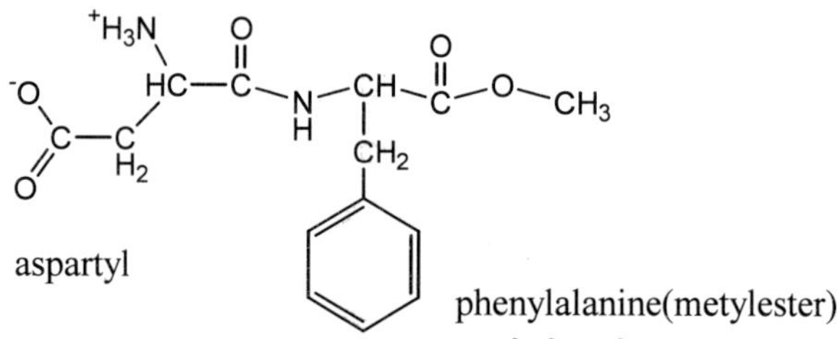

아스파르탐 아미노산

아세술펌K(Acesulfame K)는 사카린이나 시클라메이트(cyclamatc)의 구조와 유사한 구조를 가지며 당도는 아스파르탐과 비슷하나 물과 열에 안정하여 대사작용에 관여하지 않고 그대로 배설된다.

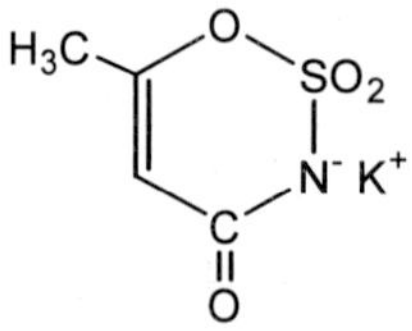

Acesulfame K

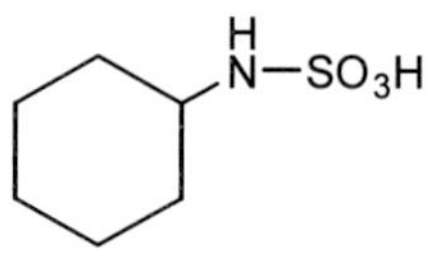

Cyclamate

기타첨가제 : 습기가 있는 날씨에 흡습을 잘하는 음식에 물이 응결되는 것을 방지하는 **응결방지제**로 마그네슘 실리케이드는 소금이 흡습으로 젖는 것을 방지해 준다. 음식이 건조되는 것을 막는 **습윤제**(humectant)는 다가알코올(polyhydric alcohol)인 mannitol, sorbitol과 glycerol등은 무설탕 껌을 달게하기 위하여 첨가한다. 또한 음식물의 질감을 향상시키고 식품이 골구로 섞이게 하는 **안정제**는 설탕, 셀룰로오스나 전분과 같이 분자량이 크고 수많은 수산기를 가진 다가당류의 탄수화물인 Carrageenan은 식물해초에 있는 고분자체이다.

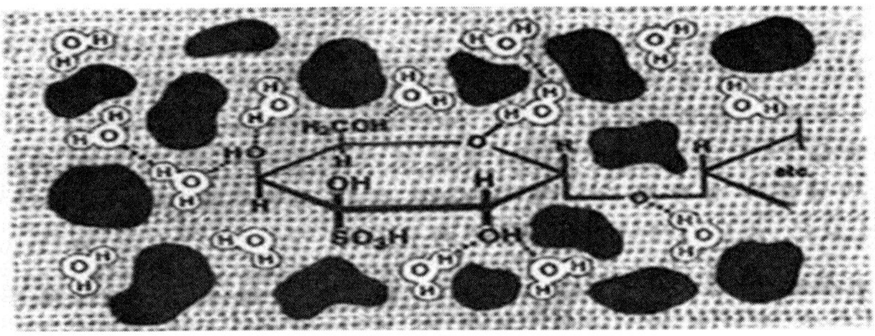

<그림 9-1> 샐러드를 드래싱 할때 물과 기름의 에멀젼 안정화에 대한 케리게닌의 작용

수 많은 수산기는 물에서 극성이 적은 지방이 물에서 분리되는 것을 방지하므로 기름이 있는 음식이 물과 수소결합을 형성하여 혼합이 잘 되도록 한다. 이 안정제는 얼음 냉동과자 샐러드 생크림 사탕 치즈에 효과적이다.

카페인(Caffeine) : 커피는 전 세계인구의 1/3이 소비하여 연간 120,000톤의 카페인을 소비하는데 1인당 하루에 70mg정도를 흡수하는 것에 해당한다. 카페인의 소비량중 54%는 커피에서 43%는 홍차로부터 섭취한다. 커피는 두 종류로 서부아프리카와 인도네시아산 Coffea robusta는 높은 카페인 함량을 가지고 있고, 동부아프리카와 중남미에서 재배하는 Coffea Arabia는 더 강한 향을 가지고 있다.

혼합하고 굽는 과정에서 재배작물의 특성을 상당히 변화시킬 수 있다.

스칸디나비아인들은 커피로부터 340mg/일의 카페인을 취하고, 영국인들은 홍차로부터 하루에 320mg의 카페인을 다량 취하고 있으나 미국인과 카나다인은 청량음료로부터 35mg과 16mg을섭취하고 커피로부터는 211mg과 238mg씩 취한다.

카페인의 함량은 한잔(150ml)에 함유된 카페인의 양은 drip커피가 150mg, percolated커피가 100mg, Instant커피가 70mg 정도 함유하고 있으며 다음으로 홍차와 콜라에 각각 40~50mg 함유되어 있다. 과잉의 카피인 섭취로 말미암은 증상으로 불면증, 흥분, 두통, 가슴이 두근거림, 이뇨, 설사 등이 유발된다. 그러므로 커피로부터 카페인 함량을 줄이기 위해 유기용매인 trichloroethane과 액체 CO_2를 사용하여 Caffeine을 추출해내어 함량이 적은 커피를 제조할 수 있다.

9-6 조리화학

발효시킨 빵을 요리할 때 이산화탄소 기체가 방출되는 효모가 작용하는 화학반응이 일어나는데 방출되는 CO_2는 빵과 밀가루 반죽에 잡혀 부풀게 한다. 효모는 옛날부터 빵을 부풀리는데 사용했고 효모로 만든 빵조각들이 이집트의 묘와 봄베이의 유적에서 발견되었다.

효모에 의한 신진대사 과정에서 이산화탄소 기체가 생성되어 빵에 기포가 만들어져 부풀어 오르게 한다. 빵을 구웠을 때 CO_2는 가볍게 팽창하여 공기가 포함된 빵을 만든다.

$$\underset{\text{글루코스(반죽)}}{C_6H_{12}O_6} \xrightarrow[\text{제 마 제}]{\text{이스트의}} \underset{\text{(기체)}}{2\,CO_2} + \underset{\text{에탄올}}{2\,C_2H_5OH}$$

이산화탄소는 다른 요리과정에 의해서도 생성될 수 있다.

예를 들면 메이킬소다(염기인 단순한 탄산수소 나트륨($NaHCO_3$)은 반죽속에 있는 산성분과 반응하여 CO_2를 생성한다.

$$NaHCO_3 + \underset{\text{반죽속}}{H^+} \longrightarrow Na^+ + H_2O + CO_2 \text{ (기 체)}$$

베이킹 파우다는 탄산수소나트륨, 첨가한 산염, 가수분해된 산의 염을 포함하고 있다. 어떤 때에는 타아타르수소칼륨($KHC_4H_4O_6$), 2-인산수소칼슘

$(Ca(H_2PO_4)_2H_2O)$수화물을 사용한다. 모든 화합물이 서로 다른 특징을 가지고 있지만 탄산수소나트륨을 포함하고 있는 파우다로 된 염인 백색 물질들의 반응은 거의 비슷하다. 예를 들면 다음과 같다.

$$KHC_4H_4O_6 + NaHCO_3 \xrightarrow{\text{물}} KNaC_4H_4O_6 + H_2O + CO_2 \text{ (기체)}$$

요리와 요리전처리(조리)- "예비소화작용(preliminary diagestion)" 요리과정에서 열이나 가수분해에 의해 단백질과 탄화수소는 부분적으로 파괴가 일어난다. 요리를 잘하려면 고분자체인 채소에 있는 탄화수소 세포벽이나 고기의 교원질 및 연결조직이 파괴되어야만 한다.

이와같은 고분자체의 두가지 형태가 뜨거운 물이나 습한 열에 의해 가수분해되기 쉽다. 어쨌든간에 부분적으로 중합해채(depolymerization)가 필요하다. 최근 몇가지 인기있는 조리 첨가체가 등장하였다.

조리 첨가제로 **육류연화제**(meat tenderizers)가 좋은 예이다. 이것은 실온에서 가수분해에 의한 단백질의 펩티드 결합을 깨는데 촉매작용을 하는 효소이다. 결과적으로 같은 요리 온도에서 더욱 가열 시간을 짧게 할 수 있다. 고기연화제는 보통 포도나무의 생과일에서 나오는 단백질 분해(단백질 분리) 효소인 파파인(papain)과 같은 식물성 물질이다. 파파인은 연결조직, 교원질, 탄성에 있어서 상당한 효과를 가지고 있고 근육성 섬유와 단백질에도 어떤 작용을 보여주고 있다. 쇠고기 덩어리를 처리하는데 사용하는 전형적인 연화제는 2% 상업용 파파인, 5% 곰파이 단백질 가수분해효소, 15% 덱스트로스(dextrose), 2% MSsG(monosodium glutamate), 소금 등이다. 반대로 미생물 단백질 분해효소(박테리아, 진균류 또는 모두)는 근육질에도 상당한 작용을 한다.

9-7 식품속의 산과 염기의 작용

세균 죽이는 위산

아무리 깨끗하게 씻어서 조리한 음식물이라도 병균이나 미생물들이 많이 있게 마련이다. 그렇다면 이런 음식물을 먹은 사람은 탈이 나야 할 텐데, 대부분의 건강한 사람은 그런 음식을 먹어도 별 탈이 없다. 여기에는 화학적인 이유가 있다. 물론 우리 몸 속에서 정교하게 작동하고 있는 면역 체계 덕분이기도 하지만, 중요한 것은 음식물에 묻은 미생물의 대부분이 위 속에서 분비되는 위산에 의해 죽기 때문이다. 위산은 세균을 죽일 뿐만 아니라 우리가 먹은 단백질을 분해시키는 소화 작용도 함께 한다. 위에 정체하고 있는 위산은 바로 강한 독성을 지니고 있는 산성물질인 염산으로 사람 위액의 pH는 0.9~1.5 정도로 매우 강한 산성이다. 위벽에서 배출되는 위산은 단백질로 돼 있는 미생물을 녹여 버리기 때문에 제거되는 것이다.

하지만 위산을 얻기 위해 식도를 녹여 버릴 수도 있는 염산을 마실 필요는 없다. 왜냐하면 위산은 소고기나 김치에 많이 들어있는 소금(NaCl)에서 나온 염소이온(Cl^-)과 혈액 속에서 생기는 수소 이온(H^+)이 위벽에서 함께 배출되면서 만들어지기 때문이다.

그렇다면 같은 단백질인 위벽의 세포는 어떻게 강한 산성인 위산 속에서 견딜 수 있을까. 그것은 바로 위벽의 세포가 특수한 점액으로 덮여있기 때문이다. 물론 위산에 녹아버리는 세포도 있으나 건강한 사람의 위벽 세표는 1분에 50만개씩 새로 만들어지므로 큰 문제가 되지 않는다. 음식을 지나치게 많이 먹거나 몸에 이상이 생기면 위산이 많이 분비되어 문제가 된다. 이 경우 제산제를 먹으면 곧 편안해진다.

왜냐하면 제산제에 들어있는 탄산수소나트륨($NaHCO_3$), 수산화마그네슘($Mg(OH)_2$), 또는 수산화알루미늄($Al(OH)_3$)과 같은 약한 염기성 물질이 남은 위산을 중화시키기 때문이다.

비린내의 중화와 토양의 중화반응

불고기 집에서 고기 굽는 판을 묽은 양잿물(수산화나트륨)로 씻어서 말썽이 된 적이 있다. 맹독성의 물질로 알려진 수산화나트륨(NaOH)으로 불고기 판을 씻어 내는 것은 잿물을 세제로 사용하던 우리 선조의 지혜와 크게 다를 것이 없다. 즉 양잿물로 씻은 불고기 판을 깨끗한 물로 헹궈주기만 한다면 아무런 문제가 없다. 또 불고기 판을 씻어 내는 물에 적당 양의 염산을 넣는다면 결과적으로는 조금 더러운 소금물을 버리는 셈이 돼 환경 보호에도 도움이 된다.

라면의 원료인 우지(牛脂)를 오래두면 산화가 일어나서 지방산이 생긴다. 쇠고기 기름을 공기 중에 오래 놓아두면 미끌미끌하게 되는 것이 바로 그런 이유다. 그렇다고 산화된 우지를 모두 버리면 정말 아까운 일이다. 묽은 양잿물을 이용해 중화시키면 간단히 깨끗한 우지를 얻을 수 있기 때문이다.

산과 염기의 중화반응을 이용하는 예는 또 있다. 생선에서 나는 비린내는 약한 염기성을 가진 아민이라는 화학물질 때문이다. 여기에 시트르산이라는 약한 산성 물질이 많이 들어있는 레몬즙을 뿌려주면 비린내를 풍기는 아민이 중화되면서 휘발성이 적은 염이 만들어지기 때문에 불쾌한 냄새가 없어진다.

같은 농작물을 계속 심으면 흙이 산성으로 변한다. 대부분의 유기물은 분해되면 산성을 나타내는 여러 가지 물질이 된다. 하지만 식물의 성장에 꼭 필요한 대부분의 물질들은 질소 화합물이나 알칼리 이온들 같은 염기성이다. 즉 흙이 산성화되면 식물의 대사에도 영향을 주고, 필요한 영양분의 공급에도 문제가 생긴다. 따라서 뿌리혹박테리아를 가진 콩과 식물을 심어주면 공기 중의 질소를 이용해서 염기성의 질소 화합물을 만들어 흙이 산성화되는 것을 막아준다. 겨울에 논에 나무를 태운 재를 뿌려 주는 것도 염기성의 잿물로 흙을 중화시키고, 필요한 알칼리 이온을 공급해주기 위해서다. 역시 염기성인 암모니아나 석회를 뿌려주는 것도 같은 이유다. 간단한 화학 상식으로 환경도 보호하고, 자원을 아끼며, 생활에 도움을 얻을 수 있는 예들이다.

식량 증산에서 반도체 개발까지

산과 염기는 산업적으로도 매우 중요하다. 60억 인류에게 가장 필요한 식량을 생산할 수 있게 된 것은 염기성 물질인 암모니아 같은 화학 비료 덕분이다. 독일의 프리츠 하버는 공기의 80%를 차지하는 질소를 이용해서 염기성의 암모니아를 만드는 방법을 개발함으로써 현대 화학의 발전에서 가장 중요한 업적을 이룩했다. 하버는 세계 제1차 대전으로 칠레에서 가져오던 폭약 원료인 칠레 초석을 대체하기 위해서 암모니아 합성법을 개발했다. 하지만 하버 방법으로 만들어진 암모니아는 화학 비료로 사용돼 인구가 폭발적으로 증가하는 원동력이 됐다. 인산이수소칼슘($Ca(H_2PO_4)_2$) 과

석고($CaSO_4$)가 혼합된 과인산 비료는 인회석을 황산으로 처리해서 만든다. 질산은 비료 플라스틱의 주요 원료이고 인산도 비료의 원료가 된다. 약한 산인 플로르화수소(HF)는 유리를 녹이는 성질을 가지고 있어서 반도체에 회로를 새기는데 사용된다. 대표적인 염기인 수산화나트륨은 화학공정에 남아있는 산을 중화시켜 제거하는 중화제로 엄청난 양이 사용된다.

정유공장에서 생기는 황산을 비롯한 유기산을 제거하기도 하고, 지방산을 만드는 데에도 사용되며, 셀로판, 레이온, 종이 생산에도 이용된다. 이 밖에도 산과 염기는 물속에서 일어나는 많은 화학반응의 속도를 빠르게 해주는 촉매 역할을 하기 때문에 오늘도 전 세계의 화학공장에서 매우 중요한 역할을 담당하고 있다.

대부분의 과일은 시트르산이라는 산성 물질 때문에 독특한 신맛을 낸다. 과일의 맛과 향기, 그리고 색깔은 과일즙에 들어있는 시트르산과 같은 산성물질의 종류와 농도에 의해서 결정된다. 사람들이 콜라를 좋아하는 이유 중의 하나도 과일즙의 맛과 비슷한 산성물질인 인산이 0.05% 포함돼 있기 때문이다. 과일의 신맛에 익숙한 사람들이 좋아하도록 만든 또 다른 음료로 알칼리성 이온음료라는 것이 있는데, 이것도 화학적으로는 산성이다. 나트륨과 같은 알칼리 이온이 많이 들어있다고 알칼리성 이온음료라고 하지만, 사실은 과일즙과 같이 약간 신맛이 나도록 만들어놓은 달콤한 소금물에 지나지 않는다.

장미꽃은 붉고, 수레국화는 푸른색이고, 다알리아 꽃은 검붉은색이다. 모두 안토시아닌이라는 한 가지 화학물질 때문이다. 어떻게 한 가지 물질이 여러 가지의 색깔을 나타낼 수 있을까. 그것은 바로 안토시아닌이 담겨있는 용액의 산성도에 따라 색깔이 날리 나타나기 때문이다. 안토시아닌은 구조가 매우 복잡한 상성 물질로 수소 이온이 결합하면 그 색깔이 달라지는 특성을 지니고 있다. 따라서 수소 이온이 많은 산성 용액에서는 붉은색이 되고, 중성 용액에서는 보라색이 되며, 수소 이온이 거의 없는 염기성 용액에서는 푸른색을 나타낸다.

용액의 산성도에 따라서 다른 색깔을 나타내는 물질은 보라색의 양배추 즙에도 들어있다. 여러 종류의 색소가 포함된 양배추 즙은 용액의 산성도에 따라서 붉은 색에서 노란색까지 다양한 색깔은 나타낸다. 이처럼 용액의 산성도에 따라 색깔이 변하는 물질을 지시약이라고 한다. 리트머스 종이에 묻어있는 파란색과 붉은 색의 지시약은 산성 용액에서는 붉은 색이 되지만 염기성에서는 푸른색이 되는 일종의 유기용매다.

된장과 숯

가끔 된장이 암을 예방하는데 효과가 있다는 연구기관의 연구결과가 신문지상을 통해 가끔 발표된다. 수 천년을 먹어온 식품의 효능이 지금에서야 밝혀졌다는 것은 참으로 아쉬운 일이다.

TV에서도 된장의 신비를 다룬 프로그램이 있었다. 우리나라의 재래식 된장이 암세포를 죽이는 효과가 강하다는 실험결과를 방영했다. 또 숯을 넣은 재래식 된장이 시중에서 파는 것에 비해 그 효과가 월등히 높은 것으로 나타났다.

된장은 메주, 물, 소금이 주원료 이다. 여기에 숯을 대략 3백g 정도를 넣는다. 그렇다면 왜 숯을 넣을까?

된장은 누구나 알고 있는 발효식품이다. 발효에는 미생물이 절대적으로 필요하다. 발효를 돕는 미생물이 없으면 부패가 일어난다.

부패되면 맛이 없음은 물론이고 독성을 띠게 된다. 앞에서 지적했듯이 숯은 크기가 1천 분의 1mm정도 되는 무수한 구멍을 가지고 있다. 신기한 것은 곰팡이같이 덩치가 큰 미생물은 숯에 기생을 못하고 우리에게 유익한 미생물은 숯의 구멍에서 서식한다는 사실이다.

숯에 자리잡은 미생물은 된장을 잘 발효시킨다. 유익한 미생물의 서식지를 숯이 제공하는 셈이다.

또 숯의 조성은 탄소가 85%, 미네랄이 10% 이상 차지하고 있다.

탄소는 환원 작용을 하므로 된장의 부패를 막는다.

미네랄은 체내 신진대사를 도와주는 미량의 금속이온 물질로 숯에는 나무가 빨아올린 미네랄이 그대로 농축돼 녹아 있으므로 숯을 넣은 된장이나 간장에는 자연히 미네랄이 풍부하게 된다.즉 과거 어머니가 집에서 숯을 넣어 담가준 된장과 간장의 맛은 바로 미네랄 효과라고 할 수 있다.

그리고 간장이나 된장을 담그는데 사용한 소금도 천연 미네랄이 많은 식품으로 한 몫을 한다. 여기서 말하는 소금은 천일염이다. 천일염은 칼슘,

마그네슘, 철 등의 미네랄이 풍부해 우리 몸에 꼭 필요한 물질이다. 우리 고유의 된장은 미생물과 미네랄의 조화로 이루어진 이상적인 식품이다.

추억 속의 얘기지만 어릴 때 시골에서 벌에 쏘이면 해독제로 된장을 발랐고 종기가 나도 된장을 붙였다. 또 소가 죽을 잘 안 먹으면 어른들은 된장을 퍼다가 소죽과 같이 끓여 먹였는데, 입맛이 없던 소가 이내 회복됐던 기억이 있다. 이와 같이 숯으로 만든 된장은 약리적인 역할도 톡톡히 해냈다.

생선요리에 레몬을 뿌리는 까닭

우리는 일상생활 중 수없이 많은 냄새를 맡는다. 음식물 냄새, 화장실 냄새, 향수냄새, 비누와 화장품 냄새, 물고기 비린내, 가솔린 냄새, 도시가스 냄새…. 어느 냄새는 우리가 좋아하는 반면 어느 냄새는 싫어한다. 또 어느 특정 냄새에 대한 기호도 개인에 따라 다르다.

나쁜 냄새 혹은 악취라고 할 때 사람마다 그에 대한 느낌도 다르다.

어떤 물질이든 우리가 냄새를 느끼려면 그 분자가 우리 콧속의 후각신경에 우선 접촉해야 한다. 바꾸어 말하면 휘발성을 지녀야 한다. 그렇다면 우리 주변에 가장 흔한 물과 공기는 휘발성인데도 왜 그 냄새를 느끼지 못할까? 분명 이들도 그 특유의 냄새가 있으련만 우리 코는 그것을 무시하도록 진화했을 따름이다. 그렇지 않았더라면 우리 코는 24시간 물과 공기 냄새를 맡느라고 다른 냄새는 맡을 시간도 없이 몹시 바빴을 것이다.

누구나 음식물이 변했는지 알아보려고 할 때는 코를 가까이 대고 냄새를 맡아본다. 음식물이 부패할 때 박테리아가 만드는 황이나 질소를 함유한 화합물 냄새에 우리 후각이 매우 민감하기 때문이다. 한 예로 에틸머-캅탄이라는 황화합물에 대한 인간의 감지도는 경이롭다. 이 기체가 공기 중에 5백억분의 1만 들어 있어도 우리는 이를 알아낸다. 현재 화학자들이 사용하고 있는 어느 화학 분석 기기도 이에 버금가는 감도를 지니지 못한다. 그러기에 가정에서 사용하는 도시가스에는 가스 누출을 감지할 수 있도록 일부러 이 황화물을 미량 첨가한다.

우리 머리털이나 손톱에도 황화합물이 단백질 구성 성분으로 들어 있으나 휘발성이 없기 때문에 다행히 악취를 내지 않는다. 하지만 머리털이나 손톱을 태우면 몹시 나쁜 냄새가 나며 이는 황과 질소 화합물 때문이다.

마늘과 양파의 심한 냄새도 그 속에 들어 있는 황화합물 때문이다.

암모니아 냄새도 나쁜 냄새중의 하나다. 서양 사람은 물고기 비린내를 특히 싫어하는데 암모니아의 형제쯤 되는 트리메틸아민은 상한 연어 냄새, 먼 종친쯤 되는 피레리딘은 상한 민물고기의 냄새이며 이들은 모두 암모니아처럼 질소 화합물이다. 트리메틸아민은 물고기에 들어있는 산화트리메틸아민이 분해되어 생긴다. 그러기에 흔히 생선 요리를 먹기 전에는 산인 식초나 레몬 즙을 뿌린다. 염기인 아민과 레몬의 산 성분이 반응하여 비린내를 없애기 때문이다.

주방에서 생선 조리에 사용했던 칼과 도마 등을 우선 묽은 식초로 닦고 세제로 씻어내면 훨씬 쉽게 비린내가 없어지는 까닭도 이 화학반응에 있다.

찬 과일이 달고 맛있다

과일은 냉장고에서 꺼내 먹어야 더 달고 시원하다. 왜 그럴까?
우선 단맛에 대해 알아보자. 설탕의 단맛을 1백이라 할 때 과당과 포도당의 단맛 정도는 각기 115~117과 65~75이다. 과당과 포도당의 단맛 값이 일정하지 않은 까닭은 그들의 단맛 정도가 온도에 따라 변하기 때문이다.

거의 모든 과일에는 과당이 들어 있으면 설탕보다 더 달다. 그러면 과일 속에 들어 있는 과당 함량이 온도에 따라 변하기 때문에 단맛이 변하는 것일까? 그렇지 않다. 과일속의 과당 함량은 언제나 일정하다. 과당은 알파형과 베타형이 섞여 수분이 녹아 있다. 이 과당의 베타형은 알파형에 비해 3배나 달다. 과일 속에 있는 과당의 베타형과 알파형 비율이 온도에 따라 변화하기 때문에 같은 과일이라도 단맛의 차이가 생기는 것이다. 우리 혀에 과일이 닿을 때 우리는 이들 성분의 평균 단맛을 느끼게 된다. 바로 이 평균 단맛, 다시 말해 알파형과 베타형의 비율이 온도에 따라 변하기 때문에 과일의 단맛도 따라서 변한다. 온도가 내려가면 알파형이 베타형으로 바뀌어 과일 속에 베타형이 많아지면 반대로 온도가 올라가면 알파형이 많아진다. 따라서 과일을 차갑게 하면 같은 과일이라도 더 달게 느껴진다. 그렇다고 너무 차갑게 하면 우리 혀의 감각이 둔해지기 때문에 오히려 단맛을 느끼지 못하게 된다.

제 10 장

연료와 화학에너지

석탄 석유 가스등의 연료의 종류와 그 특성을 알아보고, 전기에너지는 깨끗하고 높은 2차 에너지이나 저장이 곤란하여 인류가 실현해야하는 깨끗한 에너지시스템 중에서 화학에너지를 전기에너지로 직접 변환할 수 있는 전기화학 시스템에 관한 기대는 크다. 이 장에서는 휴대용 이동용의 전원으로 생활에 꼭 필요한 전지와 고에너지 교환효율이 기대되는 연료전지 및 환경유지에 기대되는 전기화학 시스템을 공부한다. 이들 전지는 직경이 수 미리인 마이크로 전지로부터 전기자동차, 전력저장용 초대형에 이르기까지 용도에 따라 다양하고 넓다고 할 수 있다.

10-1 연료에너지

가 스 : 과거에 도시가스라고 말하면 석탄을 건조 연소하여(건류) 발생하는 기체로부터 고체타르, 암모니아, 아황산가스등의 유해물질을 제외한 가스를 말했다. 하지만 현재 도시가스는 석탄건류 가스도 일부 함유하고 있고 석유나 나프사(미정제 가솔린)를 고온의 촉매하에서 가스화시켜 변성한 수소, 에틸렌 등의 연료가스도 소량(7%)을 포함한 대부분 메탄(CH_4)의 액화천연가스(LNG)가스를 말한다.

도시가스의 주성분인 메탄기체는 -160℃에서 액화(액비중 0.46)되기 때문에 LNG는 거대탱크에 보관하여 기지에서 기화시켜 기체상태로 가정에 공급되며 540℃의 착화온도에서 불이 붙어 13,000㎉/kg의 고 발열량을 갖는 공기보다 가벼운 기체(가스비중 0.6)이다.

도시가스 배관이 묻혀있지 않는 장소에서는 주성분이 프로판(C_3H_8) 기체인(부탄도 소량포함)액화석유가스(LPG)를 용기에 충진시켜 사용할때 기체화시켜 사용한다.

액화석유가스(LPG)는 탄소수가 3~4개인 탄화수소 가스의 혼합물이고, **나프사**는 석유화학제품의 원료나 도시가스의 원료이며 가솔린은자동차 내연기관의 연료라든가 공업용 가솔린으로 세척용, 고무용, 도로용, 추출용 등으로 사용된다.

석 유 : 석유의 성분은 탄화수소로서 탄소와 수소 원자만으로 구성되어져 있으며 석유의 조성은 크게 나누면 다음 4종류의 탄화수소로 되어있다. 일반식이 C_nH_{2n+2}인 파라핀계와 C_nH_{2n}인 고리화 포화나프텐계 탄화수소로 탄소원자가 연결되어 고리를 만들고 있다는 의미로 시크로파라핀의 두 가지가 있는데, 보통 석유원유는 둘 중 하나이거나 혼합물로 되어있다. C_nH_{2n-6}의 일반식을 갖는 방향족 탄화수소는 대만과 보르네오산의 특수한 원유의 성분이다. 시크로파라핀 원유 중에 포함되어 있지 않는 오래인계 탄화수소(C_nH_{2n})는 나프사의 분해법으로 석유화학제품의 원료로서 다량 제조되고 있다. 석유 원료로부터 상압증류 또는 감압증류와 개질, 분해, 정제 등의 공정에 의하여 다음과 같은 제품이 제조된다.

등유는 석유발동기연료 용매용의 다등유, 등화용, 난방용에는 수소첨가에 의하여 탈황 정제한 백등유가 사용된다.

경유와 중유 : 경유의 대부분이 디젤기관의 연료로서 사용되고 중유는 보일러용 대형디젤기관용 연료로서 사용되며 중유에는 불순물로 유황화합물이 함유되어 있음으로 제거해야한다. 탈황방법에는 감압 증류로 나오는 추출 경질유분을 수소를 첨가하여 환원하는 탈황반응에 의하여 생성되는 H_2S로서 황(S)를 제거한다. 탈황법은 중유잔류와 혼합하는 간접탈황법과 중유전체를 탈황하는 직접탈황법이 있다.

<표 10-1> 석유의 종류와 그 용도

종 류	끓는점(℃)	중요한 용도
LPG	~30	가정용연료, 화학공업연료
나프사	130~100	석유화학공업연료, 도시가스원료
가솔린	8~200	휘발유엔진연료, 공업용용매
등 유	150~250	석유발동기용연료, 가정용연료
경 유	200~330	소형디젤용연료
중 유	350~	보일러와대형디젤연료, 윤활유, 파라핀제조
아스팔트	잔사	포장제, 절연제료, 방수제료

석탄 : 석탄을 1000℃이상 건류하면 석탄가스와 코크스가 얻어진다. 석탄가스는 연료가스인 도시가스의 일부이고 코크스는 재현원료로서 철광석을 철로 환원하기 위해 다량 사용된다. 석유에 비하여 석탄의 매장량은 많다. 고체연료인 석탄분말을 중질유와 혼합한 것에 수소기체를 첨가하여 액화시킨다든가, 용매로서 추출한 후 수소를 첨가하여 기름성분에 가한다든가, 중질 연료유 중에 30~50%의 미립탄을 균일하고 안정한 상태로 분산시킨다든가하여 보통의 액체연료와 같이 이용한다.

석탄의 분류는 탄소의 석탄화도가 가장 낮은 아탄(65%), 갈탄(75%), 역청탄(85%), 무연탄(90%이상)이 있으며, 탄소, 수소, 산소 및 황의 함량과 발열량을 목재, 석탄, 석유에 비교해 보면 다음과 같다.

<표 10-2> 목재, 석탄, 석유의 주성분 원소와 발열량

종 류	탄소(%)	수소(%)	산소(%)	황(%)	발열량(kcal/kg)
목 재	50~	7~9	43		2500~4000
갈 탄	60~75	5~7	25	0.8~2.0	3000~5500
역청탄	75~90	4~6	13		5500~7000
무연탄	90~95	2~4	2.5	약 0.3	7000~8000
석 유	85~88	11~15	0	0.08~4	10,000~11,000

10-2 태양에너지

태양에너지

태양은 막대한 양의 열과 빛에너지를 생산하는 무한정의 에너지원으로 설치 및 그 이용가격도 점차 낮아지고 있는 중이다. 태양에너지는 집이나 회사에서 물을 데우는 데 사용될 수도 있고 태양빛으로 음식을 만드는데 이용될 수도 있다.

태양열 집열판(solar panel) : 태양열을 이용하는 방법으로 태양열 집열판을 지붕에 설치하여 가정용 온수를 공급하는데 사용하는 것이다.

<그림 10.1> 태양열 주택

투과판(transparent cover)을 통과한 태양열은 검은 흡수판(absorbing panel)을 통과 흡수된다. 펌프가 연결되어 있는 파이프 안으로 액체가 흐르는데 이 액체가 집열판 안을 흐르면서 가열된다. 이렇게 가열된 액체는 보일러 속을 지나면서 물을 데우게 된다. 이렇게 만들어진 온수를 건물 내에서 사용하게 된다. 이 태양열 집열판은 우리 주변 곳곳에서도 흔히 볼 수 있는 것으로 전 세계에 걸쳐 사용되고 있다. 특히 더운 지방이나 여름에 잘 운용되고 겨울에는 물을 데우는 것을 돕게 된다.

태양열 발전소 : 태양열 발전소는 오목 거울을 이용하여 태양 광선을 보일러에 모은다. 수 많은 오목 거울이 설치되어 있어 여기서 모아진 태양에너지는 보일러 속의 물을 가열시키게 된다. 물이 끓으면서 증기를 만들게 되는데 그 증기가 터빈을 돌려 전기를 만들게 된다. 미국인들은 사막에 이런 발전소를 세워왔다.

태양 전지(solar cells) : 태양 에너지를 충전할 수 있는 전지나 밧데리로 이미 전자계산기, 손목시계, 인공위성의 전원으로서 이용되고 있다.

태양 전지는 태양 에너지만 존재하면 언제라도 발전이 가능한 무공해 에너지원으로 소음 및 온 배수 공해도 없다. 그러나 이러한 태양광 발전은

<그림 10.2> 태양광 발전 이용

햇빛이 있어야만 발전이 가능하기 때문에 계절과 기후의 제약을 크게 받으며, 큰 발전량을 얻기 위해서는 태양 전지판이 매우 커야 하는데 이를 위해서는 넓은 땅이 필요하다는 결점이 있다. 현재 기준으로 보면 10㎡당 약 1㎾의 발전이 가능한 것으로 알려져 있다.

우리나라의 경우에는 전남 하화도에 25㎾급, 최남단 마라도에 30㎾급 시스템이 설치되어 섬 주민들에게 전원을 공급하고 있다. 그리고 제주도 한라산의 백록담 가는 길목에 있는 산장과 휴게소 등에도 이러한 태양전지를 활용한 곳이 있다.

10-3 수력 및 풍력에너지

수력에너지

천연 무공해 에너지원인 물을 이용하여 에너지를 생성할 때는 댐이나 장벽을 만들어 수위차를 이용한다. 강이나 호수에 댐을 설치하여 물을 가두었다가 수문을 열어 물을 흘려보낼 때, 터빈을 돌려 전력을 생산하는 수력 발전과 바다의 조수의 흐름을 이용하는 조력 발전이 있다.

수력 발전은 가동과 정지가 쉽고, 운영비가 적게 들며, 운전과 보수 유지가 간단할 뿐 아니라 기기 수명이 반영구적인 장점을 가지고 있다.

<그림 10.3> 수력 발전 이용

우리나라에는 1983년 섬진강에 수력 발전소를 건설한 이래 팔당, 청평, 충주, 합천, 보성강, 양양, 무주 등에 수력 발전소를 건설하여 무공해 에너지를 얻고 있다. 지구상에서 조석은 지역마다 다르게 나타나며 발생하는 조차의 범위는 최고 17m에 달한다. 우리나라의 서해안은 강한 조석이 발생하는 지역으로서 세계적으로 보기 드문 훌륭한 조석 발전 개발 여건을 갖추고 있는 것으로 알려져 있다.

조력 발전의 방식에는 여러 가지가 있으나 오늘날 실용화된 것은 강한 조석이 발생하는 큰 하구나 만의 입구에 방조제를 만들고 수차 발전기와 수문을 설치하여 조지(해수를 저장할 수 있는 저수지)를 형성한 후 수문의 조작을 통하여 조지와 바다와의 수위차를 발생시켜 발전을 일으키는 것이다. 1966년 세계 최초로 프랑스에 시설 용량 24만㎾급의 랑스 조력 발전소가 완공된 이후 소련, 중국, 캐나다에 조력 발전소가 건설되었고 우리나라를 비롯 여러 나라에서 대규모 조력 발전을 위한 조사 연구가 활발히 진행되고 있다.

풍력에너지

자연의 바람으로 풍차를 돌리고, 이것을 기구 등을 이용해 속도를 높여 발전기를 돌리는 발전방식을 말한다. 풍력발전은 발전기를 풍속에 관계없이 일정한 속도로 회전시킬 필요가 있기 때문에 제어를 하기 위해 풍속에 따라서 풍차날개의 기울기를 바꿔야만 한다. 다시 말해 공기의 유동에 의해 생성되는 운동 에너지의 공기역학적(aerodynamic) 특성을 이용하여 회전자(rotor)를 회전시켜 기계적 에너지로 변환시키고 이 기계적 에너지로 전기를 얻는 기술이다.

<그림 10.4>
풍력 발전을 위한 풍차

풍력 발전 지역의 전기 발전에 사용되는 중간 크기의 풍력 터빈은 주로 수평축으로 세워져 있는 2개, 또는 3개의 날개를 가지고 있고, 각각 300~750㎾의 전기를 발생시킨다. 풍속은 높이가 높을수록 증가하므로, 높은 탑이 세워진 터빈일수록 기능이 더 좋다.

풍력터빈은 공기 오염을 발생시키지 않는 반면에 몇 가지 결점이 있다. 터빈들은 각각 멀리 떨어져 있어야하므로 넓은 지역을 차지한다. 그리고, 풍력터빈 탑 부근의 땅은 자연 상태에서 벗어나 농경지와 목축지로 사용되어져야 한다. 따라서, 이러한 에너지 시설을 농장이나 목축지에 세워지게 된다. 하지만, 일반적으로 발전 방식에 따른 소요 면적은 풍력 1,335㎡/GWh, 석탄 3,642㎡/GWh, 태양열3,561㎡/GWh 그리고 태양광 발전 3,237㎡/GWh로서 풍력 발전이 가장 작은 면적을 필요로 한다.

풍력 발전은 공해 물질 저감 효과도 매우 커서 200㎾급 풍력 발전기 1대가 1년간 운전하여 400,000㎾의 전력을 생산한다면 약 120~200톤의 석탄을 대체하게 되며, 줄어드는 공해 물질의 배출량은 연간 SO_X 2~3.2톤, NOx는 1.2~2.4톤, CO_2는 300~500톤, 슬래그(slag)와 분진(ash)은 16~28톤에 달하며, 부유 물질은 연간 약 160~280㎏ 정도 배출이 억제되는 효과가 있다.

10-4 지력에너지와 바이오매스

지력에너지

지열은 지구 내부에서 지표면을 거쳐 외부로 나오게 되는 열을 말한다. 지구는 중심부로 갈수록 온도가 높아져 지구 중심부의 온도는 4000℃에 달한다. 이러한 지열은 열전도에 의해서나 가스, 온수 및 화산불출 등에 의해 유출되는데, 그 양은 지역적으로 크게 다르지만 지구의 전 표면에서 방출된다. 엄밀히 말해 지열 에너지는 재생이 불가능한 에너지원이지만 지구 자체가 가지고 있는 에너지이므로 굴착하는 깊이에 따라 잠재력은 거의 무한대라고 할 수 있다.

지열 에너지는 저온 열수를 직접 이용하는 온천 등의 관광 자원 또는 프랑스나 헝가리에서 전형적인 예를 찾을 수 있는 것처럼 난방 열원 등으로서는 많이 개발되었다고 할 수 있으나 에너지원으로서는 그다지 개발된 자원은 아니라고 할 수 있다. 현재 지열 에너지 이용에 가장 많이 채택되고 있는 것은 지열을 직접이용하는 방식이지만 앞으로는 지열발전의 비중이 직접이용 방식보다 커질 전망이다. 지열발전은 지하에 있는 고온층으로부터 증기 또는 열수(熱水)의 형태로 열을 받아들여 발전하는 방식이다.

지구는 하나의 거대한 보일러이며 이것을 이용한 에너지 전환장치는 여러 가지를 생각할 수 있지만, 현재 발전에 이용되는 것은 지열로 발생한 증기를 이용하는 것이다. 빗물이 단층 등을 통해서 지하로 흘러 들어갈 때, 그 근처에 용암 마그마(magma)가 모여 있으면 고온의 물이 되는데 이때 우물을 파면 물의 압력이 낮아지면서 고온의 수증기가 뿜어 나오게 된다. 이 증기로 터빈을 돌리는 것이 지열발전이다.

<그림 10.5> 지열을 이용한 발전

지열발전은 운전기술이 비교적 간단하고 가동률이 높으며 잉여열을 지역에너지로 이용할 수 있다는 이점이 있다. 전 세계 지열에너지의 양은 그리 크다고 할 수 없지만 하와이와 일본에서 개발 가능한 지열지대가 60군데 이상 발견되었다. 그러나 환경과의 조화, 지진에너지와의 관련 때문에 이용가능량은 전세계적으로 6,000㎾정도로 여겨지고 있다.

어떤 지역은 증기와 뜨거운 물이 충분하여 전기를 생성하는데 지열발전은 그것을 이용한다. 땅속에 구멍을 뚫고서 소다수 속에 빨대를 꽂는 것처럼 파이프를 뜨거운 물 속에 꽂으면 뜨거운 증기나 물은 이 파이프를 통해서 땅 아래에서 위로 나온다.

그림에서 발전소로부터 솟아나는 하얀 "연기"는 냉각 과정에서 생성된 증기이다. 냉각된 물은 땅으로 되돌려지고 지구에 의해서 다시 가열되어진다. 이러한 과정에서 만들어진 전기는 발전소와 가정, 학교, 그리고 직장을 잇는 거대한 회송 전선으로 보내진다.

바이오매스

바이오매스란 나무나 풀, 가축 분뇨, 음식쓰레기 등이 에너지원으로 쓰이는 것을 말한다. 바이오매스는 원래 생태학의 용어로서 생물계 유기자원, 생물량 또는 생체량이라고 번역할 수 있다. 이것은 살아 있는 동물 ·

식물·미생물의 유기물량(보통 건조중량 또는 탄소량으로 표시)을 의미한다. 따라서 생태학의 용어법에서는 나무의 줄기 뿌리, 잎 등이 대표적인 바이오매스이며 석유나 석탄과 같은 생물류의 화석자원은 포함하지 않는다. 즉, 죽은 유기물인 유기계 폐기물(폐재, 가축의 분뇨 등)은 바이오매스가 아니라고 할 수 있다. 하지만 일반적으로 산업계에서는 유기계 폐기물도 바이오매스에 포함시키는 것이 보통이다.

도시가스나 석유, 전기 등은 편리하지만 공해를 많이 일으킨다. 화학공학, 생물공학, 유전공학 기술들을 사용하면 여러 종류의 바이오매스들을 알코올(메탄올, 에탄올)이나 도시가스와 비슷한 메탄가스, 수소가스 그리고 전기로 바꿀 수 있다. 이렇게 만들어진 알코올이나 가스 혹은 왕겨탄, 곡식이나 과일, 채소들을 지어서 먹거리를 마련하고 남는 것들은 —예를 들면 볏짚, 보릿짚, 콩대, 옥수수대, 참깨줄기, 고추줄기 그리고 과수의 가지—훌륭한 연료가 된다. 그리고 왕겨는 압축시켜 단단한 왕겨탄으로 만들면 음식점 같은 곳에서 갈비나 불고기를 구워 먹는데 쓰기도 한다.
가축 분뇨, 공장폐수, 농수산 쓰레기, 음식쓰레기 등 잘 태울 수 없는 폐기물을 미생물로 발효시키면 쓰기가 편리한 메탄가스, 수소가스, 양질의 퇴비를 만들 수 있다. 주위의 음식쓰레기나 동물의 배설물도 뛰어난 바이오매스이다. 이것을 썩히면 메탄가스와 같은 바이오 연료로 변환된다.

10-5 자동차 연료화학

가솔린 연료 : 승용 자동차의 연료로 쓰는 가솔린(petrol)은 옥탄가가 70을 갖는 이소옥탄(2,2,4-트리메틸펜탄 C_8H_{18} : $(CH_3)_3CCH_2CH(CH_3)_2$)과 같은 포화탄화수소 알칸으로 거의 노킹(knocking)없이 엔진의 피스톤을 부드럽고 일정하게 움직이기 위해서는 폭발을 느리게 연소하는 매우 뛰어난 성능을 가지고 있다. 그러나 n-헵탄(C_7H_{16})이 섞이면 상당한 노킹을 일으킨다. 엔진에서 가솔린과 공기가 혼합될 때 점화플러그에 의하여 폭팔되므로서 피스톤을 상하로 움직이게 된다.

그때의 연료와 공기와의 화학반응은

$$O_2 + N_2 \xrightarrow{\text{고온}} 2NO, NO_2 \text{ (매연)}$$

$$C_8H_{18} + 12.5\,O_2 \longrightarrow 8\,CO_2 + 9\,H_2O + \text{열}$$

$$\searrow CO, CH_3COCH_3, HCHO, \text{미연소탄화수소등}$$

실제로 이와 같은 산소공급으로는 완전산화가 일어나지 않고 CO와 미연소 탄화수소가 발생하므로 산소대 연료의 비를 더 높여 15.1 : 1로 하면 CO의 방출량은 1/8로 줄어들지만 완전연소에 의해 생기는 여분의 열 때문에 ($C + O_2 \rightarrow CO_2$ +94.1㎉) 발열반응으로 방출되는 열이 공기중 질소의 산화 흡열반응에 공급되어 ($N_2 + O_2 \rightarrow 2NO$ -4.3㎉) 일산화질소를 생성 방출하여 대기환경을 오염시키고 자동차의 출력은 감소된다.

액화천연가스(LNG) 연료 : 내연기관에 사용할 수 있는 연료로 액체석유에 비해 비교적 풍부하다. 휘발유인 가솔린과 비교하여 몇 가지 장단점을 갖고 있다. 천연가스의 주성분인 메탄(CH_4)은 가솔린의 주성분인 옥탄(C_8H_{18})보다 단위 무게 당 더 많은 에너지를 방출한다.

천연가스 : $CH_4 + 2\ O_2 \rightarrow CO_2 + 2\ H_2O$ + 13.3Kcal/g

가솔린 : $C_8H_{18} + 12.5\ O_2 \rightarrow 8\ CO_2 + 9\ H_2O$ + 11.8Kcal/g

메탄이 더 좋은 연료라는 것을 알 수 있으나 액화천연가스(Liquified Natural Gas:LNG)는 가솔린보다 밀도가 낮기 때문에 단위 부피당 에너지는 더 낮다.

<표 10-3> LNG와 가솔린의 물리적 성질 비교

	천연액체	가솔린
액화온도	-162°C	20°C
액체밀도	0.46 g/ml	0.74 g/ml
함유열량	5583 kcal/l	8729 kcal/l
주행거리	약 6 km/kg	약 10 km/kg

가솔린이 메탄보다 단위 몰당 연소에너지는 낮지만 연소가능한 물질을 더 많이 갖고있으므로 단위무게당 더 많은 에너지를 갖고 있어 가솔린

1Kg으로 같은 무게의 천연가스보다 더 먼 거리를 주행할 수 있다. 그러나 천연가스의 장점은 액체상태에서 쉽게 기화되므로 춥더라도 시동이 잘 걸리고 분자가 작으므로 노킹이 잘 일어나지 않으며 깨끗하게 연소하여 방출하는 배기물을 적게 배출하므로 대기환경 오염의 염려가 거의 없다.

가솔린 첨가물 : 연소효율 상승제로 2~15%의 methy-tert-butyl ether (MTBE)를 가솔린에 첨가하여 오존이나 일산화탄소의 배출량을 줄여 옥탄가를 높여주는 향상제를 말한다.

노킹방지제 : 가솔린인이소옥탄에 사에틸납($Pb(C_2H_5)_4$)를 섞여 넣으면 조기 점화나 노킹(knocking)을 줄일 수 있다. **부착물조절제**는 앞서 일어난 점화에서 생성된 벌겋게 타는 입자들에 의해 새로 주입된 연료가 점화되는 것을 막기위해 트리크레실인산염(TCP : tricresyl phosphate[] 를 첨가하며, **산화방지제**로 노킹이나 퇴적물을 만드는 과산화물의 생성을 방지하기 위하여 페닐렌디아민, 아미노페놀, 이부틸-p-크레졸, ortho-알킬화페놀 등을 첨가한다.

부식방지제 : 저장탱크, 파이프라인, 유조선과 엔진의 연료공급장치의 부식으로 인해 물이 스며드는 것을 방지하기 위하여 부식방지제로 트리메틸 인, 술폰산 나트륨이나 칼슘, N,N'디부틸 p-페닐렌디아민 등의 화합물은 매우 얇은 보호막으로 금속표면을 덮어서 물이 금속과 접촉하는 것을 막아주며 기화기에 접착성 퇴적물이 부착되는 현상이나 날씨가 추울 때 얼음이 얼어붙는 것을 방지해준다.

부동액 : 물과 같은 액체에 첨가하여 어는점을 낮추어 주는 액체를 부동액이라 말하는데 에틸렌글리콜은 에틸렌을 산화시켜 생성된 산화에틸렌이나 브롬화에틸렌을 가수분해하여 만든다.

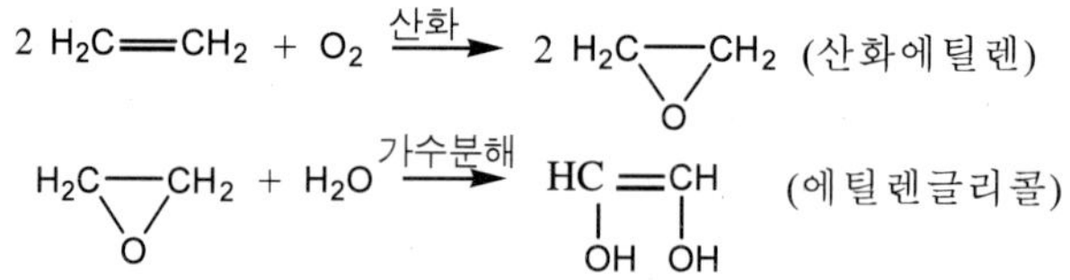

$$Br - \overset{H}{C} = \overset{H}{C} - Br + H_2O + K_2CO_3 \xrightarrow[\triangle]{} HO - \overset{H}{C} = \overset{H}{C} - OH + 2KBr + CO_2$$

(m.p= -11.5°C, b.p= 197.5°C)

부동액의 주성분인 에틸렌글리콜이 95% 이상인 영구부동액은 수냉식 자동차의 엔진온도를 냉각시키며 겨울에는 냉각수가 얼지 않도록 레지에이터에

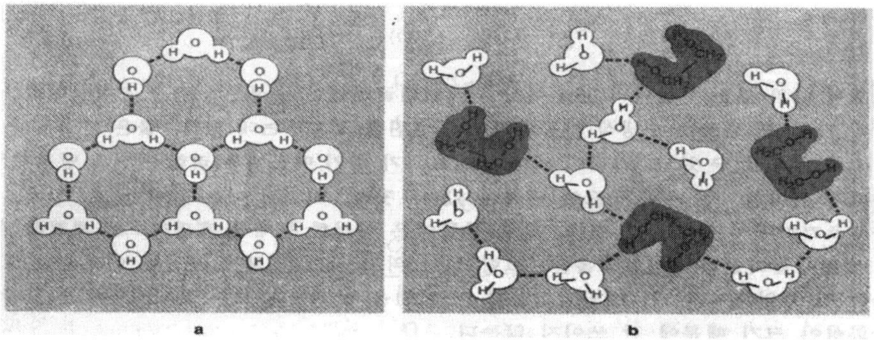

<그림 10-1> 에틸렌글리콜 분자가 어떻게 물분자의 결정구조 형성을 방해하는지를 보여준다. 예를들어 글리콜은 물분자와 수소결합을 형성하여 물분자가 얼음구조내(a)에서 적절한 장소에 위치하지 못하게 방해한다(b)

부식방지제와 함께 부동액을 냉각수에 넣어 혼합하면 냉각수가 얼지 않게 된다. 메틸알코올이 어는점을 낮추는데 보다 효과적이지만 휘발성과 엔진온도 상승에 의한 인화성이 크기 때문에 잘 쓰이지 않는다.

에틸렌글리콜이 물 냉각수의 어느점을 낮추어주는 화학구조적인 이유는 액체물이 0℃의 온도에서 얼 때 물분자 자신의 산소와 수소원자간 수소결합을 용이하게 하여 고체 얼음 결정구조를 형성한다. 하지만 에틸렌글리콜을 가하면 물분자 사이에서 글리콜 분자의 두 수산기(-OH)가 물분자와 수소결합을 하여 0℃로 온도가 낮아지더라도 물분자 자신들이 수소결합을 하는 결정구조를 형성하지 못하게 하기 때문이다.

에어백 : 에어백은 갑작스런 속도를 감속 시키드라도 매우 빠르게 탑승자를 보호해야하는데 에어백은 충돌시 수밀리 초 내에 팽창하여 백의 내부압력이 증가하여야 한다. 그러기 위하여 충돌센서와 마이크로프로세서가 속도, 가속력, 정지형태의 충격에 따라 작동되어야한다. 가스발생기는 아지트나트륨(NaN_3)와 질산칼륨 및 실리카(SiO_2)의 혼합물을 전기적으로 점화를 시키면 폭연작용을 하여 많은 양의 질소(N_2)기체를 발생하여 백을 채우게 된다.

$$2\ NaN_3 \rightarrow 2\ Na + 3\ N_2\ (300℃에서)$$

$$10\ Na + 2\ KNO_3 \rightarrow K_2O + 5\ Na_2O + N_2$$

$$K_2O + Na_2O + SiO_2 \rightarrow \text{alkaline silicate(유리)}$$

10-6 전기화학 에너지

Dinel전지 : 산화전극(음극:anode)으로 Zn막대, 환원전극(양극: cathode)으로 구리막대를 사용하며 전해질로 황산아연과 황산구리 용액을 사용한다. 이들 두 전해질용액은 두 반쪽반응이 섞이지 않도록 다공성 격막 또는 염다리로 분리되어 있어 전자전달 반응에 따른 이온의 이동만 원활하게 일어나도록 구성되어 있다.

아연이 산화되고 구리이온이 환원되는 반응은 자발적으로 일어나며 두 전극사이에서 이 전지의 기전력(전압) $E_{cell} = E^0_{Red} - E^0_{Oxi} = +0.34 - (-0.763) = 1.103$ V의 전압이 초기에 측정되는데 시간이 지남에 따라 점점 감소하게 된다. 간단한 전지의 표시법으로 음의 표준전위($E^0_{Oxd.}$)를 갖는 산화가 일어나는 전극(-극)을 왼쪽에, 대체로 양의 표준전위(E^0_{Red})을 갖는 환원이 일어나는 전극(+극)을 오른쪽에 나타내며 한 개의 수직선으로 전극과 전해질 계면을 나타내고, 2개의 수직선으로 분리격막이나 염다리를 나타낸다. 다니엘전지의 표시는

$$Zn(s) \mid Zn^{2+}, SO_4^{2-} \parallel SO_4^{2-}, Cu^{2+} \mid Cu(s)$$

각 이온의 농도는 괄호 안에 표현하며 이 다니엘전지는 아래와 같은 화학반응에 의하여 (-)극으로부터 (+)극으로 전자가 이동하여 전류가 흘러 화학에너지가 전기적인 에너지로 변환된다.

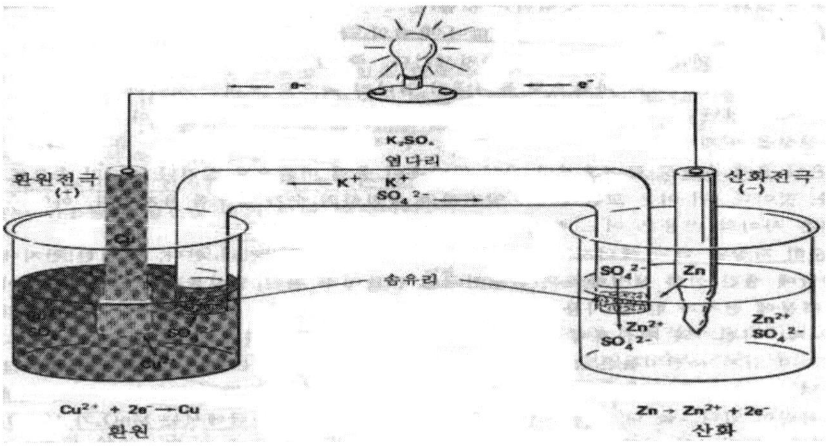

<그림 10-2> 아연금속의 산화와 구리이온의 환원을 이용한 간단한 축전지

환원전극(+극)의 반쪽전지반응 $Cu^{2+} + 2e^- \rightarrow Cu(s)\downarrow$ 석출 : E^0=+0.340V

산화전극(-극)의 반쪽전지반응 $Zn - 2e^- \rightarrow Zn^{++}$ 용해 : E^0=-0.764V

전체전지반응 : $Cu^{2+} + Zn(s) \rightarrow Cu(s)\downarrow + Zn^{2+}$ E^0_{cell}=+1.103V

실용전지 : 1차 전지란 자발적으로 전지반응이 일어나 방전되어 기전력이 떨어져 외부로부터 전력을 공급하더라도 그 역반응인 충전이 되지 않는 전지를 말하고, 2차 전지는 역반응인 충전이 일어나 원래 전극으로 재생되어 다시 방전할 수 있는 상태로 회복되는 충전이 가능한 전지를 말한다.

망간 건전지 : 망간전지는 옛날부터 사용해온 제일 많이 팔리는 전지로 그 양극 환원 전극반응은 전해액의 종류에 따라 두 반응이 있다.

Leclanche 전지 :

$2\ MnO_2 + 2\ NH_4Cl + Zn \rightarrow 2\ MnOOH + Zn(NH_3)_2Cl_2$

염화아연형전지 :

$8\ MnO_2 + 8\ H_2O + ZnCl_2 + 4\ Zn \rightarrow 8\ MnOOH + ZnCl_2 \cdot 4\ Zn(OH)_2$

산화음극은 Zn , Hg , Cd 등이 사용되며 그 에너지 밀도는 200 Whl^{-1}에 달한다.

알카리 전지 : 산화전극(-극)은 Zn이고 환원전극(+극)은 MnO_2로 전해질 용액은 KOH 알카리 수용액을 사용한다. 평균 작동전압은 1.3 V 에너지 밀도는 296 Whr^{-1}이다.

리튬 1차전지 : Li은 가장 음의 전위를 갖는 산화전극(-극)으로 사용하고 환원전극인 양극은 MnO_2나 CuO을 사용하며 전해질로는 1M 정도의 $LiClO_4$ 나 $LiBF_4$를 녹인 PC-DME 혼합 유기전해액을 사용한다. 소형 시계, 카메라, 전자수첩 등에서 사용한다.

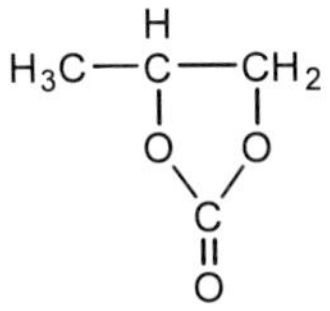

PC(propylenecarbonate)

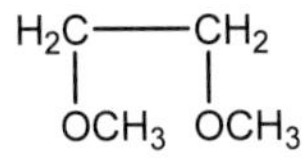

DME(1,2-dimethoxyethane)

전지반응은

$Li + MnO_2 \rightarrow MnLiO_2$: $E_{cell}=3.0V$ 430 Whr^{-1}

$2Li + CuO \rightarrow Li_2O + Cu$: $E_{cell}=2.2V$ 470 Whr^{-1}

2차 전지 :

소형 니켈-카드늄전지(닉카드전지) : 음극 산화전극은 카드늄(Cd), 양극 환원전극은 NiOOH를 사용하고 전해질로는 KOH 수용액을 사용하여 큰 전류가 흘러 큰 출력을 얻을 수 있는 가볍고 수명도 길어 휴대용 컴퓨터, 전화, 테스타 등에 널리 사용된다.

전체 전지반응 : $2\ NiOOH + Cd + H_2O \underset{충전}{\overset{방전}{\rightleftharpoons}} 2\ Ni(OH)_2 + CdO$

이와같이 밀패형 닉카드 전지는 양극용량이 작으므로 충전말기로부터 과충전 시에 발생하는 산소를 음극 카드뮴과 반응시켜 흡수한다.

$$Cd + 1/2\ O_2 + H_2O \underset{충전}{\overset{방전}{\rightleftharpoons}} Cd(OH)_2$$

평균 작동전압은 1.2 V이고 에너지 밀도는 60 Whl^{-1}이다.

대형 납축전지 : 대형 납축전지는 보통 12V용 자동차 축전지는 2V 짜

리 6개 축전지를 직열로 연결시킨 전지로 자동차의 출발, 헤드라이트, 엔진가솔린 점화용 직류전원으로 사용되는 것으로 양극환원 전극은 납(Pb)와 Sb(5~10%)의 합금으로 만들어진 격자에 PbO_2(산화납)분말을 황산에 반죽 응고된 것을 체워 만들어져 있고 산화음극 납판은

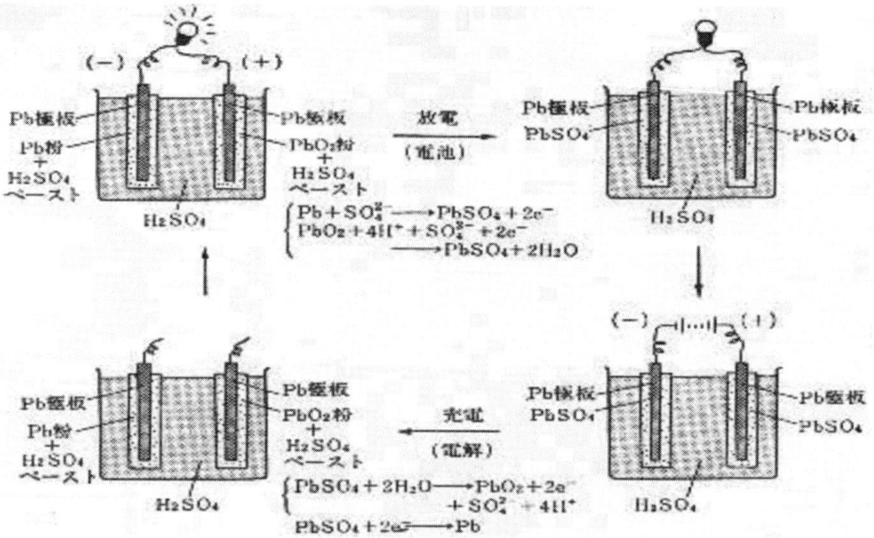

<그림 10-3> 납축전지의 충방전반응

산화음극 납판은 유리섬유에 납분말을 도포한 납판(Pb판)으로 사용하고 전해질은 유일하게 강산인 황산을 묽힌 것을(비중 1.26~1.3범위의 36~40%의 황산) 사용한다.

전체 전지반응식 :

$$PbO_2(+극) + Pb(-극) + 2\ H_2SO_4(전해액) \underset{충전}{\overset{방전}{\rightleftharpoons}} PbSO_4(+극) + PbSO_4(-극) + 2\ H_2O(전해액)$$

전지를 사용하면 전력이 소비되는 것이 방전인데

그 방전 반응식을 살펴보면

양극(+)의 방전반응 : $Pb^{4+}O_2 + SO_4^{2-} + 4\ H^+ + 2e^- \rightarrow PbSO_4\downarrow + 2\ H_2O$

(환원반응) 표준환원전위 $E^0 = +\ 1.69\ V$

양극의 충전반응(산화반응)은 외부로부터 전기에너지 주입하면 위 반응의 역반응(←)이 일어나 물의 산화로 산소발생과 PbO_2 재생된다.

물의 산화반응 : $2\ H_2O - 4e^- \rightarrow O_2\uparrow + 4\ H^+$

음극(-)의 방전반응 : $Pb + SO_4^{2-} - 2e^- \rightarrow PbSO_4\downarrow$

(산화반응) 표준산화전위 $E^0 = -\ 0.355V$

음극의 충전반응(환원)은 위 반응의 역반응으로 다시 $PbSO_4$로부터 납 Pb가 석출하고 물의 환원으로 수소가 발생한다.

물의 환원반응 : $4\ H_2O + 4e^- \rightarrow 2\ H_2\uparrow + 4\ OH^-$

이론적 표준전지 기전력(E^0_{cell})은

$E^0_{cell} = E^0_{PbO2} - E^0_{Pb} = (+1.69) - (-0.355) = 2.045V$이다.

하지만 실제의 기전력은 약간 낮으며 방전을 많이하면 더 전압(기전력)이 떨어진다. 위의 방전 반응에서 알 수 있듯이 축전지가 방전이 많이 될수록 황산이 $PbSO_4$를 생성하여 침전하므로 전해액인 황산의 농도가 묽어지므로 밀도가 감소한다. 그러므로 황산의 밀도를 측정해보면 충전된 상태를 알 수 있을 것이다. 이 축전지에서는 충전할 때나 보존시에 충전에 의하여 (+)극에 산소(-)극에 수소가 발생하므로 발생한 O_2와 H_2를 촉매를 이용하여 재결합시켜 물 전해액으로 되돌리는 방법이 있다. 분리격막은 다공성고무나 염화비닐이나 다공성 폴리오래인 등을 사용한다.

수소연료전지 :

약 150년전인 1839 W.Grove가 화학에너지를 사용하여 고효율의 무공해 발전이 가능한 전기화학시스템이 가능함을 실증하였다. 연료전지는 에너지를 저장하는 전지와는 다르게 에너지를 전환하는 장치로서 기체반응물이 산화-환원반응이 일어날 때 생기는 화학에너지를 직접 전기에너지로 바꾸는 특별한 산화-환원 전기화학의 응용이다.

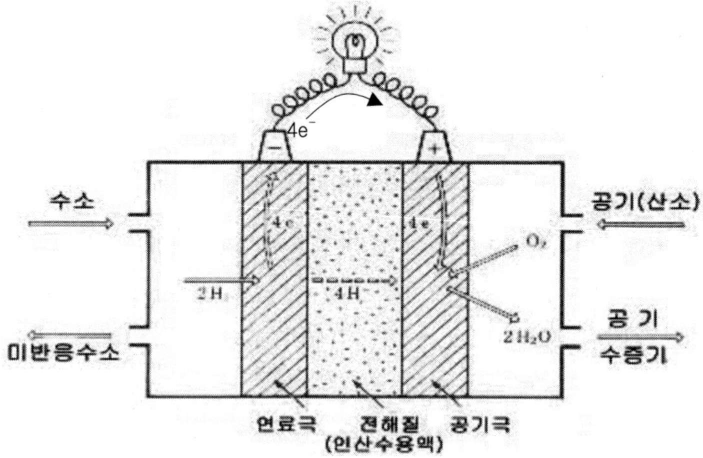

<그림 10-4> 연료전지의 원리

지금 실용화되어 있는 연료전지는 전해질의 종류에 따라 분류하는데 한 예로 인산을 전해질로 하는 **수소 연료전지**의 경우 연료로서 수소(H_2)가 음극인 연료극에서 산화되고 즉 양극인 공기극에서 공기중의 산소가 수소 기체를 산화시켜 소모하고 산소(O_2) 자신은 환원되어 물(H_2O)을 생성한다.

연료인 수소의 음극산화반응 : $2\ H_2 - 4e^- \rightarrow 4\ H^+$

공기중 산소의 양극환원반응 : $O_2 + 4\ H^+ + 4e^- \rightarrow 2\ H_2O$

전체 반응 : $2\ H_2 + O_2 \rightarrow 2\ H_2O$

강산인 고농도의 인산을 전해질로 사용하므로 약 200℃에서 작동하니 생성된 물이 증발하므로 물의 제거가 용이하며 베터리 와는 달리 충전할 수 없다. 연료로서 수소 뿐아니라 알코올, 천연가스, 액화석유가스 등 특수한 목적으로 개발되었다. 700℃이상에 기화되는 **탄화수소연료 전지**에서 생성되는 수증기는 열파쇄기로 보내지고 그 곳에서 수소와 일산화탄소(CO)로 분해되어 다시 수증기와 반응하여 이산화탄소(CO_2)로 되고 일부 물은 더 많은 수소로 변환된다.

제 11 장

빛의 화학

• 빛의 화학

우리는 매일 빛에 의존해서 살기 때문에 빛의 성질에 모두 익숙해져있다. 그러나 실제로 빛을 설명하는 것은 명석한 과학자라 하더라도 빛의 복잡성 때문에 매우 어렵다. 아직도 빛은 자연에서 신기하고 매혹적인 현상으로 남아있다. 지금까지 우리가 배워온 대부분의 것과는 달리 빛은 물질이 아니다(빛은 질량이다). 빛의 세기가 아무리 강하다 할지라도 광선은 미세한 단위로 선단을 이루지 않는다. 하지만 빛은 모든 속도 기록을 깬다. 3.0×10^8m/s로 움직이는 빛보다 빨리 움직이는 것은 알려져 있지 않다. 만일 적도에서 빛을 비춰서 지구 둘레를 여행하게 한다면 7분의 1초에 한 바퀴를 돌게 된다.

우리는 야구장이나 불꽃놀이를 하는 곳에서 빛의 빠른 속도를 경험할 수 있다. 불꽃이 터지거나 야구방망이를 휘두르는 동작을 본 후 몇 초 후에 소리를 듣는다. 빛과 소리는 동시에 생기지만 빛은 소리가 들리는 시간보다 더 빠르게 눈에 도달한다. 빛의 복잡성 중에 한 가지는 빛의 이중성과 관계가 있다.

11-1 빛의 성질

빛의 이중성은 파동성과 입자성이다. 빛은 광속으로 움직이는 작은 에너지 다발인 광자(photon)로 생각할 수 있다. 낮에는 매초 수 십억 개의 광자가 우리 눈으로 들어와 볼 수 있는 영상을 만들고 있다.

그러나 밤에는 매초 10～20여 만개의 광자가 우리 눈에 도달된다.

인간의 눈은 보편적인 광자 검출기처럼 불과 5~10개의 광자도 감지한다는 것이 실험적으로 알려져 있다.

빛의 파동성은 전기장과 자기장을 포함하고 있다. 자석을 가지고 놀아본 적이 있는 사람들은 자기장(magnetic field)에 대해 잘 알고 있다. 자석 주위에서는 힘을 느낄 수 있다. 손가락 사이에 자석을 끼우고 클립을 자석에 가까이 가져가 보라. 클립이 자석의 자기장안에 들어갈 때 자석에 끌리는 것을 느낄 것이다. 비슷하게 전기장(electric field)은 하전된 입자 주위에서 힘이 느껴지는 것이다. 전기장은 자기장처럼 직관적인 것은 아니지만 '정전기'로 전기장을 경험할 수 있다. 빗, 브러시, 스웨터 또는 심지어 우리 몸과 같은 비금속 물체들은 건조한 날씨에 전하를 띠기도 한다. 그 전하는 머리카락을 세우고 옷자락이 달라붙은 원인이 되는 전기장이 생기기 때문이다.

전기장과 자기장은 서로 상호작용을 한다. 전기장이 변화하면 자기장을 유도하고, 자기장을 변화시키면 전기장을 유도한다.

예를 들어 전자석은 전기장을 변화시켜 자기장을 발생하는 것이다. 비슷하게, 발전기는 회전하는 자석을 가지고 전기를 만드는 장치이다. 움직이는 자기장이 전기장을 생성하고 도선을 통하여 전기를 보낸다. 빛은 공간을 통해서 에너지를 전파하는 전기장과 자기장이 조합되어 있다. 에너지는 전기장과 자기장 사이에서 이리저리 흩어진다. 전기장의 세기는 자기장을 유도하면서 증가되었다가 감소된다. 자기장의 세기도 전기장을 유도하면서 증가되었다 감소되기를 반복한다.

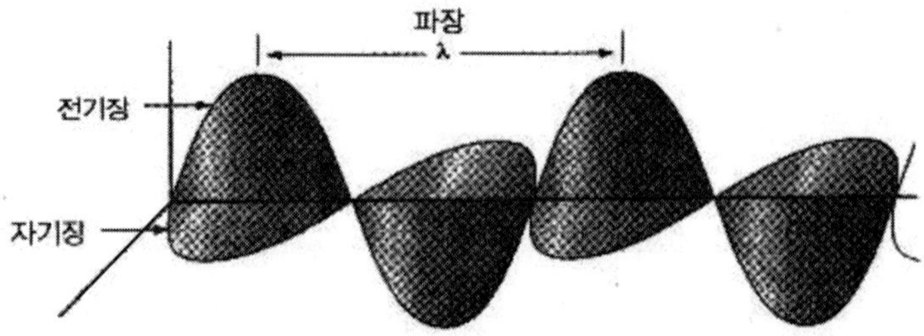

<그림 11-1> 빛에 존재하는 전기장과 자기장의 표현

빛의 전기장이나 자기장에서 파의 꼭대기 사이의 거리를 파장(wavelength, 그리스 문자 λ로 표시)이라고 하는데, 파장에 따라 빛의 색깔이 결정된다. 가시광선은 파장이 매우 짧다. 초록빛의 파장은 약 540nm이며, 파란빛의 파장은 약 450nm이다(1nm=10^{-9}m).

빛의 파장은 광자 한 개가 얼마나 많은 에너지를 가지는지를 결정한다. 해변에서 파도가 부딪치는 것을 생각해 보자. 파도가 칠 때 파의 꼭대기사이의 거리가 가까우면 더 큰 에너지를 가지는 것처럼, 빛도 파장이 짧으면 더 큰 에너지를 갖는다. 파란빛의 광자는 초록빛의 광자보다 더 큰 에너지를 갖는다. 빛의 파장과 에너지는 반비례하므로 파장이 증가하면 에너지는 감소된다.

빛의 파장과 관계되는 양은 진동수(frequency, 그리스 문자 ν로 표시)이다. 빛의 진동수는 1초 동안 전파된 파의 꼭대기 수 또는 회전의 수이다. 진동수(ν)의 단위는 1/s이고 헤르츠(Hz)라고 부른다. 에너지와 파장의 관계처럼, 진동수는 파장에 반비례한다. 즉, 파장이 짧을수록 진동수는 높아진다. 이 관계는 다음과 같은 식으로 표시된다.

$$E=h\nu,\nu= c/\lambda, \quad \nu=1/\lambda$$

여기서 h는 Plank 상수로(6.63×10^{-34} J · s), c는 진공에서 광속도(3×10^{8} m/s)이고, λ는 미터(m) 단위의 파장이다.

11-2 빛의 흡수와 방출

물체의 색은 분자나 원자에 의해 흡수된 빛의 색깔에 따라 달라진다는 것을 이미 알고 있다. 그러나 빛이 흡수될 때 원자나 분자 내에 어떤 일이 일어나는 것일까? 빛은 에너지 형태이기 때문에 분자나 원자는 에너지를 얻게 된다. 그 에너지는 낮은 에너지 준위의 궤도로부터 높은 에너지 준위의 궤도로 전자를 들뜨게 한다. 바닥에 있는 물체를 책상위로 올릴 때 에너지가 필요한 것처럼 전자를 낮은 에너지 궤도에서 높은 에너지 궤도로 움직이는 데에는 에너지가 필요하다.

에너지는 그 에너지에 정확하게 맞는 빛에 의해 공급될 수 있다.

광자의 에너지가 한 궤도에서 다음 궤도로 전자를 옮기는데 필요한 에너지와 정확하게 일치해야만 한다.

특정 궤도에 전자를 갖는 원자나 분자의 전자배치를 에너지 상태(energy state)라고 부른다. 전체 에너지 또는 에너지 상태는 어떤 궤도가 전자로 채워져 있는가에 달려있다. 모든 전자가 가장 낮은 에너지 궤도에 있다면, 원자나 분자는 바닥상태(ground state)에 있다.

빛은 분자나 원자의 한 에너지 상태에서 더 높은 에너지 상태로 전자 전이(electronic transition)를 일으킨다. 그것은 전자를 더 높은 에너지 궤도 즉, 들뜬상태(excited state)로 들뜨게 한다. 예를 들어, 한 에너지 상태에서 다른 에너지 상태로 전이되는데 빨간빛에 대응되는 에너지가 필요하다면, 분자는 빨간빛을 흡수하고 다른 색의 빛은 흡수하지 않는다. 또한 빛을 흡수하지 않는 분자도 있다. 이것은 분자의 에너지 준위와 전자에 의존한다.

분자 내의 전자가 빛에 의해 높은 에너지 준위의 궤도로 들뜨게되면 전자는 불안정한 들뜬 상태에 있어 여러 현상이 일어난다.

광자의 에너지가 충분히 크면, 분자 내의 결합이 파괴되어 분자가 분해될 것이다. 이러한 과정을 광분해(photodecomposition)라고 하는데, 자외선, X-선 감마선이 위험한 것은 바로 광분해 현상 때문이다. 이 짧은 파장은 분자에서 화학결합을 파괴하기에 충분한 에너지를 갖는다. 특정한 색을 나타내는 벽돌 내의 분자들은 태양 빛에 있는 자외선에 의해서 파괴된다. 태양 빛이 벽돌 내의 색을 나타내는 분자를 파괴하면 벽돌의 색은 퇴색된다.

들뜬 상태에 있는 원자나 분자가 일으킬 수 있는 다른 과정은 전자이완(electronic relaxation)이라는 과정이다. 이완 과정을 통해서 전자는 열이나 빛을 방출하면서 원래의 궤도로 되돌아간다.

우리는 맑은 날 검은색 옷을 입고 있을 때 이완 과정 때문에 열이 발생하는 것을 체험할 수 있다. 셔츠에 있는 분자들이 빛을 흡수한 후에 열을 방출하면서 낮은 에너지 상태로 되돌아간다. 그래서 셔츠가 따뜻해지고 우리는 더위를 느끼는 것이다. 어둠 속에서 반짝거리는 장난감처럼 인광(phosphorescence)은 들뜬 전자가 이완되면서 빛을 방출하는 것이다. 장난감이 빛에 노출될 때, 장난감에 있는 분자는 빛을 흡수하여 전자를 더 높은 에너지 궤도로 들뜨게 한다. 들뜬 전자들이 낮은 에너지 준위로 되돌아갈 때 녹색 섬광을 내면서 빛을 방출한다. 빛을 방출하는 이완 과정의 다른 예는 어두운 곳에서 백색셔츠가 빛나는 것이다. 검은 빛은 우리 눈으로 볼 수 없는 자외선을 방출하여 백색셔츠에 있는 전자를 들뜨게 한다. 들뜬 전자들이 이완될 때 형광(fluorescence)이라고 하는 가시광선을 방출한다. 형광은 상대적으로 빠르게 일어나고, 인광은 느리게 일어난다. 형광체는 자외선 광원이 제거된 뒤에 짧은시간동안 빛을 방출하고 멈추지만, 인광체는 어둠 속에서 수 분 동안 빛을 지속적으로 방출한다.

정리하면 들뜬 전자들은 분자가 다른 물질로 파괴되도록 하는 광분해 과정을 일으키거나, 단순한 이완을 일으킬 수 있다. 이완 과정은 열이나 빛을 방출하면서 일어난다. 빛을 방출하는 이완 과정은 긴 수명의 인광을 통해서 일어나거나, 짧은 수명과정인 형광을 통해서 일어날 수 있다.

11-3 전자기 복사선

빛은 흔히 우리 눈으로 볼 수 있는 가시광선을 의미한다. 그러나 이것은 너무 좁은 의미이다. 가시광선는 다른 파장의 빛 사이에 우리 눈이 가시광선을 볼 수 있고 그 이외의 빛은 볼 수 없다는 것이 근본적인 차이점이다. 전자기복사는 10-15m(감마선)에서 104m(라디오 파)까지의 파장에 걸쳐있다. 우리 눈으로 볼 수 있는 가시광선 영역은 전체 전자기복사 중에서 극히 작은 부분이다.

■ 가시광선

파장의 범위는 사람에 따라 다소 차이가 있으나, 대체로 380～770nm이다. 가시광선(Visible light) 내에서는 파장에 따른 성질의 변화가 각각의 색깔로 나타나며 빨강색으로부터 보라색으로 갈수록 파장이 짧아진다. 단색광인 경우 700～610nm는 빨강, 610～590nm는 주황, 590～570nm는 노랑, 570nm～500nm는 초록, 500～450nm는 파랑, 450～420nm는 남색, 420~400nm는 보라색으로 보인다.

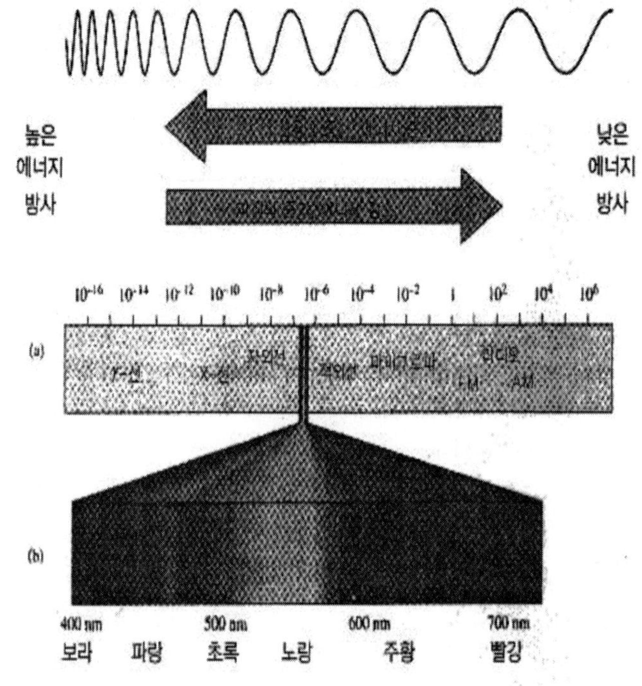

<그림 11-2> 전자기 복사스펙트럼과 가시광선스펙트럼

대기로 통해서 지상에 도달하는 태양 복사의 광량은 가시광선 영역이 가장 많다. 사람의 눈의 감도(感度)가 이 부분에서 가장 높은 것은 그 때문이라고 한다.

일곱 가지 색으로 나타나는 광을 모두 합치면 흰색으로 보이는데, 이러한 이유 때문에 태양이 희게[白色光] 보이는 것이다. 태양광선 아래에서 하얀 색깔의 종이가 하얗게 보이는 이유는 일곱가지 색을 모두 반사하기 때문이고 파란 색의 종이가 파란 것은 가시광선 중에서 파란색만을 반사하여 그 색깔만 눈에 감지되기 때문이다.

빨갛다고 느끼는 과정 중에 우리 몸에서 일어나는 반응을 살짝 살펴보자. 빨간색은 느슨한 파동 만큼의 적은에너지를 가지고 있다. 그 느슨한 파동의 에너지가 우리 눈에 도달하면 우리 눈에 존재하는 시각세포를 자극하게 된다. 그러면 우리 눈에 존재하는 시각세포는 빨간색에 해당하는 만큼의 전류를 생성한다. 물론 파란색이라면 촘촘한 파동이기 때문에 더 많은 양의 전류를 생성하게 된다. 이런 전류의 미세한 세기를 뇌가 구별하여 우리는 색을 식별하게 되는 것이다.

우리 뇌는 신경세포의 덩어리로 이루어져 있는데 이들은 전기의 힘으로 정보를 전달한다. 우리 몸은 알고 보면 모두 전기적인 현상으로 유지되고 있다. 이는 너무나 당연한 일이다. 우리 몸 자체를 구성하는 원자가 전기적 성질을 띠고 있기 때문이다. 당신이 소리를 듣는 것도 음파의 파동이 고막을 울리면 고막에서 그 울림에 해당하는 만큼의 전류를 뇌에 알려주기 때문에 우리는 소리를 식별할 수 있다. 맛도 마찬가지이고, 촉각도 마찬가지이다. 모든 감각기관은 결국 외부의 각종 자극을 뇌가 인식할 수 있는 전기의 형태로 바꾸는 기관들인 것이다.

■ 적외선

햇빛이나 백열된 물체로부터 방출되는 빛을 스펙트럼으로 분산시켜 보면 적색스펙트럼의 끝(700nm)보다 더 바깥쪽 더 긴파장에 있으므로 적외선(Infrared)이라 한다. nm보다 1000배 긴파장 단위인 μm로 파장 0.75～3 μm의 적외선을 근적외선, 3～25μm의 것을 단순히 적외선이라 하며, 25 μm 이상의 것을 원적외선이라 한다. 가시광선이나 자외선에 비해 강한 열작용을 가지고 있는 것이 특징이며, 이 때문에 열선(熱線)이라고도 한다. 태양이나 발열체로부터 공간으로 전달되는 복사열은 주로 적외선에 의한 것이다. 공업용이나 의료용으로 사용하기 위한 것으로, 강한 적외선을 방출하는 적외선 전구가 있다. 적외선 투시경은 적외선 검출기를 사용하여 적외선을 감지해 어두운 곳에서도 볼 수 있게 한다.

■ 자외선

400nm의 파장인 보라색 보다 짧은 파장의 전자기복사선을 자외선(Ultraviolet, UV)이라고 부른다. 자외선은 파장이 짧기 때문에 우리 눈으로 볼 수 없지만 자외선의 광자는 가시광선보다 더 많은 에너지를 갖는다. 따

라서 자외선은 화학결합을 파괴할 수 있으며, 생물학적 분자에 피해를 줄 수 있다.

태양은 다량의 자외선을 방출하지만 다행히도 대부분의 자외선은 대기 중에 있는 산소와 오존에 의해 흡수되고 지구에 도달되지 않는다. 하지만 대기를 통과된 자외선은 피부를 검게 만들고 과다하게 노출되면 피부암이나 시력장애를 일으킬 것이다. 해로운 자외선으로부터 보호하기 위해서 선글라스를 쓰거나 선크림을 바른다.

선크림은 자외선을 효과적으로 흡수하는 파라아미노벤조산(PABA, p-aminobenzoic acid)과 같은 화합물을 포함하고 있으므로 선크림은 피부 표면에서 바로 오존층과 같은 자외선차단 작용을 한다.

■ 마이크로파

초단파보다 주파수가 높다. 일반적으로 300～3,000MHz의UHF(ultrahigh frequency:데시미터파 또는 극초단파라고도 한다), 3～300GHz의 SHF(superhigh freguency:센티미터파라고도 한다)인 것을 말하는 경우가 많다. 마이크로파를 발생시키려면 특별한 전자관 · 클라이스트론 · 마그네트론 · 메이저 등을 쓰며, 그 전송(傳送)에는 주로 입체회로를 쓰는데, 전자나팔 · 파라볼라안테나에서 날카로운 지향성을 가지게 하여 방출된다. 파장이 짧으므로 직진성 · 반사 · 굴절 · 간섭 등의 성질은 빛과 거의 비슷하다. 이 성질을 이용하여 마치 탐조등을 비추듯이 한 방향으로 집중된 마이크로파의 빔을 발산하여 항공기나 선박등의 위치를 알아내는 장치가 레이더이다. 또, 마이크로파는 주파수가 높으므로 많은 양의 정보를 보낼 수 있어서 다중통신이나 텔레비전방송 중계에 이용된다. 한편, 살균력이 강하며 식물이나 물에 잘 흡수되어 열을 발생하는데, 이 성질을 이용해서 만든 조리기구가 전자레인지이다.

또, 저주파나 빛에서는 볼 수 없는 물리효과가 강하게 나타나므로 물질의 성질 연구용으로도 사용되고 있다. 예를 들면 마이크로파를 이용하는 전파분광학에서는 전파의 주파수를 아주 정밀히 측정할 수 있으므로 빛의 분광학에 비해 높은 분해능(分解能)을 얻을 수 있다.

이 밖에 원자시계는 원자가 흡수 또는 방출하는 마이크로파의 주파수가 항상 일정하다는 성질을 이용한 것이며, 원자핵 연구에 쓰이는 선형가속기(線型加速器)는 특수한 도파관(導波管) 속의 강력한 마이크로파 전기장이 전자를 가속하여 고에너지의 전자로 만드는 장치이다. 이 밖에 태양 등 천체로부터의 전파를 연구하는 전파천문학에서 마이크로파가 주요 영역으로 되어 있다. 또한 요즈음 헨드폰도 마이크로파를 이용한 기기이다.

■ X-선

자외선보다 짧은 파장의 빛인 X-선(X-ray)은 독일의 물리학자인 뢴트 겐(Willhelm Roentgen, 1845～1923)에 의해 1895년 발견되었다.

뢴트겐은 X-선이 보통의 빛을 차단하는 물질들을 통과한다는 것을 발견하였다. 그는 X-선을 사용하여 상자 안에 있는 동전의 상을 얻었다. 또한 뢴트겐은 X-선을 사용해서 그의 아내의 손에 있는 뼈의 영상을 얻었다. 그 후 의학에서 X-선이 활용되었으며 오늘날에도 뼈의 뿌러짐을 진단하는데 사용된다.

X-선은 자외선보다 파장이 짧아 에너지가 더 크다. 따라서 생물학 분자에 더 많은 해를 끼친다. 의학용 X-선에 여러 해 동안 노출되는 것은 별로 해가 없지만 과다하게 노출되면 발암의 위험이 증가한다. 다행히 대기에서 X-선을 효과적으로 흡수하므로 진료에서 노출되는 양은 극히 적다.

■ 감마선

전자기복사 중에서 에너지가 가장 큰 감마선(gamma ray)은 파장이 가장 짧다. X-선에 노출될 때처럼 감마선에 노출되면 발암 위험이 커진다. 감마선은 태양과 다른 우주에서 생성되지만 대부분은 대기에 의해 차단되고 지구까지 도달되지 않는다. 지구상의 감마선은 무거운 원소의 핵 붕괴로부터 생긴다. 감마선의 파괴력은 암세포를 파괴하는 치료에 이용된다.

■ 라디오파

모든 전자기파 중 파장이 가장 긴 것은 축구장 길이 정도로 긴 파징을 갖는 라디오파이다. 라디오파(radio wave)는 1888년 독일의 물리학자 헤르츠(Heinrich Hertz,1857~1894)에 의해 발견되었다. 그 실험이 유럽과 북미 전역에 전파되었고 과학자들은 라디오파가 통신신호로 이용될 수 있다는 것을 발견하였다. 오늘날 라디오파는 AM, FM 라디오, 휴대폰, 텔레비전, 인공위성 및 여러 통신수단에서 신호를 전달하는 데 사용된다.

■ **레이저**

레이저(laser)는 빛에 관련된 형태의 기술이다. 1960년에 발견된 레이저는 과학적 신비로움에서부터 많은 분야에 응용되어 실용기술까지 망라되어 있다. 레이저는 록 콘서트의 시각효과, 생산 공정에서 정밀한 연마, 레이터 관측 무기 장치들, 보이지 않는 외과용 수술 칼 등의 용도로 사용되고 있다. 또한 레이저는 수퍼마켓에서 스캐너, CD 플레이어, 레이저 프린터, 통신장비 등 엄청나게 많은 분야의 장치에도 응용되고 있다. 소비재상품에서 레이저가 많이 사용되고 있으며 새로운 용도가 계속 개발되고 있다. 공상과학은 엔터프라이즈 우주선에서 "광 공중어뢰(photon torpedoes)"를 만드는 것 같은 매우 큰 규모의 형태나 작은 망각 속에서 폭파하는 형태의 상상 속의 무기를 사용하여 왔다.레이저라는 말은 빛의 자극된 방출에 의한 증폭(light amplification by stimulated emissin of radiation:LASER)의 약자이다.

레이저와 보통 빛의 차이는 두 가지로 요약된다. 여러 파장을 포함하는 백색광과 다르게, 레이저 빛은 단 하나의 파장을 포함하고 있다. 예를 들어 빨간색 헬륨-네온(He-Ne)레이저는 632.7nm의 빨간색 빛을 방출한다. 이 빛은 다른 색과 섞이지 않은 빨간색일 뿐만 아니라 이 파장 부근의 빨간색 단일 명안(single shade)이다. 레이저와 보통 빛과의 두 번째 차이점은 전자기파의 배열이다. 전자기파가 무질서하게 배열된 보통 빛과는 다르게, 레이저 빛은 파의 골짜기와 꼭대기가 일치하는 전자기파이다. 즉 같은 위상(in phase)을 갖는다.

따라서 레이저 빛은 공간을 통해서 움직일 때 분사되지 않는 단일 파장의 세기가 강한 특성을 갖는다.

11-4 전자기파의 이용

■ 광고속의 원적외선

"김치가 시지 않고 김이 바삭바삭해 진다"고 선전되는 원적외선 바이오 세라믹 용기들은 그간 유효성 문제를 놓고 논의가 분분했지만 각종제품들은 현란한 광고문구와 함께 홍수를 이루고 있는 실정이다. 원적외선이란 파장 5-25 마이크로미터(μm)의 눈에 보이지 않는 광선으로 다량 발생할 경우 여러 가지 유익한 성질이 있는 것으로 알려져 있다. 파장이 길어 물체 깊숙이 침투하며 물질의 분자를 쉽세 진동시켜 스스로 열을 내게 만든다는 것이다. 이러한 작용으로 원적외선이 발생하는 사우나탕에서는 땀을 덜 흘리고도 몸을 덥게 할 수 있으며 원적외선 스토브나 전자레인지는 음식물 깊은 곳까지 쉽게 익힐 수 있다. 그러나 이러한 작용은 섭씨 300도 이상 고온에서 원적외선을 갖고도 비슷한 효과를 거둘 수 있느냐 하는 문제에 대해서는 학자들 사이에 의견이 분분하다. 이른바 바이오 세라믹 용기를 놓고 진행되는 논란의 초점은 '과연 상온에서도 효과를 볼 정도로 다량의 원적외선이 방출하느냐'하는 점이다. 상온에서는 발생량이 적고 측정도 쉽지 않기 때문이다.

원적외선 제품 사용의 선구적 역할을 한 일본의 경우도 아직 이렇다할 기준이 없으며 다만 '최소한 85% 이상의 원적외선을 내는 제품을 생산하자'는 업체간의 약속이 있을 뿐이다. 여기서 85%라고 하는 것은 원적외선을 100% 방출하는 흑체(black body)를 기준으로 한 비교치이다. 우리 선조들이 콩을 볶을 때 검은 모래를 넣거나 해변에서 모래찜질을 한 것도 모두 모래 또는 자갈에서 방출되는 원적외선을 이용한 지혜라고 말할 수 있다.

■ 전자렌지의 마이크로파

전자레인지는 가스레인지, 전기밥솥, 커피포트와 같은 부엌살림과 매우 다르다. 가스불이 있는 것도 아니고 전기 가열 장치가 있는 것도 아닌데 스위치만 누르면 커피나 우유를 쉽게 데울 수 있다.

감자와 고구마도 익힐 수 있고 피자도 데워 먹을 수 있으니 실로 만능 조리기처럼 보인다.

도대체 이 기계는 어떻게 음식을 데우기도 하고 끓이기도 할까.

전자레인지는 흔히 생각하고 있는 것처럼 만능 조리기일까.

우선 마이크로파가 어떤 일을 하는 지부터 살펴보자. 흔히 수cm 정도의 파장을 지니는 라디오파를 마이크로파(전자기파의 일종)라 부른다. 이런 전자기파를 물분자에 쪼여 주면 물분자는 마이크로파의 에너지를 흡수해 격렬하게 회전 운동을 하면서 온도가 올라간다.

전자레인지의 스위치를 켜면 바로 이 마이크로파를 만들어 낸다. 이 마이크로파가 레인지에 넣은 식품을 때리게 된다. 유리, 도자기, 플라스틱은 마이크로파를 흡수하지 못하고 통과시킨다. 식품 속의 작은 분자 특히 물은 마이크로파를 흡수해 가열된다. 이 때문에 우리는 레인지로 인삼차를 쉽게 데울 수 있다. 또 시금치를 데칠 수도 있고 피자도 따끈하게 데워 먹을 수 있다.

더구나 전기나 가스 레인지, 전기나 가스 오븐은 식품의 표면부터 가열하지만 전자레인지는 식품을 동시에 골고루 가열하므로 조리시간을 절약해 준다. 따라서 비타민과 같은 영양분의 파괴가 상대적으로 적고 음식물이 타지 않는 장점을 지닌다. 단, 은박지와 금속식기류는 마이크로파를 반사하기 때문에 가열되지 않을 뿐더러 끝이 날카로운 금속에서는 마이크로파가 집중되어 스파크까지 일어날 수 있으므로 주의해야 한다.

모든 전자기파가 그렇듯이 마이크로파도 인체에 닿으면 해롭기 때문에 전자레인지로 데우거나 조리한 식품이 건강에 해롭지 않을까 하는 우려가 있다. 그러나 앞에서 설명한대로 마이크로파로 가열하는 원리를 생각해 보면 걱정할게 없다. 또 전자레인지는 엄격한 안전 규격에 따라 생산되기 때문에 레인지 문을 꼭 닫고 제조회사가 추천한 방법에 따라 사용하면 우리 몸에 마이크로파가 닿을 위험이 없다.

분자의 회전운동은 분자를 만들고 있는 원자의 질량, 결합길이 및 결합각도에 의존한다. 이 원리를 이용하여 화학자들은 마이크로파 흡수 현상으로부터 분자의 구조를 정확히 알아낸다.

그렇다면 똑같은 원리를 이용하여 매일 전자레인지로 우유를 따끈히 데워주는 어머니는 어느새 마이크로파 응용화학자가 된 것이 아닌가. 이처럼 과학은 우리 생활 속 깊숙이 자리잡고 있는 것이다.

■ 자외선 차단제

알맞게 그을린 갈색 피부는 건강미를 풍긴다. 거무스름하게 탄 얼굴은 남태평양의 어느 자그마한 섬에서 여름 휴가를 보내고 왔다는 듯 부와 여유를 과시하는 것 같기도 하다.

햇빛이 우리들의 피부에 닿으면 비타민D를 만들어 뼈와 피부를 건강하게 할 뿐 아니라 구루병을 막아준다. 그러나 강한 햇빛을 너무 오래동안 쬐면 피부를 검게 할 뿐 아니라 피부암을 유발할 수도 있다. 이것은 모두 햇빛 중 자외선의 작용이다.

자외선은 편의상 UV-A영역 (파장이 3백20~4백nm : 1nm는 1천만분의 1cm) 과 UV-B영역(파장이 2백90~3백 20nm)으로 나뉜다. 파장이 짧은 UV-B선이 더 강력하며 잠깐만 피부를 내놓아도 피부를 검게 하고 오랫동안 쬐면 피부암을 유발할 위험성까지 있다.

파장이 길고 에너지가 상대적으로 적은 UV-A선은 피부파괴의 효과가 적으며 서서히 피부색을 검게 한다.

그러면 햇빛은 왜 피부색을 검게 할까.

햇빛으로부터 피부를 보호하기 위해 우리 몸이 스스로 멜라닌이라는 검은 색소를 만들기 때문이다. 이 색소는 자외선을 일부 차단해 피부의 손상을 최소화한다. 따라서 매력적인 선탠은 자외선의 가해로부터 자기를 보호하기 위해 피부에 멜라닌 색소가 생성되었다는 가시적 증거다. 시판되고 있는 선탠오일이나 크림 제품은 포함하고 있는 자외선 차단제에 따라 UV-A에 의해서만 서서히 선탠 효과가 나게 하거나 혹은 UV-A와 UV-B를 모두 차단하는 효과를 지닌다.

산화아연과 이산화티탄과 같은 무시산화물을 포함하는 크림과 자외선을 가장 효과적으로 차단하는 파라 아미노벤조산(PABA)과 그 유도체는 UV-B를 흡수하고 UV-A는 통과시키므로 PABA가 포함된 로션은 선크림이라고 보기보다는 태닝로션으로 보는 것이 옳다.

그밖에 디히드록시 아세톤이라는 화합물은 피부의 아미노산과 반응해 갈색의 색소를 만든다. 따라서 햇빛이 없어도 선탠이 가능한 소위 선레스스탠(무태양 탠)로션을 만든다. 그러나 디히드록시 아세톤 단독으로는 선크림 작용이 우수하지 못해 헤나(잎에서 갈색의 염료를 채취하는 나무)로부터 얻는 로손(2-히드록시나프토키논)과 함께 사용하면 안전하고 효과적인 선크림을 만든다. 선크림제는 사람의 피부 바깥층에 흡수된 후에야 피부를 가장 잘 보호하므로 햇빛에 나가기 30여분 전에 미리 로션을 바르는 것이 좋다.

피부와는 대조적으로 머리털은 강한 햇빛에 오랫동안 쬐면 색깔이 오히려 엷어진다. 왜 이렇게 차이가 날까.

생명력이 없는 머리털은 자외선으로부터 자기 보호능력이 없어 자외선에 노출되면 머리카락 색소가 파괴되기 때문이다. 생명력의 유무는 곧 자기보호능력의 유무라고나 할까.

▪ 일몰이 붉은 이유

빛은 입곱 가지 무지개 색으로 구성되어 있다. 빛 중에서 파장이 긴 빛들은 대기의 주성분인 질소와 산소분자에 의해 매우 적게 산란된다. 그러므로 파장이 짧은 보라와 파란색 보다는 파장이 긴 빨간색과 주황, 노란색이 대기를 더 많이 통과하게 된다.

가장 적게 흡수되는 빨강색 빛은 다른 빛깔보다 대기를 더 잘 통과한다. 따라서 백색광이 두꺼운 대기층을 통과할 때 파장이 짧은 빛은 잘 산란되고, 파장이 긴 빛은 적게 산란된다. 일몰 때는 태양빛이 이러한 두꺼운 대기층을 통과하게 되는 것이다. 반면에 정오에 태양빛은 가장 엷은 대기층을 통과하여 지표면에 도달하게 되는데, 이때 파장이 긴 빛은 상대적으로 적은 양이 산란되므로 태양은 노랗게 보인다.

그러나 시간이 지나 태양의 고도가 낮아질수록 태양빛이 대기층을 통과하는 경로가 길어지게 되고 파란색 빛은 더 많이 산란된다.

파란색이 적어지게 되면 태양은 조금 더 붉게 보인다. 시간이 지나 점점 더 일몰이 될 수록 태양은 노란색에서 주황으로 그리고 빨강으로 점점 더 붉게 변한다. 일몰의 빛깔을 형성하는 과정은 빛깔 혼합의 법칙이 그대로 적용된다. 백색광에서 파랑색이 제거되면 남게 되는 보색은 노랑색이다. 파장이 짧은 보라색이 제거되면 남겨지는 보색은 주황색이 된다. 또한 중간 정도의 파장인 녹색이 제거되면 자홍색이 남게 된다. 일몰 때 우리가 보게되는 태양의 빛깔은 대기의 상태에 따라 다르다. 결국 날마다 다른 일몰을 경험하게 되는 것이다.

다른 예를 하나 들어보겠다.

멀리 있는 눈으로 덮인 산은 많은 빛을 반사하여 밝게 보인다.

그런데 이 산은 얼마나 멀리 떨어져 있는지에 따라 노랗게 보일 수도 있다. 그 이유는 무엇일까?

흰 눈으로 덮인 밝은 산이 노랗게 보이는 것은 눈 덮인 산에서 우리에게 도달하는 흰색 빛이 도중에 산란되기 때문이다.

따라서 그 빛이 우리 눈에 도달할 때쯤이면 파장이 짧은 영역의 빛은 산란되어 약할 것이고, 파장이 긴 빛이 많을 것이므로 노랗게 보이게 된다. 산이 더 멀리 있으면 이 산은 일몰이 붉게 보이는 것과 마찬가지로 붉게 보일 수도 있을 것이다.

■ 진단용 자기공명영상

인간의 피부나 조직을 수술하지 않고 인체의 내부를 조사하는 데 사용되는 X-선의 의학적 사용은 21세기 의학의 혁명적인 사건이었다. 오늘날, 의사들은 인체를 진단하는데 더욱 강력한 기술을 사용하고 있다. 그 기술은 자기장 내에서 수소 원자의 분광학에 기초를 둔 자기공명영상법(magnetic resonance imaging, MRI)이다. 수소 원자는 물(몸 속의 무게비로 약 75% 존재)이나 유기 분자 내에 존재하며, 인체에 다량 존재하기 때문에 이 분광학은 생물학적 조직을 조사하는데 이용할 수 있다. 분자 내의 전자전이를 이용해서 설명했던 분광학과는 달리, MRI는 수소 원자핵의 에너지 상태를 사용하여 설명할 수 있는 핵자기공명(nuclear magetic resonance, NMR)원리를 이용한다.

이름이 오늘날까지도 많은 과학자들에 의해 사용하고 있지만, NMR을 의학적으로 적용하는 것이 핵(nuclear)이라는 말을 포함하는 기술의 안전성에 혼동을 피하기 위해 MRI라는 용어를 사용하여 왔다.

■ **수술용 레이저**

증폭된 빛인 레이저는 의학에서 유용한 도구로 이용되고 있다.

적외선과 가시광선 레이저로 조직을 효율적으로 가열하거나 자외선으로 조직내부의 화학결합을 직접 자르는 데 사용되는 레이저는 외과용으로 활용된다. 레이저 광선은 외과 수술용 칼보다 여러 가지 이점이 있다. 레이저는 주변에 최소의 손상으로 피부와 조직을 정밀하게 자를 수 있다. 또한 레이저 광선은 손에 닿지 않는 부분까지 광섬유 케이블을 통해서 전달할 수 있으며, 레이저의 파장을 용도에 맞게 사용기체의 종류를 바꾸어 여러 가지 레이저를 이용 할 수도 있다.

안과 의사는 레이저로 백내장 환자의 시각에 손상을 주는 조직을 잘라내거나 녹내장 환자의 안압을 낮추기 위해 각막에 구멍을 내는 데 사용한다. 최근 더 진보된 기술은 레이저를 근시나 원시를 교정하기 위해 각막을 재단하는 데 사용한다. 이 과정에서 높은 에너지를 발산하는 헬륨레이저의 자외선이 각막의 층을 잘라내고, 굴곡을 변화시켜 환자의 시력을 교정하게 된다.

세기가 센 레이저 펄스를 광섬유 케이블을 통해서 전달할 수 있는 것을 이용하여 외과의사는 피부를 절개하지 않고 내장기관들을 수술할 수 있다. 이 과정에서 의사는 레이저 빛을 전달하기 위한 광섬유와 함께 의사가 볼 수 있는 광섬유로 된 내시경을 사용한다.

레이저 빛은 내부 기관과 직접 작용하여 암 제거, 동맥 혈전 제거, 또는 담석이나 신장석을 제거한다.

피부과 의사는 피부암이나 반점을 제거하는데 레이저를 사용하고 있다. 피부암을 제거하기 위해 환자는 암세포에 부착되는 특별한 색소를 바른다. 그 염료의 흡수파장에서 발생된 레이저가 방출되고 암세포가 파괴된다. 레이저 빛의 파장은 피부 속 반점과 작용하도록 선택된다. 예를 들면, 얼굴에 자주 나타나는 포도주 빛 모반점은 레이저 빛으로 제거할 수 있다. 빛의 파장은 피부 속 혈관에 의해 흡수되는 것을 제외하고 피부를 통과할 수 있도록 선택한다. 의사는 모반점을 태우고 피부는 그래도 남아있다. 이런 기술은 주근깨, 사마귀, 검은 반점, 문신 등을 제거하는데 사용되고 있다.

제 12 장

사진 화학

영상기기는 물체로부터 반사되었거나 물체에 의해 전달된 광자들을 그 물체의 순간적이거나 영구적인 상으로 바꾸어 준다. 영상기기의 렌즈들은 물체로부터 나온 광자들을 감광성 물질이나 감광성 표면에 집중시킨다. 이것은 아마 눈의 망막이나 카메라의 필름 또는 TV 카메라의 광검출기의 표면이 될 수도 있다.

12-1 감광성 물질

영상들은 영화 스크린으로부터의 반사에 의해 관찰되어질 수 있고 사진 필름과 감광성 표면에 기록되어질 수도 있다. 감광성 물질은 광자들에 노출되어졌을 때 화학적 또는 물리적 변화를 일으키는 물질이다. 영상기기에 사용되는 감광성 물질의 세가지 형태는 광화학물질, 광전도체, 인광물질로 구분되고 이들에 대한 예를 표12-1에 나타내었다. **광화학물질**은 광자들에 노출되었을 때 화학적 변화를 일으킨다. 예로써 대부분의 사진용 필름은 흑백효과를 생성하는 할로겐화은의 광화학적 변화에 기초를 두고 있다.

광전도체들은 빛에 노출되었을 때 전류가 흐르는 실리콘이나 게르마늄 같은 반도체이다. 영상기기의 광검출기는 빛 신호를 전기 신호로 바꾸어 주는 광전도체들을 사용하는데 이 전기신호는 다시 상으로 현상된다.

인광물질들은 고에너지 광자나 전자선에 의해 들뜨게 되고 다시 안정화될 때 가시광선의 파장을 방출하는 발광성 물질이다. 발광에는 형광과 인광이 있다. **형광**에서는 흡수된 빛 에너지가 대부분 즉시 더 긴 파장을 내놓으며 재방출된다. 반면에 **인광**에서도 더 긴 파장이 방출되는데 전자기 에너지의 흡수 후 방출사이의 시간이 더 오래 지속된다.

비록 우리 눈들이 가시광선의 광자들에만 반응하기 때문에 가시광선에 가장 익숙해 있지만, 많은 영상기기들, 특히 의학용으로 사용되는 것들은 전자기 스펙트럼의 다른 영역의 광자를 이용한다.

<표 12-1> 영상기기에 사용되는 감광성 물질들

물 질	영상기기
광화학물질	
11-cis-retinal이 11-trans-retinal로 전환	눈의 망막
은이온이 은원자로 환원	카메라 필름
광전도체	
실리콘	광검출기
게르마늄	TV 카메라의
안티몬화세슘	광전증배관
황화카드뮴	의학용 영상기기
인광물질	
황화아연	
할로겐화인산칼슘	음극선관
할로겐화인산스트론튬	비디오 화면
칼라인광물질	
구리로 활성화된 황화아연	칼라TV의 녹색
은으로 활성화된 황화아연	칼라TV의 청색
유로퓸(Eu)으로 활성화된 바나듐산 이트륨	칼라TV의 적색

▪ 염화은의 광화학

사진촬영에 관한 화학을 이해하기 위해서 우리는 먼저 염화은에 관련된 광화학을 살펴보아야 한다. 전형적인 사진필름은 입자라 불리는 작은 결정을 포함하고 있는데 이것은 브롬화은(AgBr)이나 난용성의 염화은(AgCl)으로 구성되어져 있다. 이 입자들은 젤라틴에 퍼져있고 합성 젤라틴 유액은 녹여져 유리판이나 플라스틱 필름 위에 막으로 발라져 있다. 적당한 파장의 빛이 입자들중의 하나에 쪼여지면 입자 속에 소량의 자유 은 원자를 남기는 일련의 반응들이 진행된다.

처음에 브롬음이온이 빛의 광자(hν)를 흡수하면 전자를 잃고 산화되어 자유 브롬원자(Br^o)가 생성된다.

$$Ag^+Br^- \rightarrow Ag^+ + Br^o + e^-$$

은 양이온은 전자와 결합하여 환원되어 은 원자를 생성하고 젤라틴상의 자유 브롬원자는 브롬음이온으로 된다.

$$Ag^{+} + e^{-} \rightarrow Ag^{o}\ , \quad Br^{o} + e^{-} \rightarrow Br^{-}$$

입자들간의 결합은 Ag_2^{+}, Ag_2^{o}, Ag_3^{+}, Ag_3^{o}, Ag_4^{+}, Ag_4^{o}와 같은 종류들을 생성한다. 노출된 브롬화은 입자들안의 자유 은 원자의 존재는 잠재적 상을 마련해 주는데 이것은 뒤에 현상 과정에서 뚜렷해진다. Ag_4^{o}형태로 자유 은 원자를 지닌 입자들은 현상액에 의해 쉽게 환원되어져 비교적 많은 양의 자유 은 원자를 형성한다. 따라서 검은 부분이 필름위의 이같은 장소에서 나타난다. 노출되지 않은 입자들은 똑같은 결정적인 조건하에서 현상액에 의해 환원되어지지 않는다. 필름의 감광도는 입자의 크기와 할로겐화물의 구성에 관련이 있다. 유액속의 입자의 크기가 증가할수록 필름의 실제 감광도도 증가한다.

이것의 이유는 입자의 크기에는 상관없이 현상액에 의해 완전한 입자의 환원을 일으키기 위해서는 같은 수의 은 원자가 필요하기 때문이다.

스펙트럼의 감도: 아마도 할로겐화은 염들 보다도 흑백사진의 감광 에 멀젼에서 가장 중요한 요소는 스펙트럼의 감광염료들이다.

할로겐화은은 청색빛 혹은 자외선과 같은 고에너지 전자기 복사선에 가장 민감하다.(그림 12-1) 감광제로 단지 할로겐화 은으로 제조된 필름은 오직 청색에만 감도를 띠고, 보통색인 적색, 황색, 녹색 등 기타 색들을 지각하지 못한다.

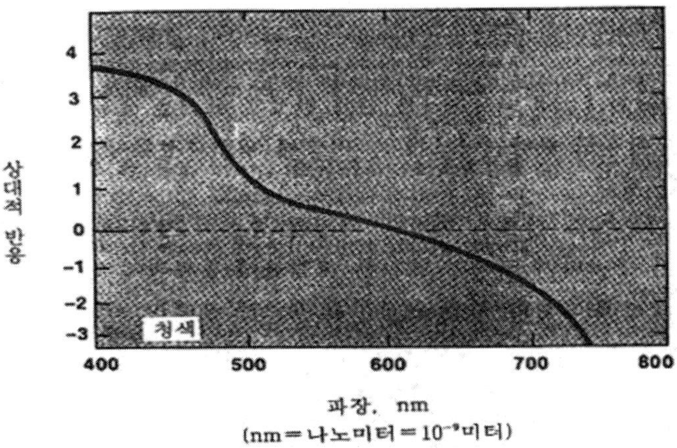

<그림 12-1> 대표적인 브롬화은 유액의 스팩트럼 강도

1873년에 태양 스펙트럼을 사진 찍는데 빛이 흩어지는 문제를 제거하기 위해 애쓰던 중, 독일화학자인 W. H. Vogel은 그의 에멀젼에 황색 염료를 첨가했다. 놀랍게도 그는 가시광선 스펙트럼의 녹색과 청색영역에 의해서도 감광이 일어나 상을 기록할 수 있음을 발견했다. 그 후 1904년, 또 다른 독일인 B. Homolka는 Pinacyanol이라는 염료를 발견했는데, 이 염료에 할로겐화은이 첨가되어지면 에멀젼이 이 염료를 전체 가시광선 스펙트럼의 영역에 감광성을 띄도록 만들어 준다 이런 종류의 필름들은 panchro matic film(전색성 필름)또는 pan 필름이라 부른다(그림 12-2).

염료분자가 할로겐화은 입자에 스펙트럼의 감광성을 전달해주는 메카니즘은 처음에 염료분자에 의한 빛 광자의 흡수와 관련이 있어 보인다. 그 다음은 여기된 염료이온이 전자를 할로겐화 은에 보내는데

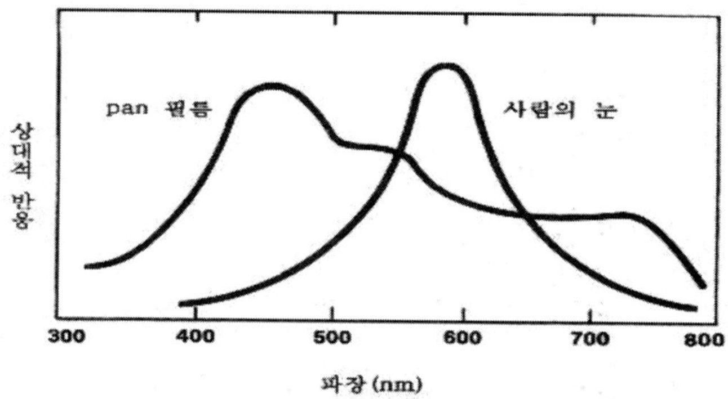

<그림 12-2> 사람의 눈과 비교된 Panchromatic 필름의 스팩트럼 감광성

여기서 자유 은 원자(Ag^0)가 생성된다. 전자가 부족한 염료분자(염료$^+$)는 그 후 브롬화 이온을 산화시켜 브롬원자를 생산한다.

염료 → 염료$^+$ + e^- ,　 Ag^+ + e^- → Ag → 은의 핵

염료$^+$ + Br^- → 염료 + Br

그러므로, 그 과정은 사실상 입자 그 자체 속에서 광자가 브롬과 부딪친 것과 같다. 염료는 촉매로 이용되었다.

12-2 환원현상액

할로겐화은은 알려진 것 중 감광성이 가장 좋은 물질은 아니다. 그러면 왜 그것들은 효과적인 상을 만드는 것인가? 그 해답은 할로겐화은 입자위의 한 개의 광자의 충격이 적어도 4개의 은 원자 핵을 만든다는 사실에 있으며, 이 효과는 적당한 환원제(현상액)의 작용으로 십억배나 증폭되어 진다.

노출된 필름이 현상액 속에 담겨질 때 은 원자핵을 가진 입자들은 그렇지 않은 입자들 보다 더 빨리 환원되어진다. 주어진 입자 속에 핵이 많이 존재할수록 반응이 빨라진다. 환원반응은 다음과 같다.

$$Ag^{+} + e^{-} \rightarrow Ag^{o}$$

(Ag_4^{o}를 포함한 입자들 중에서)

온도, 현상액의 농도, pH 그리고 각 입자 속의 전체 핵의 총수와 같은 요소들이 주어진 시간내에서 현상 정도와 필름 에멀젼속에 놓여 있는 자유 은 원자(검은색)의 양을 결정한다.

현상액은 은 양이온을 자유 은 원자로 환원시킬 뿐 아니라 노출되지 않은 입자들을 환원시키지 않을 만큼 선택적임에 틀림없는데 이 과정이 포깅(fogging)으로 알려져 있다. 표12-2는 현상제로 사용되는 몇 가지 물질들을 나열했다.

흑백사진 촬영에 사용되는 대부분의 현상액은 히드로퀴논과 메톨 또는 히드로퀴논과 페니돈으로 구성되어져 있다. 전형적인 현상액은 하나의 현상제(또는 두 개), 공기중 산화를 막는 보존제, 그리고 실제 환원반응이 지연되는 것을 방지해 주는 알칼리성 완충제로 이루어져 있다(표12-3). 다른 화합물질들이 첨가되어지긴 하지만 절대적으로 필요한 것은 아니다. 히드로퀴논이 현상액으로 작용할 때 퀴논이 형성된다. 두 개의 은 원자를 생성하기 위해 두 개의 수소이온이 또한 생성된다. 이 반응은 가역적이기 때문에 수소이온이나 퀴논의 증가는 현상과정을 방해하게 된다.

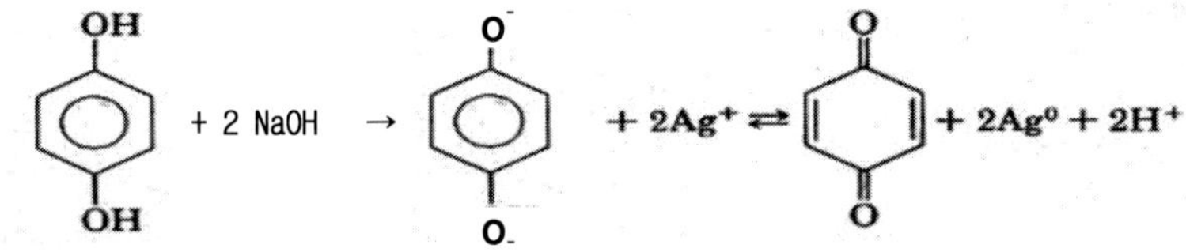

히드로퀴논 퀴논음이온 퀴논

<표 12-2> 사진현상액으로 이용되어지는 몇 가지 화합물

화합물	구조
갈리산	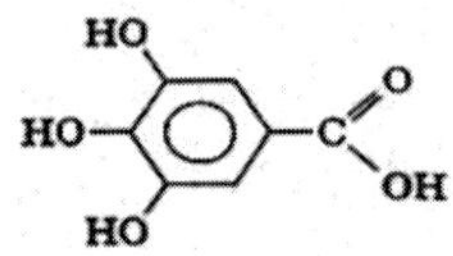
o-아미노페놀	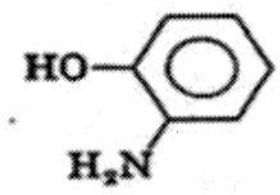
히드로퀴논	
p-메틸아미노페놀(메톨)	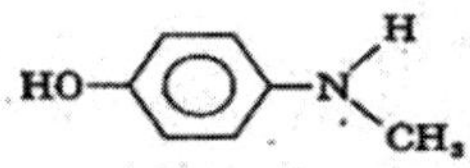
1-페닐-3-피라졸리돈(페니돈)	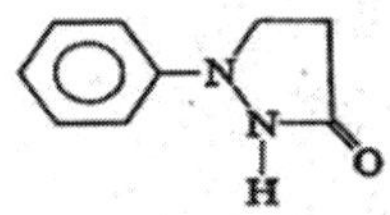

<표 12-3> 흑백 필름용 현상액 조제법

50℃의 물 750ml : 다음을 이 물에 용해시킨다.	
메톨	2.0g
히드로퀴논	5.0g
아황산나트륨(Na_2SO_3)	100.0g
붕산나트륨 $Na_2B_4O_7 \cdot 10H_2O$	2.0g
그리고 찬물을 더하여 100ml 용액이 되게 한다.	

그러므로 아황산나트륨을 첨가하여 퀴논과 반응시켜 히드로키논으로 되돌아가려는 가능성을 억제시킨다.

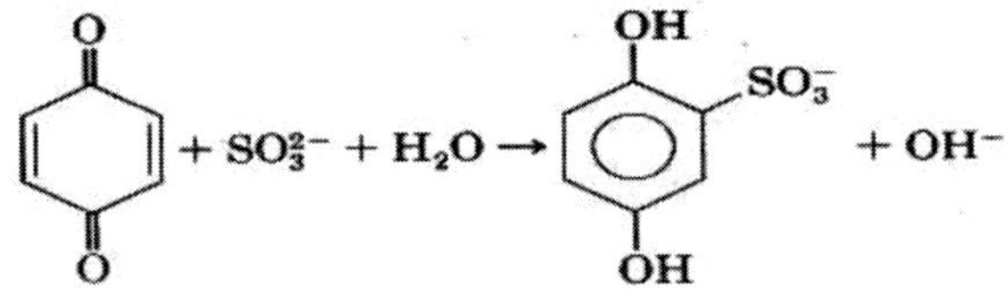

생성된 수소이온은 위 반응에서 생성된 수산화이온에 의해 효과적으로 중화되어 수소이온 농도가 낮아져 현상을 잘되게 한다.

$$H^+ + OH^- \rightarrow H_2O$$

만약 현상이 너무 오래 혹은 주어진 온도 보다 높은 온도에서 진행된다면, 필요이상의 포깅이 일어나 음극판을 못쓰게 만들어 버릴 것이다. 현상 속도는 온도가 증가함에 따라 빨라지므로 사진사는 매우 조심스럽게 현상액의 온도를 조절해 주어야 한다.

현상과정은 정지액에 의해 종결된다. 정지액은 대개 pH를 낮추는 아세트산과 같은 약산을 포함한다. 정지액의 기능은 재빨리 수소이온의 양을 증가시키는 것인데 이것은 효과적으로 히드로퀴논에서 퀴논으로 가는 반응을 정지시켜 현상을 정지시킨다.

사진 촬영술의 초기시대에 중요한 문제점의 하나는 상의 영구성의 결핍이었다. 만약 현상이 빛의 강도가 최대인 부분에서만 자유 은 원자를 생성하고 더 이상의 어떠한 것도 음극판 위에서 처리되어지지 않는다면 현상되지 못한 할로겐화 은은 빛 속에 놓여지자 마자 노출되어질 것이다. 그 후에 거의 어떤 환원제도 음극판을 완전히 흐리게 할 것이다. 이 결점을 극복하기 위해 노출되지 않은 할로겐화 은결정을 감광층으로부터 녹여내는 적당한 고정제가 발견되어야만 했다. 흑백사진의 정착과정에서 가장 널리 사용되어지는 고정제는 티오황산이온($S_2O_3^{2-}$)이다. 티오황산 이온은 수용액 속에서 은 이온과 함께 안정한 착물을 형성하여 에멀젼 층으로부터 제거되어 정착액에 녹아들어 간다.

$$AgBr(s) + 2\,S_2O_3^{2-} \rightarrow Ag(S_2O_3)_2^{3-} + Br^-$$

즉석 흑백사진 : 1947년에 Edwin H. Land 박사는 1분 안에 완성된 사진을 생산하는 제조공정을 발명했다. 그들의 소개 이후로 폴라로이드와

비슷한 제조과정들이 단지 이 유일한 특징하나 때문에 전승되어 왔다. 노출 후에 폴라로이드 필름은 한 장의 저장된 종이와 접합되어진다. 동시에 용매를 함유한 주머니가 터져서 현상액의 풀같은 혼합물이 필름 위에 퍼지게 된다. 현상액이 필름 에멀젼에 노출된 할로겐화 은을 환원시킬 때, 은 용매는 노출되지 않은 은 이온을 제거시키는데 곧이어 이것들은 저장된 종이의 경계선까지 퍼져 나간다.

이미 종이 속의 작은 은 입자들과 접촉하고 있으면서 현상액은 하이포 착화물 속의 은을 자유 은 원자와 실제의 양각상으로 환원시킨다. 양각상은 사진 촬영된 실물의 검은 부분이 에멀젼의 어떠한 은입자들도 노출시키지 않은 후에야 형성되는데 저장된 종이까지 옮겨져 환원되어지는 것은 Ag^+이온 형태의 은이다.(그림12-3)

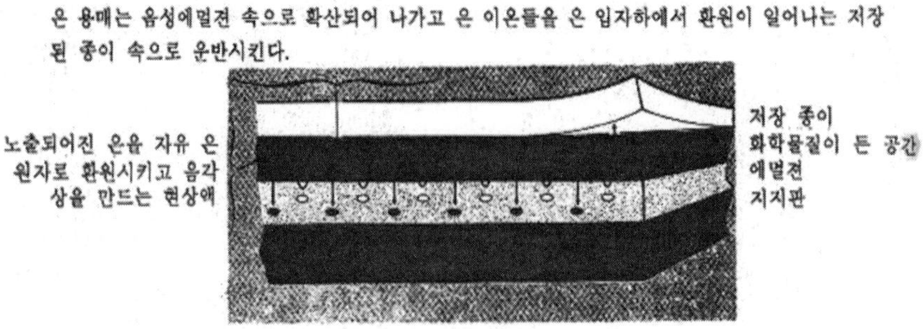

<그림 12-3> 폴라로이드 제조공정에 대한 화학적 개요

12-3 칼라사진과 필름

1861년부터 시작된 칼라사진에 관한 화학은 흑백사진에 관한 화학보다 훨씬 복잡하다. 유명한 영국 과학자인 James C. Maxwell은 물체를 칼라로 사진 촬영한 첫 번째 사람이었다.

그는 세 개의 원색 여과기를 통해 세 번의 노출을 시킨 후 같은 여과기로 상을 투여함으로 물체의 색을 재 합성했다.

이 실험은 사실 전색성 필름보다 선행되었지만 그 특별한 에멀젼의 특이성 때문에 그것은 본질적으로 전색성이었다. 중요한 점은 결과들이 그 후에 나타난 칼라비젼 이론과 일치했다는 것이며 그래서 다른 더 중요한 결과를 이끌어 내었던 것이다.

■ 가원색과 감원색

1611년과 같이 이른 시기에 De Dominis는 가시광선 스펙트럼이 세가지 기본색으로 추정될 수 있다는 것을 밝혔다. 적색, 녹색, 청색(가원색으로 알려짐), 이 개념은 칼라비젼 이론의 발전과 칼라사진 촬영에 있어 유용한 것으로 판명되어졌다. 1861년 이후 이 생각은 색상을 재생하기 위해 필름이 삼원색중 한 색에 감광성을 띤 서로 다른 세 개의 층들로 이루어져야 한다는 것으로 서서히 발전되어 갔다.

색에 감광성을 띤 염료와 전색성의 흑백 필름 발견이후 칼라사진 촬영을 위한 몇 가지 다른 기술이 발달되었다. 그러나 Eastman Kodak 연구소의 Mannes와 Godowsky에 의해 개발된 Kodachrome 칼라필름이 시장에 선보인 1935년이 되어서야 비로소 생산품이 소비자의 손에 들어 갈 수 있었다. Kodachrome 공정은 통과된 빛으로 보여지는 투명화(또는 슬라이드)를 생성한다. 우리가 색상 투명도에서 기대하는 것 같이 만약 가원색이 겹침에 의해 상을 형상 한다면 빛의 투과도에 문제가 생길 것이다. 가원색 여과기(필터)의 조합은 검정색을 만들어낸다. 이 문제를 극복하고 칼라 슬라이드(또는 칼라 음극판)를 얻기 위해서는 감원색이라 알려진 원색 여과기의 또 다른 시스템이 개발되어졌다. 이 감원색들은 가원색을 흡수하는 염료에 의해 생산된다.

즉 적색빛을 흡수하는 염료는 스펙트럼의 나머지 부분을 통과시키거나 반사시켜서 녹색을 띤 시안빛(청록색)을 나타낸다.

청색빛을 흡수하면 황색빛을, 녹색빛을 흡수하면 적색빛(진홍색)을 만들게 된다. 현상과정에서 가원색 염료의 적절한 혼합이 사진 촬영의 감광에멀젼에서 일어나면, 상은 원하는 감원색인 청록 황색과 진홍색(아젠다)으로 산출된다. 예를 들면, 진홍색과 청록색 염료의 혼합물은 청색을 나타낸다. 왜냐하면 진홍색 염료는 녹색빛을 흡수하고 청록색 염료는 적색빛을 흡수해서 백색광의 세가지 구성요소 중 통과되어지는 청색만이 남게 된다. 칼라사진 촬영에서 감원색의 이용은 1869년과 같이 이른 시기에 제안되었다. 그러나 이 시기는 좋은 결과를 내기위해 화학이 자세히 연구되기 전보다 훨씬 뒤였다. 문제는 정확한 실재상을 재생하기 위해 적당한 위치에 알맞은 감원색 염료의 적당한 양을 취하는 것이다.

백색은 세가지 감원색이 없음으로서 가원색의 흡수로 생성되며, 검정색은 이 세가지 감원색의 균일한 조화에 의해 생성된다.

■ 칼라필름과 현상

일반적으로 칼라필름은 지지판과 색에 감광성을 띤 세층의 에멀젼 감광층으로 구성되어 있다. 모든 할로겐화 은에멀젼층은 원래 청색빛에 즉각 감광하기 때문에 청색 감광층이 대개 제일 윗 부분에 놓인다. 그 다음에 황색 여과층이 놓여, 청색빛을 흡수해서 아랫쪽 녹색과 적색 감광 에멀젼층에 투시되는 것을 막아주는 역할을 한다. 지지판이 그 뒤를 따른다(그림 12-4).

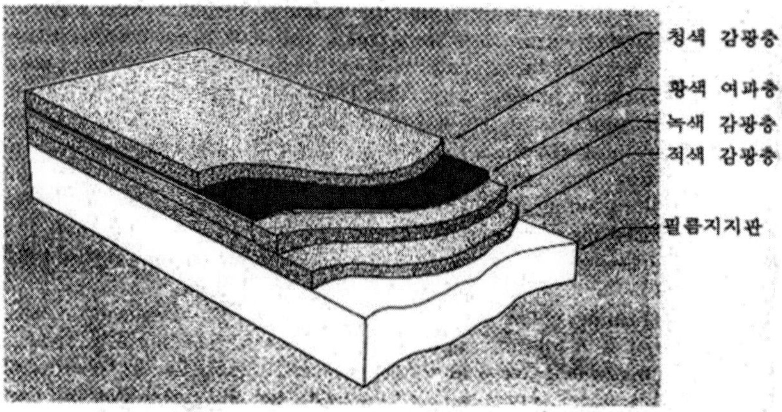

<그림 12-4> 칼라필름에서의 색에 감광성을 띤 에멀전층의 전형적인 배열

이 층들은 전색성의 흑백필름을 만든 사진 증감제 종류의 염료들과 비슷한 염료에 의해 색에 감광성을 띠게 된다. 그러나 색에 감광성을 띤 염

료들은 일반적으로 색상을 책임지는 최종 원색을 생산하는 데 관여하지 않는다는 것을 깨달아야 한다. 이것이 색상을 만드는 칼라 필름의 마지막 단계이다.

대부분의 칼라필름은 1912년 독일 화학자 R.Fisher에 의해 처음 소개된 염료생성 칼라 공정의 도움으로 현상되어진다. 이 과정의 기초는 산화제인 발색제가 현상액인 염료생성 물질을 산화시켜 염료를 생성한다.

보통 칼라 현상액은 아민과 같은 환원제의 예로써 N. N-디에틸-p-페닐렌 디아민이 있다.

현상과정 동안 α-나프톨 같은 페놀 화합물이 발색제로 사용되어 청록색 염료를 형성한다.

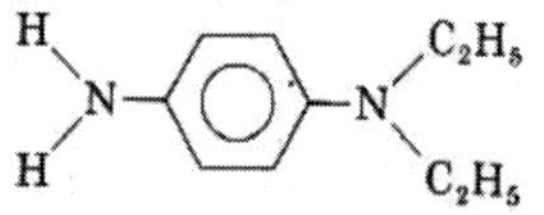

N. N-디에틸-p-페닐렌 디아민(칼라 현상액)

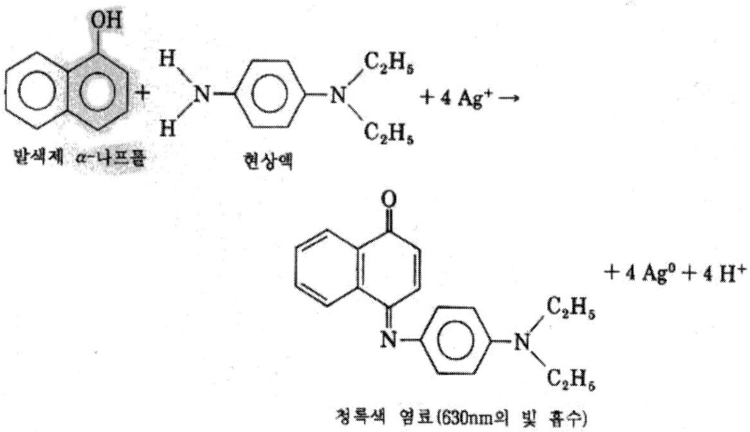

청록색 염료(630nm의 빛 흡수)

그러므로 적색 민감성 유액층에 노출된 할로겐화 은 입자의 현상에서 소량의 청록색 염료가 생성된다. 자유 은 원자는 마무리 전에 표백되어져야 한다.

■ Kodachrome 제조법

널리 사용되는 칼라사진 촬영장치의 흥미있는 예로는 Eastman Kodak연구소의 Kodachrome 제조법이다. 코닥크롬 제조법은 가역적 공정이다. 이 말은 색들은 그의 반대색 혹은 보색이 아닌 그들의 정확한 명도에 기초를 두고 재생되어짐을 의미한다. 코닥크롬 제조법에서 첫 번째 현상액은 흑백현상액이다. 조심스럽게 온도조절을 함으로써 노출된 할로겐화 은의 현상이 수행된다.

색에 감광성을 띤 세가지 에멀젼 속에 노출되지 않은 할로겐화 은은 원래 노출에서 양각으로 기록된다. 예를 들면 흑백현상에서 필름에 부딪히는 적색빛은 적색 감광층 속의 자유 은 원자를 그대로 둔다(그림 12-5).

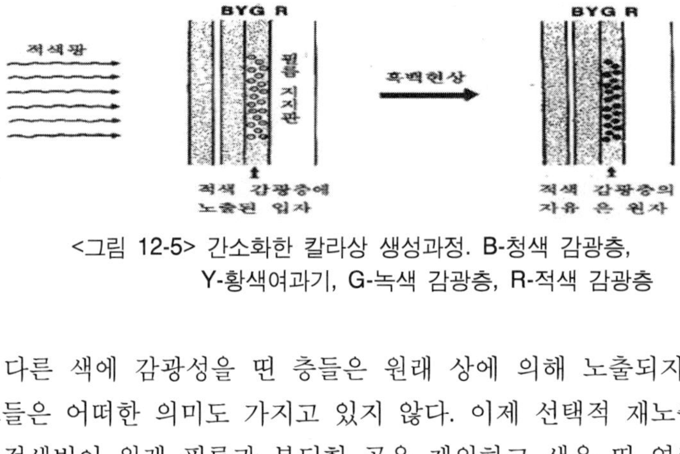

<그림 12-5> 간소화한 칼라상 생성과정. B-청색 감광층, Y-황색여과기, G-녹색 감광층, R-적색 감광층

어떤 다른 색에 감광성을 띤 층들은 원래 상에 의해 노출되지 않기 때문에 그들은 어떠한 의미도 가지고 있지 않다. 이제 선택적 재노출과 칼라현상이 적색빛이 원래 필름과 부딪힌 곳을 제외하고 색을 띤 염료들과 함께 전 에멀젼층을 자유 은 원자를 생산할 것이다. 은이 흑백현상으로 먼저 환원되어졌기 때문에 어떠한 염료도 생성되어지지 않는다.

그 다음, 황색을 띤 보호층뿐 아니라 세에멀젼층 속에 있는 모든 은은 육시안산($Fe(CN)_6^{3-}$)철 음이온과 같은 산화제로 표백되어진다.

$$Ag^o + Fe(CN)_6^{3-} \rightarrow Ag^+ + Fe(CN)_6^{4-}$$

일단 산화되어지면 은은 티오황산나트륨과 반응하여 에멀젼으로 부터 씻겨져 나간다. 남은 에멀젼은 색을 띠지만 투명하다. 적색빛이 원래 필름을 감광시킨다는 것을 고려한다면, 전도된 빛이 적색으로 나타난다(그림 12-6).

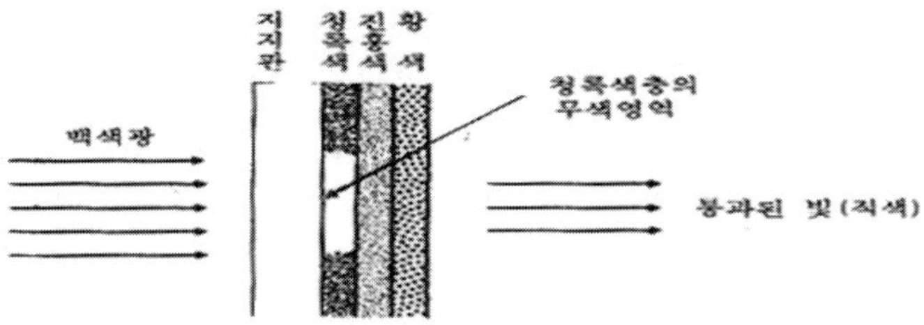

<그림 12-6> 백색광이 세층의 슬라이드를 통과한다.청색빛과 녹색빛이 흡수되어졌기 때문에 통과되는 빛은 적색이다.

즉석 칼라사진도 위에 기술된 같은 원리를 이용한다. 그러나 빛에 대한 노출, 광화학적 시약, 염료, 현상액 그리고 발색제의 정교한 조화를 필요로 한다.

제 13 장

신소재 화학

겨울에 만들어 넣은 치아가 여름에 팽창하면서 주변 치아를 밀어낸다면 어떨까. 물론 그런 일은 일어나지 않는다. 온도가 변해도 크기가 거의 변하지 않는 저열 팽창성 합금이 있기 때문이다.

이런 재료들은 신소재 세계에서 독특한 재료로 불린다. 자신만의 독특한 기능을 갖고 있기 때문이다.

신소재는 새로운 물질은 물론 기존에 있던 소재라도 새로운 제조공정으로 만들어 결점을 보완하고 우수한 특성이 부여된 모든 것을 일컫는다. 신소재가 현재만 존재하는 것은 아니다.

늘 강한 소재를 추구한 도구사에서 신소재의 등장은 필연적인 것이 아닐까. 석기시대 말기에 등장한 청동기, 청동기 시대 말기에 등장한 철기가 모두 각 시대의 신소재였다는 얘기이다. 그 중 철은 오늘날에도 가장 보편적으로 사용되는 소재다. 재질이 강하면서 풍부하게 존재하기 때문에 다른 소재들과 비교하기 어렵다.

물론 너무 무겁고 녹슬기 쉽다는 단점이 있다. 이런 문제를 해결해주는 소재가 알루미늄과 스테인레스이다.

이 세상에서 100% 만족스러운 소재를 찾기란 거의 불가능하다.

다만 용도에 맞는 소재를 찾거나 각 소재들의 장점을 살리고 약점을 보완할 수 있는 방법을 찾을 뿐이다. 여기에 특정한 기능까지 있다면 재료세계에서 대접받는 것은 시간문제이다.

이렇게 만들어진 것들이 '똑똑이'로 불리는 기능성 재료들로 신금속, 고분자, 파인세라믹스 등이 그것이다.

신소재의 종류는 4가지로 분류할 수 있다. 먼저 신금속재료인 형상기억합금(shape memory alloy), 비정질금속재료(amorphous metal)로 녹화헤드나

변압기 등에 쓰이고 또한 초전도재료(superconducting meterial)가 있다. 두 번째로 비금속 무기재료로 파인세라믹스(fine ceramics) 즉 뉴세라믹스가 있다. 그리고 광섬유(optical fiber), 결정화유리(crystallized glass)인 유리세라믹스가 있다.

그리고 신고분자재료로 엔지니어링 플라스틱, 고효율성 분자막(high efficiency seperator), 태양광발전 플라스틱전지 및 새롭게 등장한 전도성고분자(conducting polymer)도 있다.

마지막으로 복합재료로 바이오센서(biosensor), 유리섬유, 탄소섬유, 아라미드섬유, 탄소섬유강화플라스틱(CFRP:carbon fiber reinforced plastic), 섬유강화금속(FRM:fiber reinforced metal)등이 있다.

우리는 현재 많이 이용되고 있는 몇몇 재료들을 살펴보고자 한다.

13-1 파인 세라믹 (Fine Ceramics)

최근 우리는 파인 세라믹스라든지 뉴 세라믹스라는 말을 많이 듣게된다. 파인 세라믹스는 뉴 세라믹스이라고도 한다.

원래 같은 것은 아니지만 비슷한 개념이므로 같이 쓰는 것이다.

파인 세라믹스는 알루미나 · 탄화규소 · 질화붕소 등 무기물의 분말을 소성하여 얻어지는 소결체로 원료수준에서의 정제와 가공정도 등을 고도화한 공업용 재료 전반에 걸쳐 총칭되는 말이다.

강도와 경도가 우수하고 온도특성이 양호하며 그런데도 금속보다 가벼우며 내실성이 있는 등 많은 특징이 있어 그 특징을 살려 IC패키지나 센서류 등 전자분야의 주요 기초재료로써 커다란 시장과 수요를 형성하고 있다. 용도별로 분류하면 기능재료와 구조재료로 나누는데 구조재료로서 이용되는 것은 전체의 20% 미만이며 80% 이상을 점하는 기능재료로서의 용도는 전기적 · 자기적 · 광학적 · 화학적 특성을 살린 IC패키지, 반도체회로기판, 컨덴서, 압전소자, 개스센서, 온도 · 습도센서 등이다. 이 중에서 특히 주목되는 신기술 · 신제품으로는 세라믹필터 · 표면탄성파필터 · 압전액추에이터 · 광셔터 등이 있으며 또한 이들 신제품들은 활발히 상품화되고 있다.

파인 세라믹스는 올드 세라믹스와는 달리 천연산화물 뿐 아니라 붕화물·탄화물·질화물·규화물 등의 보다 광범위한 무기 화합물을 재료로 하며 물리적·열적·역학적·생화학적·광학적인 특성이 개선된 차세대 세라믹스로 철의 1/2정도로 가볍고, 금속보다 훨씬 단단하다. 온도에 따른 신축성도 금속에 비하면 훨씬 작고, 원료는 지구 어디서나 풍부하게 존재하는 규소이다. 파인 세라믹스는 고온에 강하다는 것이 가장 큰 특징으로 보통 금속은 1000℃가 넘으면 급속하게 강도가 떨어지지만 질소화규소를 주성분으로 하는 파인 세라믹스는 1000℃ 이상의 온도에서도 견딜 수 있는 유일한 소재라고 할 수 있다.

그러나, 부서지기 쉬워 가공하기 어렵다는 단점이 있으므로, 다이아몬드로 깎거나 플루오르산으로 녹이거나 레이저 광선을 이용해 가공한다.

13-2 초전도재료 (Superconducting Material)

■ 초전도체의 역사

초전도 현상은 1911년 라이덴 대학의 카메린 온네스(K. Onnes)에 의해 발견되었다. 그가 관심을 가진 것은 기체를 액화하는 것과 저온에서 물질의 성질에 대해 연구하는 것이었다. 온네스는 금속의 전기저항이 매우 낮은 온도에서 어떻게 되는지 실험하다가 전류가 저항이나 열 손실이 없이 흐를 수 있는 물질이 있다는 것을 우연히 발견하였다. 그 당시에 발견된 초전도체는 수은으로 절대온도 4.3K라는 극히 낮은 온도에서 초전도성을 보였다. 이 실험으로 노벨상을 받게된 그는 노벨상을 받은 자리에서 다음과 같이 말했다.

"지금까지 말한 것처럼 저항이 사라진다는 사실에는 의심의 여지가 없다 그러나 전혀 예상치 않았던 현상도 발견되었다. 저항이 점차적이 아니라 갑작스럽게(그가 그은 밑줄)사라졌다."

초전도성을 발견한 후 온네스는 초전도체에서 흐르는 단위면적 당 전류 즉, 전류밀도가 어떤 특정한 값보다 많은 전류를 흘려주면 초전도체는 보통 상태로 되돌아가고 그래서 다시 전기저항이 나타나는 것이었다. 이때의 전류를 임계전류라고 부른다. 또한 초전도성을 띄고 있는 물질에 수백 가우스의 자기장에도 초전도는 쉽게 파괴되었다.

수백 가우스는 냉장고에 붙이는 자석의 세기 정도에 불과하다.

■ 초전도체의 응용

초전도체의 가장 큰 특징은 저항이 없다는 것이다. 최근의 초전도 응용에 사용되는 대부분의 전선들은 금속인 티탄과 니오브로 만들어졌다. 구리 전선을 대체할 수 있을 만큼 탄력성이 있는 전선을 만들기 위해서는 특별한 방법이 사용되어야 한다. 또 전선의 일부에서 초전도가 갑자기 깨져 정상상태로 되면 전류의 흐름을 막게 된다.

전류가 막히는 현상을 없애고 유연성을 늘리기 위해 정상금속으로 초전도 선을 둘러싸는 방법을 쓴다. 하지만 실제로 초전도체를 선이나 띠 모양으로 만들고 연결하는데 비용이 많이 들기 때문에 초전도 선을 실용화하는 데는 많은 어려움이 있다.

현재 송전선은 공중에 장치되어 있어 유지가 쉽지만 초전도체 전선은 땅속에 묻고 액체헬륨으로 냉각해야 하며 열의 출입을 막기 위해 진공으로 유지되어야 하기 때문이다.

초전도체 응용기술 중 또 다른 놀라운 것은 강력한 자석이다.

초전도 자석은 병원에서 사용하는 MRI 내부에 장착되어 있다.

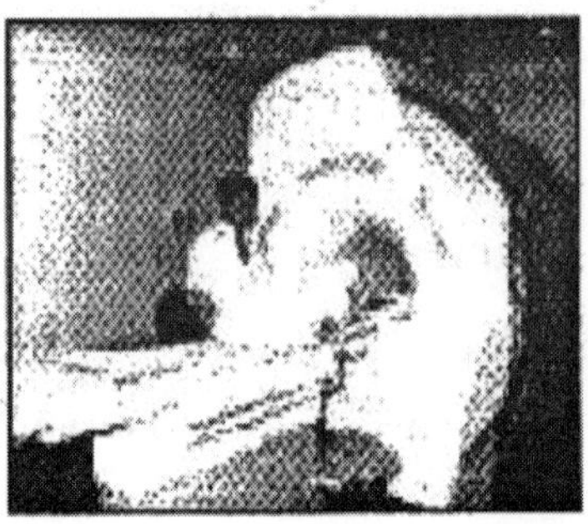

<그림 13-1> 자기공명장치와 영상

MRI는 내부에서 자기장을 걸어 원자핵의 스핀을 자기장의 방향으로 정렬시킨 후 전자기파의 펄스를 가한다. 이때 원자핵의 스핀은 원래의 위치에서 약간 움직이게 된다. 전자기파의 펄스가 멈추면 스핀은 다시 정렬된 방향으로 되돌아오고 이때 라디오파 정도의 전자기파가 발생하게 되는데 이것을 수신장치로 받아 볼 수 있다.

MRI는 유연하고 물이 많이 포함된 조직에 잘 반응한다.

병원에서 MRI는 종기 또는 뇌의 진단에 쓰이고 있다.의학적 연구와 진료 외에도 초전도 자석은 쓰이고 있다.

그 예로 고에너지 물리에서의 응용을 들 수 있다. 또한 저온 물리나 플라즈마, 핵융합 물리 분야에서도 강력한 초전도자석이 없으면 안된다. 시카고 근교에 있는 페르미 연구소에 있는 입자가속기는 주변 둘레가 6킬로미터나 되는 원궤도로 양성자를 돌리는데 초전도 자석을 이용하고 있다. 자기에너지 저장장치(SMES)를 위한 발전소에서도 초전도체를 이용한 커다란 자석이 사용된다. 전력이 공급되면 SEMS 발전기는 에너지를 흡수하여 초전도자석에 저장한다. 초전도자석에 저장된 전자기 에너지는 전력수요가 많은 시간에 공급된다. 그러나 엄청난 건설비용 때문에 아직까지는 상용화되지 않고 있다.

이번엔 자기부상열차에 사용되는 초전도자석을 살펴보자.

초전도 송전선이나 SEMS같은 경우는 경제적 효율성이 많이 뒤떨어져 실용화되지 않고 있지만 자기부상열차의 경우는 다르다.

초전도의 기초기술 투자는 레일을 깔거나 기반시설을 만드는데 드는

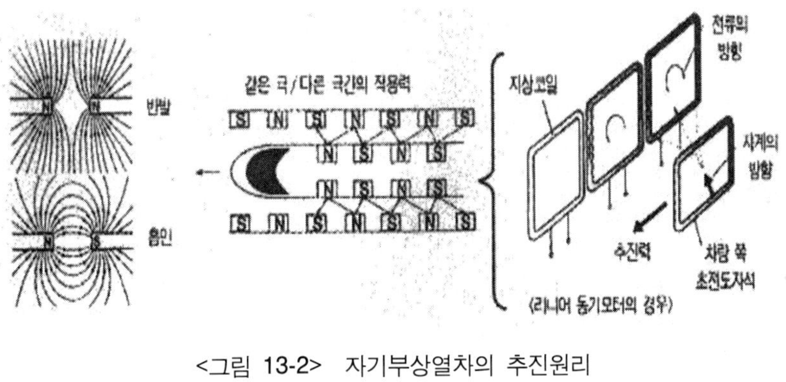

<그림 13-2> 자기부상열차의 추진원리

비용의 10%에 불과하다. 또한 자기부상열차는 직접적으로 닿는 마찰력이 없으므로 시속 500㎞ 이상으로 달릴 수 있다.

자기 부상이 되려면 레일에 있는 코일에 생긴 자기장의 방향은 기차의 것과 반대여야 한다. 레일로부터 인력과 척력을 적당히 배열하면 기차는 앞에서 끌고 뒤에서 미는 것과 같이 앞으로 나가게 된다.

전자회로에서 초전도 기술은 트랜지스터 대신 조셉슨 접합을 사용해 칩을 만들 때 쓰이는데 이 때는 신호의 처리 속도가 훨씬 빨라진다. 이러한 기술뿐만 아니라 아래 그림에서 보듯이 다양한 분야에서 활용될 수 있음을 보여 주고 있다.

처음 초전도체가 발견되었을 때 사람들은 초전도체의 전기저항이 0이라는 사실에 매우 감탐했다. 그러나 임계전류, 임계자기장이 너무 작아서 실제적인 응용이 불가능하다는 것을 알았을 때 매우 실망했다. 처음 초전도체를 발견한지 90년 가까이 지난 지금은 임계전류, 임계자기장의 한계는 어느 정도 극복했다.

<그림 13-3> 초전도재료의 응용

이제는 임계온도를 얼마나 높일 수 있느냐가 초전도체의 가장 큰 과제이다.

초전도체를 처음 발견했을 때 초전도 연구가 이렇게 발전하리라고는 생각도 못했을 것이다. 하지만 지금 우리는 자기부상열차에 초전도체를 사용할 수 있을 정도의 발전을 했다. 또 다시 90년 정도가 흐른 뒤에는 대부분의 도선이 초전도체로 바뀌어 초등학교에서 꼬마전구에 불을 켜는 실험을 할 때도 초전도 전선을 지금 구리선을 사용하듯 아무렇지도 않게 사용할 날이 올 것이라 믿는다. 그런 날이 온다면 인류의 삶은 그 자체로 엄청난 변화를 가져올 것이다. 이것을 바로 초전도혁명이라 할 수 있다. 혁명이란 새로운 체제의 시작을 의미한다. 바로 초전도체가 우리 인류의 삶에 엄청난 혁명을 가지고 올 것이다.

13-3 반도체(Semi-Conductor)

■ 반도체란 무엇인가?

우리는 "전기가 통한다", "전기가 안 통한다"하는 말을 자주 쓰게 된다. 보다 정확하게 말한다면 "전류가 흐른다", "전류가 흐르지 않는다"라고 할 수 있다. 초등학교 과학시간에 했던 한 실험은 누구나 기억할 수 있을 것이다. 전구를 켜고 끄는 스위치를 각각 달리해서 한 실험이다. 철사로 만든 스위치는 전기가 통하기 때문에 끊어진 전선을 연결해 줄 수 있으나 유리로 된 스위치는 전기가 통하지 않기 때문에 끊어진 전선을 연결해 줄 수 없다.

이렇게 철사처럼 "전류가 흐르는 물질"을 도체라고 하고, 유리처럼 전류가 흐르지 않는 물질을 부도체라고 한다. 전기공학에서는 전기가 흐르는 정도를 "전기전도도"라고 한다. 따라서 도체는 전기전도도가 아주 크고 부도체는 전기전도도가 거의 0(제로)라고 할 수 있다.

그럼 반도체는 도대체 무엇일까? 일반적으로 전기전도도가 도체와 부도체의 중간정도 되는 물질을 도체라고 한다. 그래서 반도체를 반(半) + 도체(導體) 또는 절반(SEMI)+도체(CONDUCTOR)라고 하는 것이다. 사실 순수한 반도체는 부도체나 마찬가지다. 즉, 전기가 거의 통하지 않는다. 하지만 부도체와는 달리 어떤 인공적인 조작을 가하면 도체처럼 전류가 흐르기 시작한다. 빛을 비춰준다거나 열을 가한다거나 특정 불순물을 넣어주면 도체처럼 전기가 흐르는 것이다.

그러나 도체가 전기는 잘 통하지만 사람이 조절하기 어려운 반면에 반도체는 사람이 어떻게 조작하느냐에 따라 조절이 용이하다는 특징이 있다. 이처럼 도체와 부도체의 장점을 모두 가지고 있는 것이 반도체이며 전기전도도의 조절 용이성이 바로 반도체의 무한한 가능성을 의미한다고 할 수 있다. 반도체를 한마디로 정의한다면 다음과 같다. "원래는 거의 전기가 통하지 않지만 빛이나 열, 또는 불순물을 가해주면 전기가 통하고 전도도의 조절도 할 수 있는 물질"

■ 특성과 기능

그러면 반도체의 전기전도도를 어떻게 조절할 수 있는지 알아보자. 현재 가장 많이 사용되는 방법이 반도체물질에 불순물을 집어넣는 방법으로써, 집어 넣어주는 불순물의 양을 조절함으로써 반도체물질의 전기전도도를 조절하는 방법이다. 반도체물질을 이해하기 위해서는 원소와 원자의 구조에 대한 기본적인 지식이 필요하다. 대표적인 반도체물질인 실리콘의 특성에 대해 알아보기로 한다.

물질을 계속해서 세분해보면 원자라는 아주 작은 입자가 되는데, 이 원자는 또 양성자, 중성자, 전자로 구성되어 있다. 그 모양을 보면 양성자와 중성자로 된 원자핵을 중심으로 전자들이 일정한 궤도를 돌고 있는 모양이 된다. 이는 마치 지구나 화성이 태양 주위를 돌고 있는 태양계와 비슷하게 생겼다.

원자핵 주변을 돌고 있는 전자들은 일정한 궤도를 돌게 되는 가장 바깥쪽 궤도를 돌고 있는 전자를 최외각 전자라고 한다.

특히 가장 바깥에 있는 이러한 최외각 전자들은 8개를 채우려하는 성질이 있는데 이것이 원자와 원자를 서로 결합시키는 원동력이 되고 이렇게 해서 분자도 되고 또 분자들이 모여서 물질이 되는 것이다.

또한 최외각 전자의 개수는 원자핵의 양성자 개수와 일치하는데, 1개에서부터 8개까지 존재할 수 있으며 최외각 전자의 개수가 같은 원자들끼리는 유사한 성질을 갖게 된다. 이처럼 원자들을 최외각 전자의 개수에 따라 분류해 놓은 표를 주기율표라고 한다. 주기율에 따라 원자들은 Ⅰ족에서부터 Ⅷ족(또는 0족)으로 구분되며, 실리콘의 경우 최외각 전자가 4개이므로 Ⅳ족 원소임을 알 수 있다. 또한, 붕소(B)원자는 주기율표상에서 보면 Ⅲ족 원소이며 따라서 최외각 전자가 3개임을 알 수 있다. 마찬가지로 인(P)이나 비소(As)는 Ⅴ족 원소이며 따라서 최외각 전자의 개수는 5개가 되는 것이다.

반도체가 만들어지는 실리콘 단결정이란 어떤 성질을 갖는 것일까? 단결정(crystal)은 형성방법에 따라 단결정과 다결정으로 분류된다.

단결정이란 시료의 결정축의 방향이 같은 것이고, 다결정이란 이런 많은 단결정들이 여러 방향으로 모여있는 것이다.

Ⅳ족인 실리콘원자의 모양은 핵을 중심으로 4개의 전자가 주위를 둘러싸고 있는 형태이다. 실리콘의 단결정은 실리콘 원자가 규칙적으로 늘어서 있다. 한 개의 실리콘원자는 최외각에 4개의 전자를 가지는 주기율상의 Ⅳ족 원소이며, 서로 이웃하는 전자끼리 굳게 결합하므로써 결정을 이루게 된다. 이러한 결합을 공유결합이라고 한다.

이런 순수한 실리콘에서는 원자핵에 결합되어 있는 전자가 움직일 수 없기 때문에 실리콘 외부에서 전압을 걸어도 전류는 흐르지 않으며 이를 진성(intrinsic)반도체라고 한다. 이처럼 부도체나 다를 바 없는 진성반도체에 특정불순문을 집어넣어 주면 전류가 흐르기 시작한다. 여기서 불순물은 전류의 근원, 즉 전류원이라고 할 수 있으며 이렇게 불순물로 자신의 전기전도도를 조절할 수 있는 반도체를 불순물(Extrinsic)반도체 라고한다.

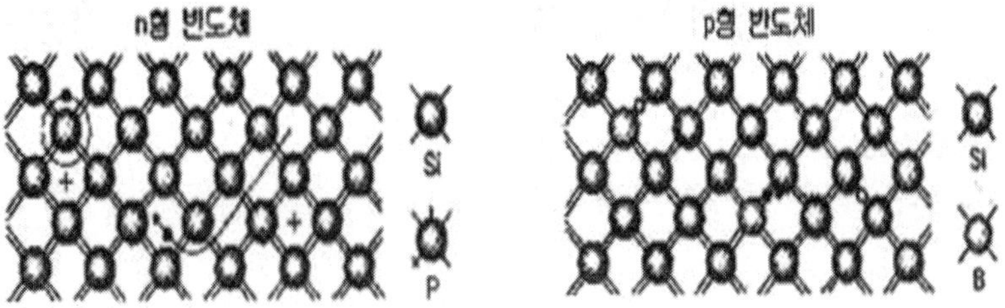

<그림 13-4> n-형 및 p-형 불순물반도체의 구조(Si: 실리콘, P: 인, B:붕소)

불순물반도체에는 n-type와 p-type과 두 가지가 있다.

n-형 반도체는 주기율표상의 Ⅴ족원소인 인(P)원소를 소량 넣어주면 전자가 남는 상태, 즉 잉여전자가 생긴다. 이 상태에서 실릴콘에 전압을 걸어주면 제자리를 못 찾은 이 잉여전자가 자유전자가 되며 전류가 흐르게 되는 것이다. 이를 n-형 실리콘이라고 한다.

반면에 p-형 반도체는 순수한 실리콘, 즉 진성반도체에 주기율표상의 Ⅲ족원소인 붕소(B)를 소량 넣어주면 전자가 비어있는 상태, 즉 동공(hole)이 생긴다. 이 상태에서 실리콘에 전압을 걸어주면 전류가 흐르게 되는 것이다. 이를 p-형 실리콘이라고 한다.

13-4 형상기억 합금 (Shape memory Alloy)

형상기억 합금이란 다른 모양으로 변형시키더라도 가열하면 다시 변형 전의 모습으로 되돌아오는 성질을 가진 합금을 일컫는 말이다. 예를 들면 곧게 뻗은 형상기억 합금 막대를 아무렇게나 구부렸다가 얼마 후 온도를 높여 주면, 원래의 모양으로 되돌아간다. 또 형상기억 합금은 복원력이 강하다는 특징도 가지고 있다.

즉 원래의 모양으로 되돌아갈 때, 변형에 소요된 힘의 약 5배 가량의 힘을 내는 경우도 있다. 형상기억 합금에는 원래의 모양으로 한번 돌아가면 그만인 것과, 온도차에 의해서 몇 번이라도 효과를 나타내는 것의 두 종류가 있다. 그러나 현재 실용화되어 있는 것은 앞의 경우뿐이다. 현재 대표적인 형상기억 합금으로는 티탄·니켈 합금이 있다. 티탄·니켈 합금은 우수한 특성을 지니고 있지만 가공성·성형성·용접성 등의 문제를 앉고 있다. 여러 가지 문제 중에서도 특히 제조 가격이 비싸다는 사실은 최대의 단점으로 꼽히고 있다.

따라서 값싼 형상기억 합금의 원리는 무엇일까? 보통의 금속은 탄성 한계를 넘어서 변형을 주면 데우거나 식혀도 원래의 형태로 돌아가지 않는다. 그러나 형상기억 합금은 고온에서 적당한 형상으로 성형한 후 실온에서 변형되었다가 다시 가열하면 원래 성형한 모양으로 되돌아간다. 이러한 효과를 형상기억 효과라고 부르는데, 이 효과는 합금이, 주어진 형상을 원자 배열로서 기억하고 있기 때문에 생긴다.

이러한 효과는 고온에서의 원래 원자 배열이 저온에서의 변형 때도 기억되고 있다가, 다시 고온이 되면 원래의 원자 배열로 재배열하는 결과로 일어난다고 생각된다. 형상기억 합금은 월면 안테나나 인공 위성 안테나의 재료로 우주 개발에 사용되고 있고, 또 화재 경보기, 방열기 밸브 등의 용도와 온도 제어에도 쓰인다. 그밖에도 전자 기기나 의료 용구, 에너지 개발 등에서도 폭넓게 이용되고 있다.

13-5 전도성 고분자 (Conducting Polymer)

"전기 통하는 플라스틱 발견, 한국인 유학생 실수에서 출발"

위대한 발견은 흔히 우연에서 비롯되곤 한다. '전기가 통하는 플라스틱'을 개발, 지난해의 노벨 화학상 공동수상자로 선정된 시라카와 히데키(65) 일본 쓰쿠바대학 명예교수도 그랬다. 우연을 가장해 찾아온 '진리의 여신'을 놓치지 않고 낚아채 거대한 연구성과를 이뤄냈다.

그가 도쿄공업대학 조교수로 재직하던 70년대 초반의 어느 날이었다. 유기 고분자 합성실험을 하던 중 돌연 은색의 광택을 내는 박막이 생긴 것을 발견했다. 정상적인 제법이라면 생겨서는 안될 현상이었다. 조사 결과 한 대학원생의 착각으로 촉매를 1000배 더 많이 첨가했기 때문임을 알게 됐다.

그냥 넘어갈 수도 있는 일이었다. 하지만 시라카와 교수는 박막이 금속적 특성을 띄고 있다는 사실을 놓치지 않고 원리를 파고들기 시작했다. 여기에 또 하나의 우연이 겹쳤다. 도쿄의 한 학회에서 비슷한 연구를 하던 알란 맥더미드 펜실바니아대 교수는 학회 휴게시간 중 시라카와 교수의 얘기를 듣고 의기투합했다. 여기에 알란 히거 교수(캘리포니아대)가 가세, 공동연구를 거듭한 끝에 플라스틱에 불순물을 화학적으로 첨가하면 분자의 특성이 바뀌어 전도체로 변한다는 사실을 발견해냈다. 프라스틱은 전기가 통하지 않는다는 상식을 뒤엎은 혁명적 발견이었다.

3인이 개발한 전도성 플라스틱은 '현대판 연금술'로 불린다. 금속처럼 전기가 통하면서도 가볍고 신축적이면서 가공하기 쉬운 획기적 소재인 만큼 응용분야는 무한하다. 휴대전화 전지나 소형 TV 화면 등은 모두 이것을 소재로 쓴 제품들이다. 그 발견이 없었다면 디지털 혁명은 한참 뒤늦었을 것이라고 일컬어진다.

20여년 전 촉매를 잘못 투입했던 대학원생은 한국에서 온 유학생이었다고 시라카와 교수는 술회한다. 세기적 발견의 원인 제공자는 의외로 한국인이었던 셈이다. 하지만 일본에서 9번째 노벨상 수상자가 나오는 동안 한국은 단 한 명도 배출하지 못하고 있다.

전도성고분자란 금속처럼 전기전도성을 갖는 고분자를 의미한다.

일반적으로 고분자는 전도성을 갖기보다는 절연체적인 성질을 가지고 있기 때문에 전선의 피복과 같은 용도로 많이 사용돼 왔다.

1970년대에 일본에서 폴리아세틸렌 필름이 합성되고 그것이 어떤 방식에 의해 가공됐을 때, 금속에 필적하는 전기전도도를 나타낸다는 사실이 발견됐다. 그 이후 여려 가지방식에 의한 연구가 진행되어 왔다. 전도성 고분자의 응용기술 중에서 가장 널리 사용되는 분야는 전극용 재료이다. 전도성 고분자의 일종인 폴리아닐린(polyaniline)은 전지의 전극으로 사용되고 있으며 탄소나 금속재료로 이루어진 전극보다 전지의 특성을 향상시키는 이점이 있다. 전도성 고분자의 사용으로 인해 전지의 경량화, 대용량화가 점점 진전되고 있다.

전도성 고분자의 또 하나의 전기화학적 특성에 의한 응용분야는 전기변색 특성을 이용함에 있다. 전도성 고분자는 공액 2중 결합을 갖고 있기 때문에 대부분 가시광선을 흡수하여 색을 띄게 되는데, 전도성 고분자의 산화상태를 조절함에 따라 주사슬 내부의 전자밀도를 변화시킬 수가 있다. 이에 따라 흡광도에 변화가 일어나서 변색현상이 나타나게 되는데, 이것을 전기변색특성(electrochromism)이라고 한다. 현재 이것을 이용한 Smart window란 전기 변색특성을 이용한 창문으로 태양광의 양을 감지하여 이를 창문의 색 조절 기능으로 연결시킨 것인데 겨울철 흐린 날에는 창문을 보다 투명하게 하여 실내 온도를 높이고 밝게하며, 맑은 여름에는 창문을 어둡게 조절하여 냉방효과를 증대시키는 새로운 개념의 창문이다.

현재 시판중인 고성능 스피커는 6000nm 두께의 PET 필름 상에 200㎚ 두께의 전도성 고분자를 코팅하여 전기장 내에 위치하면 전기 신호에 따라, 박막이 진동하여 소리를 내게 되는 것으로 무기 금속 박막보다도 제조가 쉽고 진동에 견디는 힘이 강하여 고음의 생생한 재생을 특징으로 한다.

이런 전도성 고분자의 다른 응용가능 분야를 요약해보면, 액정 표시 장치의 액정 배향막으로 사용이 가능하고 센서, 광전지, 촉매 보조체, 전자부품, 전자파 차폐제, Sensor등 수많은 분야에 걸쳐 이용될 수 있다. 미개척 분야인 biomedical에서의 응용은 상당한 가능성을 지니고 있다.

13-6 나노기술(Nano Technique)

1959년 12월 미국의 한 물리학회에서 캘리포니아공대 리처드 파인만 교수는 전 세계의 모든 정보를 200분의 1인치 크기의 정육면체에 기록할 수 있는 날이 올 것이라며 분자크기의 기계를 개발하자고 제안했다. 그러나 대다수 참석자들은 그저 몽상가의 꿈이나 농담쯤으로 돌렸다. 그러나 파인만 교수는 1965년 노벨 물리학상을 받았으며 현재는 혈관을 타고 돌아다니면서 암세포만 골라 죽이는 1나노 분자크기의 초미니 항암 나노폭탄(Nanogenerator)이 임상실험에 들어갔다.

나노는 우리 곁에 바짝 다가와 있는 것이다.

■ 나노의 정의와 역사

나노(Nano)는 희랍어로 난쟁이를 뜻하는 '나노스' 에서 유래한 말로 10억분의 1(10^{-7}cm)을 의미하는 접두어다. 나노미터(㎚)의 크기란 머리카락 굵기의 8만분의 1이다.

나노기술이란 ㎚(10^{-9} ~10^{-7}m) 범위에서 특유의 기능을 갖도록 구조체를 만들고 이를 재료, 소자, 공정 등에 응용하는 기술로 양자역학이 적용된다. 파인만 교수의 예언 뒤 1981년 IBM 연구원인 비닝과 로흘러가 주사형터널통과현미경(STM)을 발명하면서 원자 및 분자 수준으로 조작할 수 있는 가능성이 제시된 데 이어 1985년 전자 하나하나를 제어할 수 있다는 SET가 개념화됐다.

1990년 IBM의 에이글러 박사가 STM의 금속탐침으로 극저온에서 원자 하나하나를 움직여 배열하는데 성공, 상온에서도 원자나 분자를 마음대로 움직여 만들 수 있는 가능성이 제시됐다. 이론상으로는 공기의 탄소를 모아 다이아몬드를 만들어내는 길도 열린 셈이다.

<그림 13-5> 주사형터널현미경(STM) 장치

■ 미래의 나노기술

미국의 댈러스비즈니스 저널은 나노기술 발달로 5년 뒤면 특정 세포에 약물을 전달할 수 있으며, 29년 안에 원자·분자 단위의 조작이 가능해지고 환경에 따라 변하는 지능형 페인트가 개발될 것이라고 예측했다. 또 50년 안에 혈관을 돌아다니며 치료하는 나노로봇이 만들어지고 50년 뒤에는 장기가 손상된 채 냉동된 인간이 나노기술로 만든 인공장기 덕으로 되살아날 것이라고 내다봤다. 비록 1,000년 이내라는 전제이지만 인간 복제기술과 접목하면 모습은 물론 생각까지 똑같은 복제인간이 가능하다고 전망했다.

미국 유타대 연구팀도 박테리아의 편모운동을 모방해 신체의 화학반응만으로 혈액 속을 돌아다닐 수 있는 초소형 잠수함이 가능하다고 발표했다. 또 원자나 분자를 마음대로 움직이면 자연계에 존재하지 않는 물질의 합성은 물론 그 합성물을 조작해 필요한 용도에 맞는 성질로 만들어내는 맞춤 재료시대가 도래할 것이라는데 의견을 같이한다. 언젠가는 원자를 하나 하나씩 모아 DNA와 단백질을 합성하고 이를 다시 생명체로 합성할 수 있다는 것이 과학자들의 믿음이다.

▪ 나노기술의 활용

이미 나노기술은 고집적 반도체 소자, 동영상 휴대폰, 고기능성 소재, 신약, 유전자조작 등 셀 수 없이 많은 분야에서 응용되고 있다.

1991년 발견된 탄소나노튜브는 실리콘을 대신할 차세대 반도체로 관심을 모으고 있다. 이는 종이에 벌집 무늬를 그린 뒤 둥글게 말아 만든 형태로 서울대 임지순 교수가 탄소나노튜브의 여러 가닥이 별도의 공정 없이 곧바로 반도체가 된다는 것을 발견하면서 세계가 주목하고 있다. 탄소나노튜브가 대량생산되면 지금보다 기억용량이 1만배나 큰 반도체칩을 만들 수 있다.

우리 곁에는 벌써부터 나노기술을 적용한 제품들이 알게 모르게 자리잡고 있다. 대표적인 것이 은입자 코팅기술로, 향균 · 살균 기능이 뛰어난 은을 나노 수준으로 입자화해 제품표면에 코팅하거나 재료에 섞어 세균이나 곰팡이의 서식을 막는 방법이다.

올해 초부터 나노기술을 적용한 냉장고와 에어컨, 공기청정기, 청소기 등의 가전제품이 속속 출시되고 있다. 또 유아용품 업체들도 기능성 젖병, 장난감, 마스크, 기저귀, 양말 등을 선보였다.

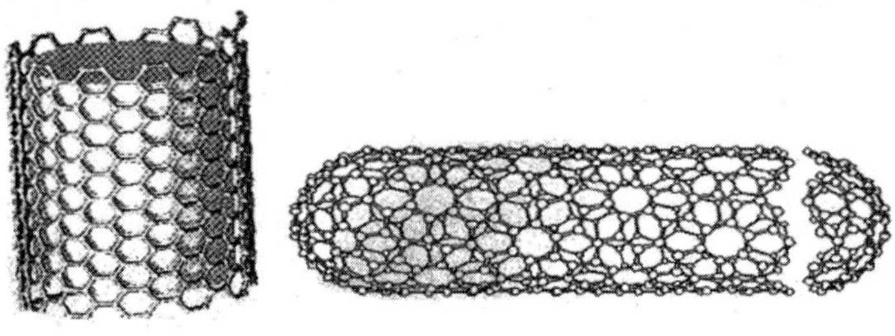

<그림 13-6> 벌집모양의 탄소나노튜브의 구조

화장품은 나노기술이 쓰이는 또 다른 분야. 생리활성 물질을 머금은 나노 구조체는 크기가 피부 세포의 간격보다 작기 때문에 피부에 쉽게 흡수된다. 현재 색조 및 기초화장품, 자외선 차단제, 기능성 헤어샴푸 등 화장품 전 품목에 걸쳐 나노기술이 쓰이고 있다.

자동차 메이커들도 합금보다 훨씬 가볍지만 10배나 단단한 나노소재로 자동차 범퍼를 시험제작하고 있으며 나노페인트를 사용해 균일하면서도 잘 벗겨지지 않도록 만들고 있다.

또 미국의 스텔스 전투기는 특수한 나노 물질을 발라 전자파를 흡수함으로써 적의 레이더에 걸리지 않는다.

■ 탄소나노튜브 디스플레이

1인치 두께에 화면사이즈 50인치가 넘는 대형 벽걸이 TV를 싸게 만들 수 있는 기술이 등장했다. 세계적 반도체 회사인 모토로라사의 모토로라연구소(Motorola Labs)는 탄소나노튜브를 이용해 30인치 이상의 대형 평판 디스플레이 생산에 적용할 수 있는 디스플레이 기술인 NED(Nano Emission Display : 나노 방출 디스플레이)를 세계에서 처음으로 개발했다고 발표했다.

모토로라사는 이날 전 세계에 배포한 보도자료를 통해 NED가 기존 대형 디스플레이 기술인 PDP(플라즈마방식)와 LCD(액정표시장치)보다 가격이 싸면서 고화질을 구현할 수 있다면서 현재 유럽, 일본 및 한국의 전자업체들과 상용화를 위한 기술 라이센스를 논의 중이라고 밝혔다. 모토로라가 이번 개발한 NED를 디스플레이 분야에 적용하면 대형 벽걸이 TV, 대형 옥외 광고판, 경기장 전광판 등 각종 대형 디스플레이를 기존 제품보다 얇고, 싸게 만들 수 있다고 주장했다.

이에 따라 모토로라사는 NED기술을 세계 굴지의 전자업체들에게 제공하여 상용화시켜 나겠다고 밝혔다.

정보통신 분야 전문 조사회사인 IDC의 오도넬 이사는 “일반 소비자가 받아들일만한 가격대만 형성된다면 대형 평판디스플레이에 대한 수요는 폭발적으로 증가할 것”이라면서 “현재의 PDP난 LCD보다 낮은 가격에 CRT와 같은 화질을 보장할 수 있는 이런 탄소나노튜브 같은 획기적인 기술에 대해서 시장여건이 충분히 성숙되었다”고 말했다.

■ 나노 냉장고와 젖병

경기도 용인시 기흥읍의 태평양 기술연구원 2321호실. 8명의 연구원이 근무하는 ‘나노텍 연구팀’ 입구에는 시중에서 판매 중인 ‘헤어팩 나노

테라피’ 샴푸 광고가 걸려 있다. 이 문안은 나노기술이 멀고도 어려운 것이 아니라 생활 속의 기술이라고 말하는 듯했다.

나노텍 연구팀은 지난 99년 태평양이 외국의 화장품회사보다 앞서는 기술을 개발하자는 뜻에서 만든 ‘미래 상품팀’이 2000년 이름을 바꾼 것이다. 미래 상품이 곧 나노기술이 된 셈이다.

<그림 13-7> 항균력이 있는 나노실버젖병과 냉장고

세계 초일류 기업들이 올해부터 나노기술(Nano Technology)에 바탕을 둔 상용제품 개발에 박차를 가하고 있는 가운데 삼성전자 SK · LG화학 · 코오롱 · 태평양 등 국내 대기업과 벤처기업들도 나노기술의 상용화에 가속도를 붙이고 있다.

나노기술이란 10억분의 1m 크기의 해당하는 분자를 조작하여 새로운 성질이나 특성을 얻는 기술을 뜻한다. 예를 들어 은(銀)을 나노 입자로 만들 경우 균에 강하거나 나쁜 냄새를 제거하는 새로운 특성을 얻을 수 있다. 국내 나노 상용화 움직임 중에서 가장 활발한 분야는 반도체와 신소재 분야. LG화학은 나노 입자(粒子)를 이용한 새로운 반도체 기술과 차세대 디스플레이어 모니터의 전자파 차폐기능을 하는 나도 ITO(산화인듐티타늄)파우더를 개발, 본격적인 상용화에 나설 예정이다. 삼성전자는 지난해 가을 세계 최초로 90나노미터(nm)급 반도체 양산기술 확보에 성공했다. 기존 반도체 제조 기술은 100나노미터가 한계였는데, ‘마의 벽’을 삼성전자가 깬 것이다.

나노 기술은 반도체 · 신소재 등 일반인들과 낯선 분야에서만 등장하는 단어가 아니다. 나노기술이 생활을 파고든 가장 대표적인 사례가 화장품이다. 태평양은 최근 나노 구조를 이용해 피부에 특정 물질이 잘 침투할 수 있도록 하는 기술을 발표했다.

현재까지 비타민이나 단백질을 잘 흡수시키는 기술을 비롯해 주름을 없애는 기술 등 다양한 성과를 거두었다. 태평양은 이 기술을 바탕으로 기초화장품인 ‘아이오페’와 ‘헤어팩 나노테라피 샴푸’등의 나노기술 제품을 내놓았다. 태평양 나노텍 연구팀 한상훈 팀장은 “화장품에 적용되는 나노기술은 제품속 영양성분의 흡수력을 높이는데 초점을 맞추고 있다"고 말했다.

아기들의 필수품인 젖병에도 나노기술이 적용되고 있다. 최근 백화점 유아용품 매장에서 불티나게 팔리고있는 보령 메디앙스의 '나노실버젖병'이 그 주인공이다. 은(銀)은 표면적이 클수록 항균력이 뛰어나지만 표면적을 넓히려면 은 입자의 크기를 줄여야 한다.

그러나 나노상태의 은은 응집력이 높아 이를 상품화하기가 쉽지 않았었다. 국내 벤처 기업인 트리코 유니온사는 은 나노 입자 하나하나에 코팅을 하는 기술을 개발하면서 환경 호르몬에 안전한 나노 젖병을 탄생시켰다.

국내 대기업과 벤처기업들이 보통 사람들이 만지고 느낄 수 있는 나노 상용제품을 속속 내놓고 있지만 미국·일본 등에 비해 아직 수준이 낮은 편이다. 특히 전문연구 인력 부족이 큰 문제로 남아 있다.

나노 기술력은 미국·일본 등 기술 선진국의 25% 정도 수준이라는 평가지만, 나노기술 전문 인력은 일본의 10% 수준인 1000여명에 그치고 있다. 또 지난해 나노기술 개발에 투입된 정부 예산은 미국과 일본의 25% 수준인 2000여 억원에 불과했다.

나노 분야 전문가들은 "나노기술은 원천기술의 싸움이며 나노 시장은 1등만이 살아남는 곳"이라면서 "나노기술을 국가 성장엔진의 동력으로 삼기 위해 민·관(民官)이 적극적인 투자에 나서야한다" 고 지적하고 있다.

과학기술부가 추진하고 있는 테라급 나노소자 개발사업단 이조원(李兆遠)단장은 "지금은 여러 기술을 섞어서 전혀 다른 기술을 만들어 내는 퓨전(Fusion·융합)의 시대"라며 "상용화가 빠른 것이 특징인 나노기술은 성질이 급한 우리나라 사람과 정서적으로 맞아 성공 가능성이 크다"고 말했다.

13-7 신소재 우주복

뉴밀레니엄의 시작과 함께 많은 사람들의 기대를 모은 것이 2030년쯤 가능하리라 기대되는 우주여행이다. 물론 이때의 우주여행은 오늘날의 해외여행과 같은 수준을 의미한다. 그렇게되면 새해 아침의 해맞이를 동해가 아닌 화성이나 달나라에서 하는 것으로 꿈꾸어 볼 수 있지 않을까. 하지만 해외여행과 달리 우주여행을 위해서는 갖춰야할 조건이 있다. 바로 우주복이다. 지구와는 다른 환경에 노출되기 때문에 우주복은 우주여행의 필수품이다. 그렇다면 우주복이 갖춰야 할 조건과 기능은 무엇일까. 신소재의 백화점으로 불리는 우주복이 어떻게 그 역할들을 수행하는지 살펴보자.

우주공간에는 대기압이나 산소를 비롯해 생명을 유지할 수 있는 기본적인 조건이 갖춰져 있지 못하다. 이 말은 지구와 같은 환경을 갖고 다녀야 한다는 것을 의미한다. 우주선 안에서라면 압력을 적절히 조절해 특별한 우주복 없이도 활동할 수 있으나 우주선 바깥에서는 우주복의 보호를 받아야 한다.

20%의 산소와 80%의 질소로 구성돼 있는 지구의 대기는 약 5.5㎞의 해발고도에서는 공기밀도가 지상에 비해 약 절반 정도에 불과하고, 약 12㎞가 되면 공기층이 너무 엷아져서 압축산소마스크도 더 이상 재 기능을 못한다. 해발고도 약 19㎞이상의 높이에서는 호흡에 필요한 산소를 공급하고 우리 몸 속의 체액이 액체상태로 있기 위한 압력을 유지해주어야 한다. 그렇지 않으면 주변의 공기압력이 너무나 낮아 몸속에 있는 체액이 끓어 넘칠 것이다. 이것이 우주복이 필요한 이유다.

우주왕복선용 우주복은 약 29㎪(0.3기압)정도의 압력이 유지된다. 그리고 우주복 속에는 20%가 아닌 100% 산소가 들어있다. 따라서 우주복을 입은 사람은 우주복을 입지 않은 채로 해수면 높이에서 호흡할 수 있는 산소보다 훨씬 많은 양의 산소를 마시게 된다.

그러므로 우주왕복선이 출발하기 수 시간 전부터 우주인들은 순수한 산소를 호흡하면서 사는 방법에 적응해야 한다. 몸 속에 용해돼 있는 질소가 없어져야만 압력이 감소됐을 때 이것이 가스방울로 방출되는 것을 막을 수 있기 때문이다.

우주복의 또 다른 기능은 우주 공간의 극단적인 온도변화로부터 우주인을 보호하는 것이다. 실제로 우주 공간은 태양빛을 흡수하는 대기층이 없어 태양빛이 닿는 쪽과 반대편이 약 1백20℃ 정도의 극저온을 나타낸다. 이런 온도 변화의 폭을 견딜 수 있도록 하는 것도 우주복의 임무다. 우주왕복선을 위한 우주복은 최소 8년 정도의 사용기한을 갖도록 설계된다. 그리고 주어진 임무나 파견장소에 따라 특수하게 제작되므로 여러 벌을 만든다. 화성이나 달 여행 때와 달리 우주왕복선은 지구궤도상에서 사용될 것이므로 진공과 거의 무중력에 가까운 상태에서 견디도록 설계된다. 헬멧, 통신장비, 몸통, 장갑과 장화 등으로 구성된 우주복은 우주선을 이탈해야 할 경우 갑작스런 노출에 따라 생기는 압력을 보상할 수 있어야 한다. 팽창주머니가 부착돼 있어 탈출 시 우주선의 산소를 제공받아 팽창된다. 우주선 안의 압력이 떨어지면 자동적으로 팽창하도록 설계되는데, 지구로 귀환할 때는 승무원들이 혼절하는 것을 방지하기 위해 수동으로 작동되기도 한다. 또 우주복은 배와 다리부분을 눌러 줌으로써 우주선이 지구중력 상태로 되돌아 올 때 승무원 몸 속의 피가 아래쪽으로 몰리는 것을 막아준다.

우주복은 여러 가지 서로 다른 기능을 지닌 직물이 여러겹 겹쳐져서 만들어진다. 우주인의 피부에 가장 가까운 쪽에는 국수가닥과 같이 생긴 플라스틱 튜브를 약 92m 가량 직물 속에 넣어서 만든 옷이 체온을 일정하게 유지시킨다. 승무원들이 우주공간에서 활동할 때 우주복 내부의 온도가 올라가면 물이 튜브 속을 흘러가면서 냉각된다.

사람의 몸에서 엄청난 열이 발생하므로 냉각수는 우주복에서 꼭 필요한 존재다. 그 옷 위에는 가벼운 나일론 직물로 된 송풍관이 장착된 층이 있어 안락감을 높인다. 그 위로 여러 겹의 직물이 있는데 주로 네오프렌 고무가 코팅된 나일론 직물로 구성돼 있다.

허리, 팔꿈치, 어깨, 손목, 무릎, 그리고 발목부분에는 고무와 베어링이 들어있어 활동성을 향상시킨다. 우주복을 단면으로 잘라보면 단열을 위한 알루미늄 코팅 특수섬유(Mylar)가 다섯 겹 있고, 네 층의 폴리에스터(Dacron) 부직포 층이 있다. 또 그 위에 단열과 마모방지를 위한 두 겹의 폴리아미드 섬유(Kapton)층과 테프론이 코팅된 직물이 자리잡고 있다. 가장 바깥 층은 하얀 테프론 직물로 열과 추위로부터 우주인을 보호하고 압력을 유지시킨다. 또 작은 유성체와 충돌하거나 달 표면을 걸을 때 혹시 있을지도 모르는 사고에 대비해 마모와 찢어짐에도 안전할 수 있도록 설계한다.

우주복을 입을 때는 우선 아래 몸통 부분을 입고 우주선의 벽에 고정돼 있는 윗몸통 속으로 미끌어지듯 들어간다. 우주복의 윗 몸통은 유리섬유로 된 딱딱한 껍질로 둘러싸여 있으며 생명보조장치와 표시장치가 부착돼있다. 윗 몸통과 아랫 몸통은 물과 가스가 냉각과 배기를 위해 흘러서 돌아올 수 있도록 잘 연결돼야 한다.

한 짝에 2천4백 만원이나 하는 장갑의 손가락 끝 부분은 장비를 조작할 때의 감도를 높이기 위해 실리콘고무로 만들어진다.

압력밀봉장치가 장갑과 몸체우주복의 연결부위에 장착돼 있다. 발사 시에 끼는 검은 고무로 된 압력장갑 위에 작업용 장갑을 덧끼고 사용한다.

장갑을 낀 후에는 작은 유성체나 자외선과 적외선으로부터 보호하는 기능을 갖는 헬멧을 착용한다. 헬멧은 강한 폴리카보네이트로 만든다. 태양빛으로부터 눈을 보호하기 위해 금으로 도금된 창이 헬멧의 앞쪽에 붙어있다. 우주복과 보조장비는 기계적인 연결장치나 접착제를 사용해 연결한다. 이때 사용되는 소재는 곰팡이나 박테리아의 성장을 방지할 수 있어야 한다. 그럼에도 불구하고 비행 후에는 반드시 우주복을 세탁하고 건조시킨다. 우주복의 압력장화 위에 덧신도록 돼 있는 작업용 장화의 안창은 실리콘고무이며 바깥은 금속섬유로 만든 직물이다. 발가락 부분과 장화의 안쪽은 가벼우면서도 단열이 충분히 이루어질 수 있도록 만들어진다.

우주복을 모두 차려 입었을 때의 옷무게는 약 48kg 정도여서 우주공간에서의 작업이 제한 받을 수밖에 없다. 이 문제를 해결하기 위해 미국항공우주국(NASA)은 티탄섬유를 우주복 재료로 사용하려고 한다. 머지않아 훨씬 가벼운 우주복이 우주여행을 원하는 소비자들을 유혹하며 백화점 쇼윈도에 등장하지 않을까.

편저자 소개

■ **김창진**(金昌鎭)

1975. 2 : 경북대학교 화학과 이학사 · 이학석사

1979. 3 : 한국사회사업대학 전임강사

1986. 3 : 일본 동북대학 화학과 객원연구원

1992. 2 : 계명대학교 대학원 화학과 이학박사

1996. 3 : 일본 동경대학 응용화학과 객원연구원

1997. 9 : 대구대학교 연구처장

1999. 3 : 대구대학교 자연과학대 학장

과학적인 삶을 위한

생활화학

2판1쇄 / 2007년 2월 28일

2판2쇄 / 2008년 2월 20일

편저자 / 김 창 진

발행인 / 이 용 두

발행처 / 대구대학교출판부

주소 · 경북 경산시 진량읍 내리리 15번지

전화 · (053)80-5662 팩스 · (053)850-5669

인쇄처 / 남경기획

등 록 / 경산 제11호

값 13,000원

ISBN 978-89-7794-405-3-93570

대구대학교출판부의 책은 홈페이지에서도 구매할 수 있습니다.

http://dubookstore.daegu.ac.kr/

이 책의 저작권은 저자에게 있습니다. 무단 전재나 복제는 법에 의해 금지됩니다.